設計技術シリーズ

# IoT時代の電磁波セキュリティ

## ～21世紀の社会インフラを電磁波攻撃から守るには～

一般社団法人 電気学会
電気システムセキュリティ特別技術委員会
スマートグリッドにおける
電磁的セキュリティ特別調査専門委員会
編

科学情報出版株式会社

# まえがき

本書は、「電気学会・電気システムセキュリティ特別技術委員会」の下部組織である「スマートグリッドにおける電磁的セキュリティ特別調査専門委員会」(以下、「この専門委員会」という。) における調査結果をまとめたものである。

内容はスマートグリッドに対する「電磁波を用いた脅威」と、「脅威に起因するトラブルのメカニズム」、「その対策手法・技術の概要」について述べ、さらに「電子機器等の電磁波攻撃の耐性に関連する規格化の動向、試験（評価）方法」など、スマートグリッドにおける電磁波セキュリティ対策を推進される各方面の方々のご参考に供するとともに、今後発生するこの種の脅威に対処し、安心・安全な社会の構築に資することを目的としている。

この専門委員会の活動の期間、設立の目的・趣旨、活動内容等の概要は次のとおりである。

(1) 活動の期間

平成 26 年度～ 28 年度 (3 箇年)

(2) 設立の目的・趣旨

スマートグリッドは、分散型電源による電力供給と消費者の電力需要を両面から効果的に制御し、電力の流れを最適化する送配電網であり、電力利用の効率性・快適性から国際的に注目されている。一方、スマートグリッドが社会基盤の一つとなる場合、スマートグリッドを構成する設備の故障・誤動作・性能低下等の不具合動作が及ぼす社会的リスクは極めて増大するため、スマートグリッドに対するセキュリティ確保が重要な課題となっている。

スマートグリッドは、電力の供給と需要を記録管理するスマートメータやそれらの情報を収集・管理するコンピュータや、有線・無線通信機器等の設備またはシステムから構成される。これらの設備（センサ、コンピュータ、通信機器等）のセキュリティ問題として、機器の不具合動作や機器が管理する情報の漏えい・改ざんがあり、これらを電磁現象を使用して意図的に引き起こす「電磁現象を手段とするセキュリティ脅威」と「その対処」が、近年、先進各国のセキュリティ分野の研究として活発に行われている。

この専門委員会は、スマートグリッドに対する「電磁現象を手段とする脅威」と「その対処」に関する技術調査を実施し、スマートグリッドやIoTによる安心安全な電力利用社会基盤の構築に寄与することを目的とする。

(3) 委員名簿

| 役職 | 氏名 | 所属 | 期間 |
|---|---|---|---|
| 委員長 | 瀬戸 信二 | 日本オートマティックコントロール 株式会社 | 通期 |
| 副委員長 | 富永 哲欣 | 日本電信電話 株式会社 | 通期 |
| 委員 | 秋山 佳春 | 日本電信電話 株式会社 | ～平成26年度 |
| 委員 | 市川 紀充 | 学校法人 工学院大学 | 通期 |
| 委員 | 井上 慎 | 株式会社 日建設計 | 平成28年度～ |
| 委員 | 上田 芳信 | 日本電気 株式会社 | 通期 |
| 委員 | 内山 一雄 | 防衛省 防衛装備庁電子装備研究所 | 通期 |
| 委員 | 國分 誠 | 清水建設 株式会社 | 通期 |
| 委員 | 小林 正明 | 三菱電機 株式会社 | 通期 |
| 委員 | 栄 千治 | 株式会社 日建設計 | ～平成27年度 |
| 委員 | 崎山 一男 | 国立大学法人 電気通信大学 | 通期 |
| 委員 | 島田 一夫 | 日本イーティーエス・リンドグレン 株式会社 | 通期 |
| 委員 | 高谷 和宏 | 日本電信電話 株式会社 | 平成27年度～ |
| 委員 | 竹谷 晋一 | 株式会社 東芝 | 通期 |
| 委員 | 立松 明芳 | 一般財団法人 電力中央研究所 | 通期 |
| 委員 | 徳田 正満 | 国立大学法人 東京大学　大学院 | 通期 |
| 委員 | 服部 光男 | エヌティティー・アドバンステクノロジー 株式会社 | 通期 |
| 委員 | 峯松 育弥 | 一般社団法人 KEC 関西電子工業振興センター | 通期 |
| 幹事 | 関口 秀紀 | 国立研究開発法人 海上・港湾・航空技術研究所 | 通期 |
| 幹事 | 林 優一 | 学校法人 東北学院大学 | 通期 |

## (4) 執筆担当一覧

| 章・節 | 担当 |
|---|---|
| 第一章 総論 | 瀬戸 信二 |
| 第二章 スマートグリッド・M2M・IoT | 富永 哲欣 |
| 第三章 大電力電磁妨害<br>3.1 IEMI －レーダ送信機等 | 上田 芳信、小林 正明、竹谷 晋一 |
| 第三章 大電力電磁妨害<br>3.2 IEMI － UWB 送信機 | 高谷 和宏 |
| 第三章 大電力電磁妨害<br>3.3 HEMP | 富永 哲欣 |
| 第三章 大電力電磁妨害<br>3.4.1 雷現象 | 立松 明芳 |
| 第三章 大電力電磁妨害<br>3.4.2 静電気現象 | 市川 紀充 |
| 第三章 大電力電磁妨害<br>3.5 磁気嵐 | 関口 秀紀 |
| 第四章 建屋対策 | 井上 慎、國分 誠 |
| 第五章 規格化動向<br>5.1 IEC | 徳田 正満 |
| 第五章 規格化動向<br>5.2 ITU-T | 服部 光男 |
| 第五章 規格化動向<br>5.3 NDS | 内山 一雄 |
| 第六章 機器のイミュニティ試験 | 島田 一夫、峯松 育弥 |
| 付録 電磁的情報漏えい<br>A エミッションに起因する情報漏えい | 関口 秀紀、瀬戸 信二 |
| 付録 電磁的情報漏えい<br>B 暗号モジュールを搭載したハードウェアからの情報漏えいの可能性の検討 | 崎山 一男、林 優一 |

# 目　　次

## まえがき

## 第一章　総論

## 第二章　スマートグリッド・M2M・IoT



## 第三章　大電力電磁妨害

## 第四章　建屋対策

# 第五章　規格化動向

## 第六章　機器のイミュニティ試験

## 付録　電磁的情報漏えい

# 第一章

## 総論

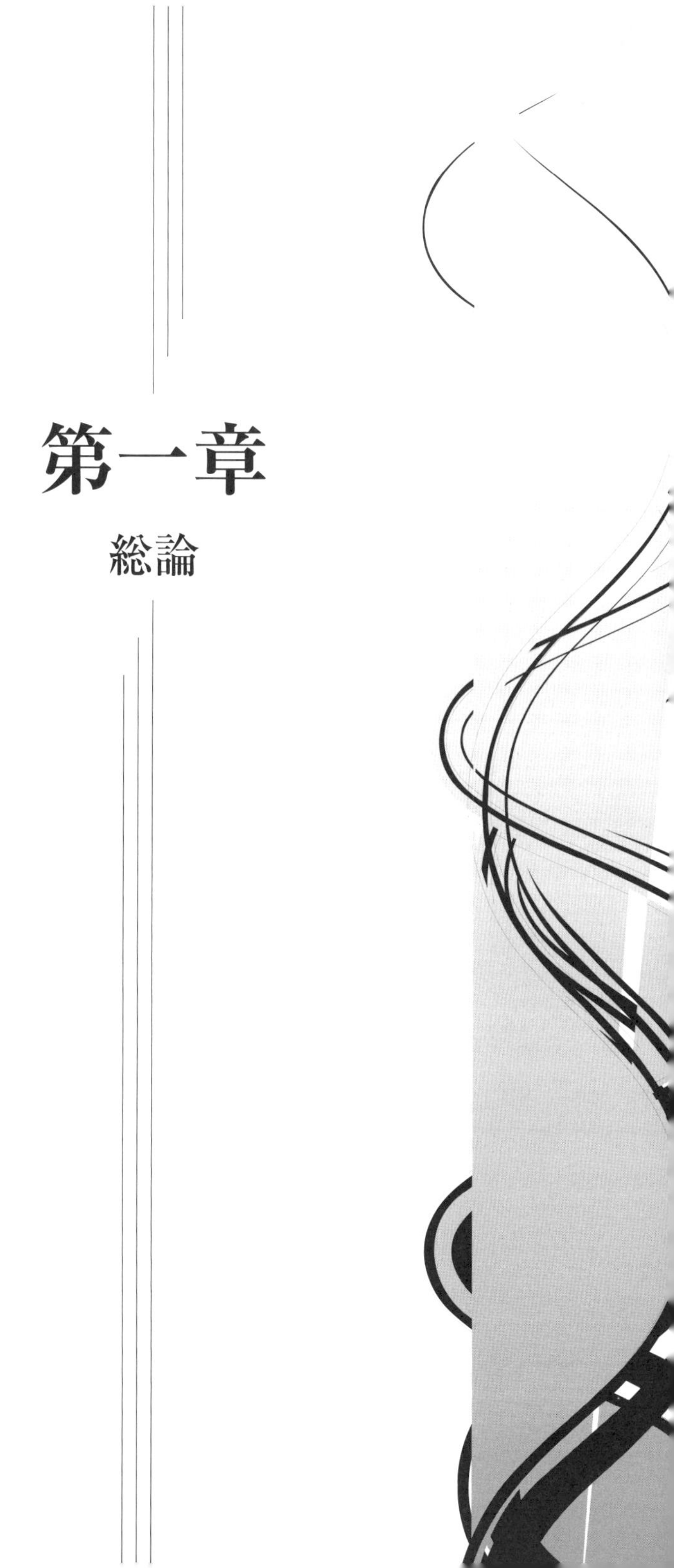

### １．１　海外諸機関における現状（概略）

スマートグリッドの標準化の取り組みは、2010 年１月に NIST（米商務省標準技術研究所）が標準化に向けた枠組みを発表しており、IEEE でも 2009 年３月に関連システムの互換性の実現を目指す WG「P2030」を設立している。欧州においては 2005 年に設立された「European Technology Platform Smart Grids（ETP Smart Grids）」が、「Strategic Energy Technology Plan（SET Plan）の策定と標準化のための委員会（Joint Working Group on Smart Grids）」を 2010 年５月に設立された。

これらと並行して、IEC（国際電気標準会議）においてもスマートグリッドに関する戦略グループ「SG3」を 2008 年 11 月に設立し、「IEC 版スマートグリッド標準化ロードマップ（第１版）」を 2010 年６月に公開している。

## 1.2　わが国における動向（概略）

国内では、スマートグリッドに関連する組織として、経済産業省が「次世代エネルギー・社会システム協議会」を2009年11月に組織するとともに、「次世代送配電システム制度検討会」と「スマートメーター制度検討会」を2010年5月に設置している。また、NEDO（独立行政法人　新エネルギー・産業技術総合開発機構）も、企業・団体と経済産業省からなる官民協議会「スマートコミュニティ・アライアンス」を2010年4月に設立している。

電気学会においても、「スマートグリッド特別研究グループ」を2010年5月に設置し、社会への情報発信を進めている。また、2011年4月から2014年3月の3箇年にわたり電気学会の電磁環境技術委員会の中に、「スマートグリッドとEMC調査専門委員会」が設置され、スマートグリッドに関連するEMC課題の検討が行われた。

## 1.3　セキュリティ対策における現状

「情報セキュリティ」に関しては、情報・通信システム等のセキュリティ対策を強化する目的で、国際的基準である情報セキュリティマネジメントシステム（ISMS：Information Security Management System）が制定され、日本においても物理的セキュリティ（盗難・火事・水害や電磁環境等）について適合性評価制度の運用が始まっているが、この「電磁環境」における脅威としては、「非意図的な電磁波放出に起因する情報漏えい脅威」と、「意図的に電磁波を照射する妨害（I-EMI：Intentional electromagnetic interference）[注)1]脅威」が対象とされている。前者はTEMPEST[注)2]的盗聴脅威やサイドチャネル攻撃[注)3]脅威であり、後者は電磁的イミュニティ性能を超える高電力電磁環境（HPEM environments：High Power Electromagnetic environments）脅威である。

これらの脅威とその対処策については、2003年以降米国IEEEの「EMC（Electromagnetic Compatibility）シンポジウム」に新規のセッションが設置され、前記のような脅威についての集中的研究が行われるようになった。

これらに連携・連動して、ITU（国際電気通信連合）が非意図的な電磁波放出に起因する情報漏えい脅威からの防御についてのガイドラインの刊行を、IEC（国際電気標準会議）およびITU（国際電気通信連合）がHPEM（高電力電磁環境）耐力に関するガイドラインの刊行を行っている。さらに電気学会においても、2007年から2010年に「電磁波・情報セキュリティ技術調査専門委員会」を設立し、情報機器に対する電磁的セキュリティ脅威についての技術調査を実施し、情報セキュリティの観点から安心安全社会の構築に向けた情報発信を行っている[1-1]。

---

[注)1] 機器の故障・誤動作・性能低下を目的として、高周波大電力電磁波を照射する攻撃をいう。兵器としては「E-Bomb」などがある[1-2]。

[注)2] TEMPEST…情報機器が意図せずに放出している微弱な電磁波を受信し、「情報再現（盗聴）する脅威」に対する対策をいう。なお、TEMPESTは米国のコードネームであり、省略語ではない[1-3]-[1-5]。

[注)3] サイドチャネル攻撃…暗号機器の動作状況をさまざまな各種の物理的手段で観察することにより、機器内部の秘匿情報を取得する攻撃をいう。

## 1．4　電磁波攻撃一般

電磁波攻撃とは、通常は悪意を持った攻撃者が、意図的にIT機器（電算機や通信機器など）の構成要素である電子回路に対して高周波大電力の電磁波を侵入させることにより、電子回路部品に損傷を与え、電子回路の動作を妨害するなど、システムのミッション遂行を妨害する行為をいうが、本書では、非意図的要素も検討項目として含めている。

図1.4.1は、電磁波攻撃の概念図（例）である。図の中央にある車両には大電力の高周波大電力発生源と、その出力を放射するアンテナが搭載されている。

この図における攻撃目標は、左端に図示された「無線受信用アンテナ」と、右側ビル群において使用されている「IT機器」である。前者は無線受信装置のアンテナからの妨害（侵入）であることから「Front-Door Coupling」と呼び、後者は（本来は無線受信機能を有しない）電源線や有

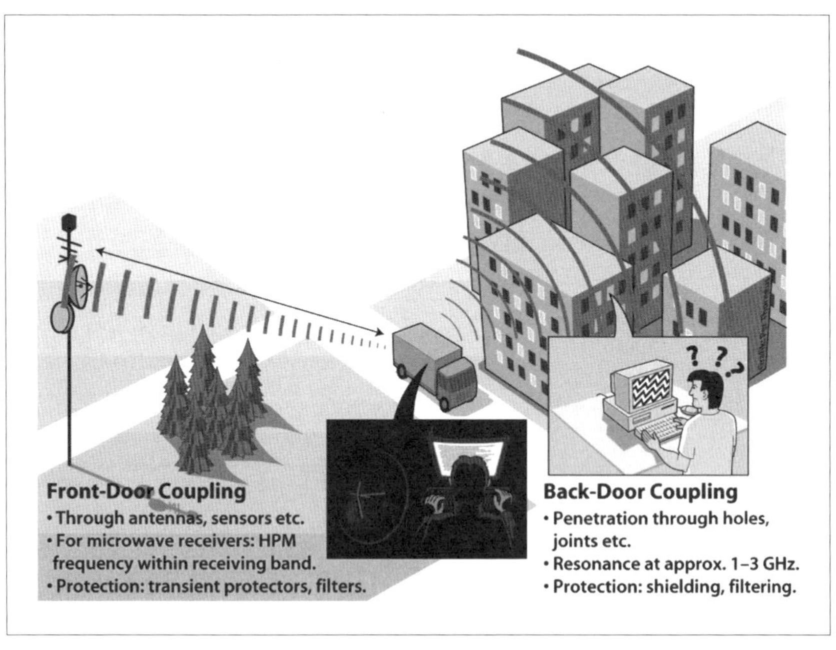


〔図1.4.1〕電磁波攻撃の概念図（IEC-61000-5-9から引用）[1-6]

線通信路を経由してのIT機器への妨害（侵入）であることから「Back-Door Coupling」と呼ばれる。

　このようにして侵入した電磁波は、構成機器である電算機・通信機器等の電子回路のうち、比較的低電力を扱う半導体回路素子に対して機能不全や誤動作、または損傷を与える。

## 1.5　電磁的セキュリティ脅威と、その現象の概略

電磁的セキュリティ脅威として考えられる要素には「非意図的脅威」と「意図的脅威」がある。

### 1.5.1　非意図的脅威（自然現象）

#### 1.5.1.1　雷害による影響

雷害は、電子機器（電子回路）等に対して障害を発生させることから、過去においても各種の雷害対策が行われ、被害を極力低減するための努力が続けられてきた。特に近年のように、高度にIT機器に依存する時代となって、雷害の影響が社会的インフラに影響を与える程度が大となり、雷害防護における性能向上が要求されるところから、さらなる耐雷研究が進められている。

#### 1.5.1.2　太陽活動に起因する現象（磁気嵐など）による影響

磁気嵐は、太陽面での大規模な爆発により飛来する太陽風（プラズマ）によって引き起こされる地球磁場の急激な撹乱現象をいうが、最近の米国における研究のなかで、磁気嵐による送配電系統に対する影響がクローズアップされており、この脅威は地理的に高緯度である地方において影響が顕著となる[1-7],[1-8]。

### 1.5.2　意図的脅威（電磁波攻撃脅威）

#### 1.5.2.1　IEMI（Intentional Electromagnetic Interference：意図的電磁妨害）

（「IEMI」は、「HPEM（High Power Electro-magnetics）：大電力電磁波」、または「HPM（High Power Microwave）：大電力マイクロ波」と呼ばれることもある。）

意図的な電磁波攻撃によって相手方の通信・電子機器等にダメージを与える手法は、軍事の分野では「電子戦（Electronic Warfare）」と呼ばれ、「有線や無線通信機器に対する妨害」、「レーダ機器に対する妨害」、「ミサイル回避のための妨害」などの目的で使用されてきた。

初期の電子戦は第二次大戦においても使用されたが、その後の通信機器・電算機の発達に伴って、急速かつ高度に発展した。これら電子戦を目的として開発された高周波大電力の電磁波発生装置（送信機）は、近

年の技術進歩に伴って小型化・軽量化・低価格化が実現し、技術の民間への転用が進むにつれて、各種のマーケットを通じて容易に入手できる状況となった。

軍事においては、通常はスタンドオフ攻撃（遠距離からの攻撃）として使用されるが、テロ活動を想定する場合は、必ずしも対象からの距離が遠隔である必要はなく、必ずしも大電力でなくてもよい。

#### 1.5.2.2 HEMP（High-altitude Electromagnetic Pulse）：高々度での核爆発により発生する電磁パルスによる攻撃

（「HEMP」は、「NEMP（Nuclear EMP）：核EMP」とも呼ばれる。）

地表から数十キロメートル以上の高々度（大気圏外）での核爆発により発生する強力電磁波をいい、地表に到達する際には50kV/mの電界強度となる。細部は昨年の全国大会論文[1-9]に記述したので省略する。

## 1．6　電磁波攻撃脅威の想定

社会インフラの攻撃を目的とする電磁波攻撃の手法は、次に示す各種のレベルが想定される。

### 1．6．1　軍事のレベル

都市機能を麻痺させることを目的とする電磁波攻撃では、「HEMP」による攻撃や、強力電磁波を放出する「E-Bomb」[1-2] による攻撃があるほか、近年顕著な進歩を遂げつつある「UAS（Unmanned Arial Vehicle）：ドローン」などを運搬手段として使用する攻撃も想定される。

### 1.6.2　テロ攻撃のレベル （プロ集団）

テロ活動においては、目標物に対しての比較的短距離での攻撃となると考えられることから、軍事に比べて送信電力は小規模のものが使用可能となる。機材の運搬手段としては、「UAS」（前項）や「車両」が使用されるものと思われる。

### 1.6.3　テロ未満のレベル （小規模）

社会インフラ等に対する攻撃という明確な意図を持つ脅威以外の、テロ未満のレベル（小規模ないたずらなど）の攻撃も想定される。車両等を使用する場合の送信電力の規模は、前項の「テロ攻撃のレベル」と大差ないものと考えられる。

## 1．7　具体的事例

### 1．7．1　非意図的脅威

#### 1.7.1.1　雷害

雷のエネルギーは瞬時･巨大で、都度の規模の程度が定まらないため、適度な対策という考え方が困難な現象である。ここでは、具体例は記さないが、今後も有線通信機器などに障害を引き起こす脅威であり続けるものと考えられる。

#### 1.7.1.2　磁気嵐

米国では、(前記したように)「磁気嵐」の影響が原因であるとされる停電事故例が報告されている。米国では､「磁気嵐」は､「HEMP」や「IEMI」と並べて「スマートグリッドに対する3大脅威」と呼ばれている[1-10]。

#### 1.7.1.3　非意図的脅威　(EMI：Electromagnetic Interference)

EMIは、通常は「脅威」と呼ばれることはなく、障害事例が報道されることも稀であるが、以下の例が示すように、この種の障害は多発している。

(1) EMC分野の各種報告では、電気機器等が電子機器（電子回路）に妨害を与えたり、あるいは無線通信機器の送信電力が電子機器に干渉して誤動作が発生したという事例は、日常茶飯に発生している。

(2) 1996年7月16日にTWA800便（定期航空便）がニューヨーク沖で墜落した事故は、該当海域にいた米海軍の4隻の艦船（AESIS艦）のレーダ波の照射が原因とされている[1-11]。

(3) 1994年代に米陸軍のヘリコプターBlackhawkが､(開発当初において)大電力送信施設付近で航法機器の誤動作による落下事故が数件発生し、イミュニティ性能改良のための設計変更が行われた[1-12],[1-13]。

(4) 旅客機（航空機）の運行においては、航法機器への影響を考慮して、客室内での電子機器や携帯電話機の使用制限が行われており、乗客が使用した携帯電話機等による障害発生が報道されることもある。ただし、個々の障害事例についての因果関係の解明や、原因究明についての明確な報道はされていない[1-14]。

### 1．7．2　意図的攻撃

(1) 軍事レベルでは、（前記したように）強力電磁波を用いた攻撃や妨害を行うことは常識である。

(2) 社会インフラへの攻撃の例として、2003年3月のイラク戦争（湾岸戦争）において米軍が「E-Bomb」を使用し、イラクの放送局の機能を停止させたことが報道された[1-15],[1-16]。

(3) 国内においても、（報道はされないが）IT機器や車両の電子機器（電子回路）を対象として、攻撃の検討や実験が行われた例がある。

### 1．7．3　電磁的セキュリティ脅威に対する防護

強力電磁波による攻撃脅威からの防護は、通信機器のフロントエンドや、電子機器（電子回路）などの脆弱部位に対する電磁波の侵入路を遮断し、侵入を防止することにある。

なお、作戦内容や技術進歩により、都度の進化が必要ではあるが、部位によっては侵入の遮断や隔離が困難な状況もある。

一般的な防護手法については、次のような方法が考えられる。

#### 1.7.3.1　システム設計

(1) 存在位置の秘匿

重要機器や設備の存在位置の秘匿。たとえば、通信施設や電算機室の設置位置は非公開とする。

(2) 危険の分散と、冗長設計（迂回路）

重要施設の複数設置、通信路の遮断事故対策のための迂回路の確保。

(3)　運用

機器やシステム自身の強力電磁波に対する耐性の向上だけでは、十分な安心・安全は確保できない。日常的な意識向上・訓練による技量習熟が必要。

#### 1.7.3.2　機器の防護

強力電磁波の被曝から防護するためにIT機器等を攻撃者から隔離。隔離の要素は、図1.7.1に示すとおりであり、「攻撃者の能力推定」、「接近距離」、「電磁シールド設備（建屋による対策）」などを勘案する。

(1) 建屋と機器の協調（システム設計）

システム設計の前提としての「我のシステム・機器の脆弱性の把握」、「脅威の特性（性能などの推定）」、「脅威の接近（脅威位置）の想定」を考慮して防護手法を計画する。この場合、建屋と機器の両者における経済性を考慮して防護の程度の協調（分担）を図る。

(2) 建屋における防護対策

機器を収容する建屋は、しばしば居住空間でもある。計画（設計）においてこの配慮が行き届いていない場合には、運用における問題が発生し、セキュリティ性能が維持できない状況となることもある。

(3) 防護対策の評価方法

電磁波攻撃に対する防護性能は、従来からEMC分野で行われているイミュニティ性能よりもレベルの高い性能要求となる。初期性能の確認においても、高周波大電力の試験設備を必要とするほか、性能が維持されていることの日常的な確認や、性能維持のための個々の設備の事情に応じた簡易な点検手段の採用が必要となる。

### 1.7.3.3　攻撃を記録する（ログ付の）「受信装置」の設置

強力電磁波を使用する攻撃者（敵）は、おそらく数回にわたる試行（周波数、発射位置変更などの試行）を行うことになる。敵が攻撃を画策している試行の過程を把握することは、敵の行動の予兆を把握できる重要情報である。

この予兆把握の目的のために、当該施設の周辺に強力電磁波による攻

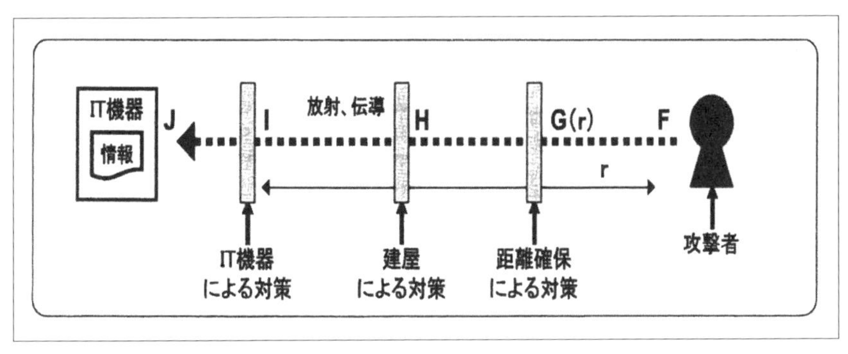


〔図 1.7.1〕防護を目的として IT 機器等を攻撃者から隔離する要素 [1-17]

撃を受けた場合の警告信号の発生と、各種データの記録が可能な「受信装置」を設置することが推奨される。

電磁波攻撃による機器等の障害の発生があった場合において、通常は運用者側においては機器の復旧が最重要行動ではあるが、初動的に電磁波による攻撃を受けたことによる障害であることの察知が（敵を逃がさないためにも）きわめて重要である。

この「受信装置」は、①妨害のあった日時分秒、②妨害強度、③妨害周波数、④電磁波到来方位…を記録できるもので、施設周辺に複数台を設置することにより、電磁波攻撃に使用された機材の性能・発射位置が把握可能となる。図 1.7.2 は「受信装置」の機能例を示す。

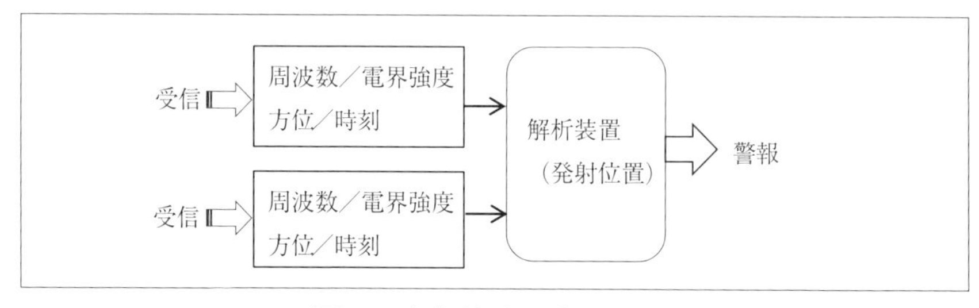


〔図 1.7.2〕「受信装置」の機能例

【参考文献】
[1-1] 電気学会、電磁波と情報セキュリティ対策技術、オーム社（2011）
[1-2] J. Willson, Electromagnetic Pulse-BOMB, Popular Mechanics, Sept.2001, pp. 51-53
[1-3] 瀬戸信二、"情報処理装置からの電磁波漏出にともなう情報漏えいの防止対策（TEMPEST 対策）"、防衛技術ジャーナル、Vol.15、No.6、pp.6-18（1995）
[1-4] 内山一雄、"漏えい電磁波による情報漏えいとその評価について（前編）"、防衛技術ジャーナル、Vol. 2、pp. 4-13（2005）
[1-5] 内山一雄、"漏えい電磁波による情報漏えいとその評価について（後編）"、防衛技術ジャーナル、Vol. 3、pp. 10-14（2005）
[1-6] IEC TS 61000-5-9 Ed.1（2009）: Electromagnetic Compatibility（EMC）– Part 5-9：Installation and mitigation guidelines - System level susceptibility assessments for HEMP and HPEM, INTERNATIONAL ELECTROTECHNICAL COMMISSION（IEC）（2009）
[1-7] John G. Kappenman, "Geomagnetic Storms Can Threaten Electric Power Grid, " Earth in Space, Vol.9, No.7, pp.9-11（1997）
[1-8] 1989 年 3 月の磁気嵐、（ケベック州大停電）、Wikipedia
[1-9] 瀬戸信二、"スマートグリッドにおける電磁的セキュリティ"、平成 28 年電気学会全国大会論文集、H4-2（2016）
[1-10] W. Radasky, "protection of commercial installations from the "triple threat" of HEMP, IEMI and severe geometric storms," Interference Technology 2009 EMC Directory and Design Guide, pp.90-94（2009）
[1-11] "Electromagnetic link to TWA800 studied," THE BOSTON GLOBE, Tuesday July 14（1998）
[1-12] Dave Horshall, "More on Blackhawk helicopter," Forum on Risks to the Public in Computers and Related Systems, Vol.7, Iss.8（1988）
[1-13] Peter B. Ladkin, "Electromagnetic interference with aircraft systems: why worry?," Bielefeld Univ.（Bielefeld. Germany）, Rep. RVS-J-97-03（1997）
[1-14] RTCA Report DO-233（1996）: Portable Electronic Devices Carried on

Board Aircraft, Report of Radio Technical Commission for Aeronautics (RTCA) Special Committee 177 (1996)
[1-15]「米、電磁波爆弾使用も」、読売新聞、2003 年 3 月 20 日
[1-16]「イラク戦争（電磁波爆弾が実戦で初めて）」、毎日新聞、2003 年 3 月 27 日
[1-17] 新情報セキュリティ技術研究会、電磁波セキュリティガイドライン、新情報セキュリティ技術研究会、P.12 (2004)

# 第二章

## スマートグリッド・M2M・IoT

## 2．1　スマートグリッドとは

先進諸国の人口増などによる明確な需要増への対応として建設されてきた電力インフラなどの社会的なインフラ設備は、建設から多くの時間が過ぎ、老朽化が進み、メンテナンス及び更新の必要性が課題とされていた[2-1-1]。一方で、ICT（Information and Communication Technology）は固定通信から無線通信へと移り変わり、欲しい情報が個々人一人一人の端末に行き届くまでにインフラが整備され、コンピュータを結ぶ通信技術は身近な技術として進展してきた。また、地球温暖化などの課題に対して、環境負荷低減の意識が世界的に広がりをみせ、国レベルから個人レベルまでエネルギーの効率的な利用を目指す動きが広がり、新しい地球のあり方として、IBM等がSmarter Planet[2-1-2]など、ICTを利用して、よりエネルギー効率の高い、より便利な社会の概念が提唱され、ICTをさまざまな社会インフラへ適用する動きが進んできている。欧米などで、ICT利用が進んでいなく、相互に接続する必要性が高く、エネルギー効率の改善効果が高いと予想された電力インフラへのICT利用を社会的

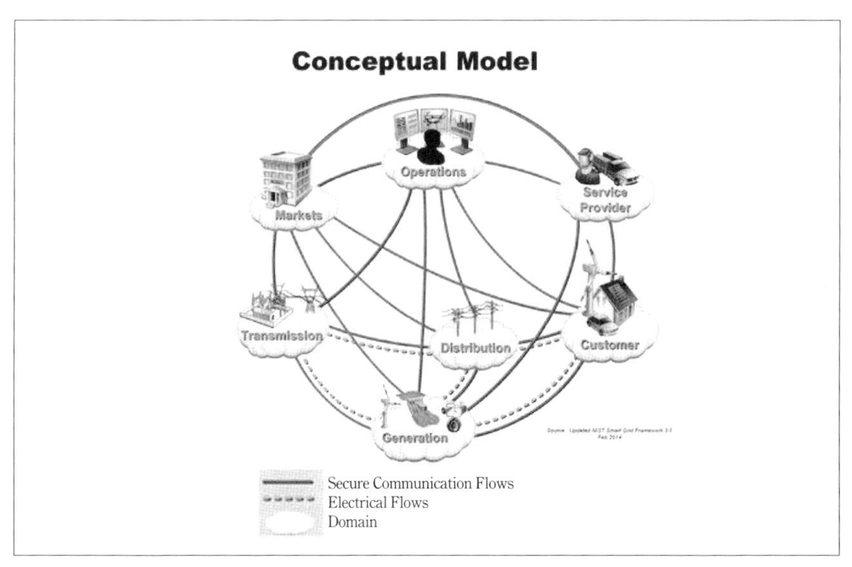


〔図2.1.1〕スマートグリッド・コンセプトモデル

インフラの中で先行して、スマートグリッドとして検討が進められた[2-1-3]と考えられる。

2008年に発表されたNISTのスマートグリッドのコンセプトモデルを図2.1.1に示す。これまでの電力事業者の発電(Generation)、送電(Transmission)、配電(Distribution)、顧客(Customer)への電力のつながりが、点線で示されており、それらのステークホルダへ相互に電気通信サービス(Service Communication flows)が結ばれている。また新たに、市場(Market)、運用者(Operators)、サービス提供者(Service Provider)を設け、それらとも相互に情報を結び、需給対応や効率化などを進めるコンセプトになっていることがわかる。

このような多くのステークホルダや、機器を相互につなぐには、図2.1.2に示すように、2008年以降、相互運用性(interoperability)が必要とされ、共通する技術として、セキュリティや、EMC等の検討が進め

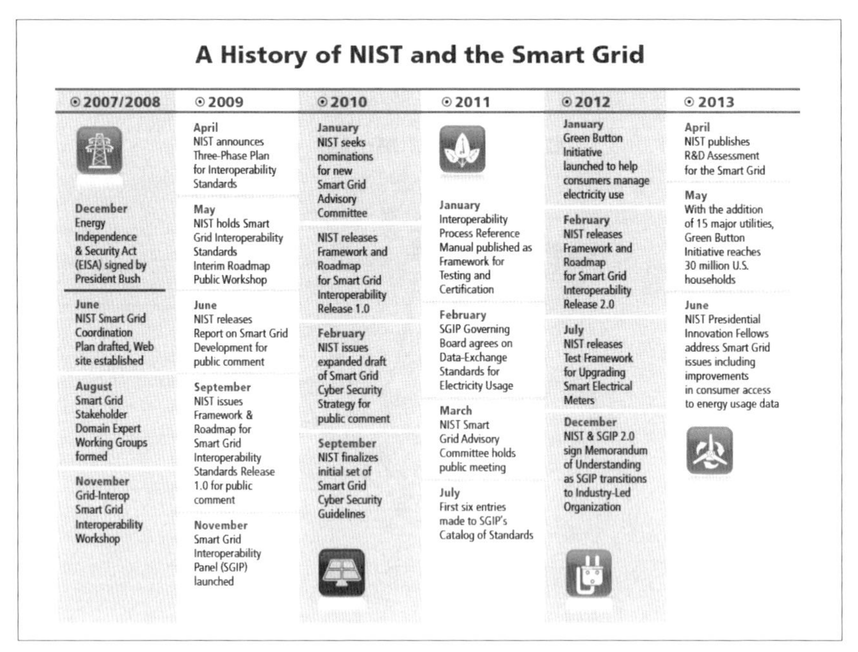


〔図2.1.2〕NISTにおけるスマートグリッドの変遷[2-1-3]

られてきた。

当初のコンセプトモデルでは、例えば、発電システム、配電システムそれぞれに運用性が存在し、全体としての運用性があり、コンポーネントレベルから、ビジネスレベルまで、運用に対する概念も違うことから、検討を進めるにあたり、相互の関係性を捉えることが難しいという問題があったが、現在では、図2.1.3に示すようにCEN-CENELEC-ETSIの合同標準化団体が規定したスマートグリッド標準化のためのモデルフレームワーク[2-1-4]を用いてより細かく理解が可能な概念となっている。NISTも、現在では、このモデルフレームワークを利用している。

たとえば、スマートグリッドを代表する機器であるスマートメータ（AMI :advanced metering infrastructure）のセンサ間の通信など機器を結ぶM2M技術[2-1-5]などもこのフレームワークに当てはめることができ、通信プロトコルや、データモデルなどの検討が進んできた。表2.1.1は

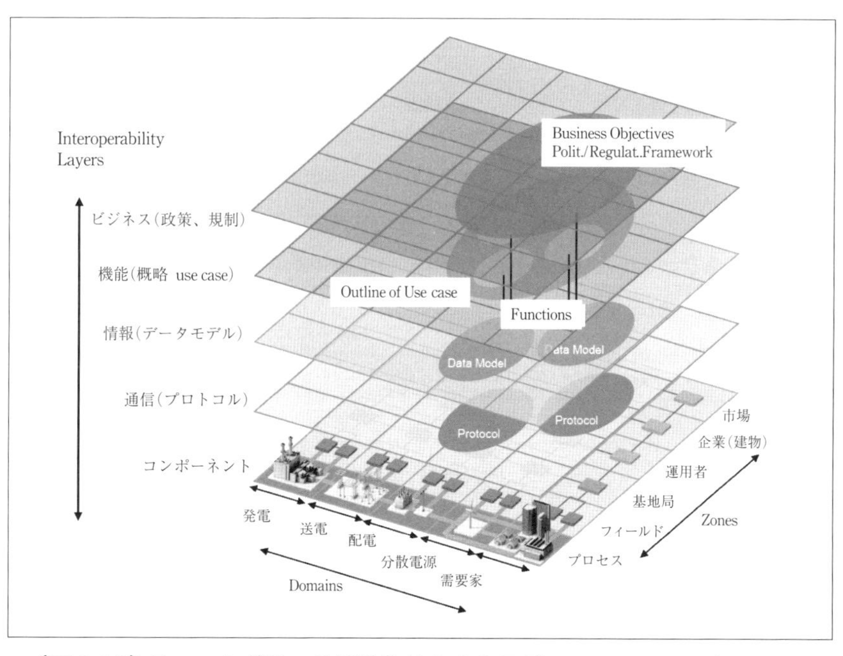


〔図2.1.3〕スマートグリッド標準化のためのモデルフレームワーク[2-1-4]

2012年時点のスマートメータ・配電送電制御の導入状況を示す[2-1-5]。

フレームワークの完成とともに図2.1.4に示すように、2012年では日本では数%[2-1-5]、アジアでは20%程度であったスマートメータの導入率も、2016年時点で、2012年の北米と同様な40%の導入率となっており、確実に、世界的な取り組み として、広がってきていることがわかる[2-1-6]。

またNISTのフレームワーク3.0[2-1-3]が完成したころから、GE等のインダストリアルインターネット[2-1-7]や、ドイツ政府が進める、Industory 4.0等、工場生産やサービスでの通信利用やIoT（Internet of Things、CPS（Cyber Physical System）など、社会インフラをはじめとす

〔表2.1.1〕先進諸外国のスマートメータ・スマートグリッド導入状況[2-1-5]

| 国 | 小口需要家向けスマートメータ設置数（普及率） | 配電網自動化故障停電検知システム | 送電網広域監視PWU（Phasor Measurement Unit:位相計測装置） | 再生可能エネルギーとの協調制御システム | 主な通信方式 |
|---|---|---|---|---|---|
| イタリア（ENEL） | 電力　3,300万（100%）<br>ガス　導入段階（フランス・スペインと協調） | 研究段階 | 研究段階 | 研究・実証段階 | PLC（Meter and More）<br>GSM |
| スウェーデン（バッテンフォール） | 電力　520万（100%） | 研究段階 | 研究段階 | 研究・実証段階 | WiMAX<br>PLC |
| ドイツ（EON） | 電力　4,400万（10%） | 研究段階 | 研究段階 | 100kW以上の再生可能エネルギーの出力抑制を要請 | M-bus<br>wM-bus |
| フランス（EDF：配電）（RTE：送電） | 電力　3,200万（20%）<br>ガス　実証段階（イタリア・スペインと協調） | 配電自動化システムによる開閉切換の自動運転 | EDF社では、広域連係制御の制御内容が決定し、稼働中（欧州域内） | RTE社で風力発電予測を強化、風力発電の80%以上がリアルタイムモニタリング中 | PLC（PRIME） |
| 米国（PG & E, SCE, PPL） | 電力　1,000万（40%） | 都市部はメッシュ配線、郊外は自動開閉器なし | 200以上のPMU導入済み<br>広域監視の試用 | 研究・実証段階 | Zigbee<br>PLC（3C）<br>PLC（TWACS） |
| 日本 | 関西電力　61万（4.8%）<br>九州電力　3.3万（0.4%）<br>都市ガス　20万（約8%）<br>LPガス　600万（約25%） | 配電自動化システムによる開閉切換の自動運転<br>500kW以上の需要家は1万（100%） | 研究段階 | 研究・実証段階 | － |

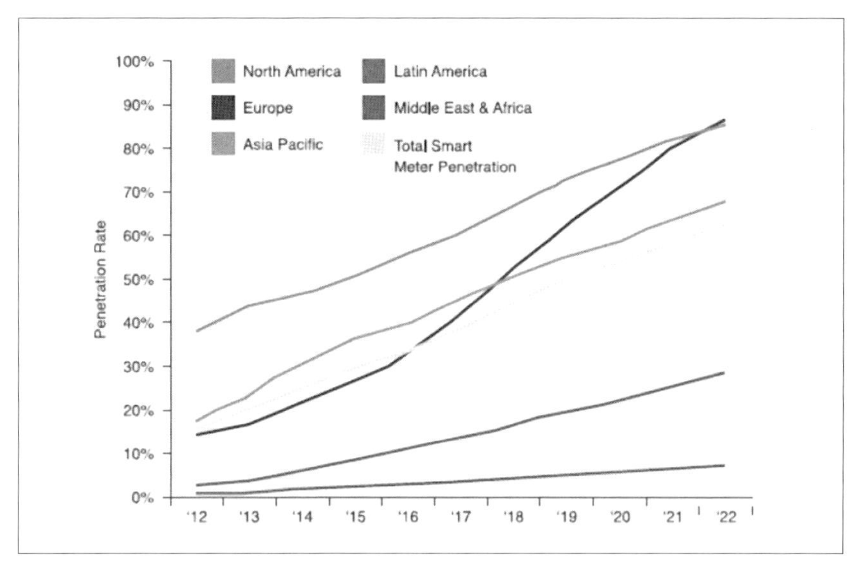


〔図 2.1.4〕スマートメータの導入率イメージ [2-1-6]

るあらゆるものの通信利用の一部として、スマートグリッドが捉えられるようになってきている。

**【参考文献】**


[2-1-1] 中村英夫，“インフラストラクチャーの発展と課題”、電気学会誌、Vol.129、No.11、p.721（2009）

[2-1-2] IBM, “Smarter Planet” , http://www-03.ibm.com/ibm/history/ibm100/jp/ja/icons/smarterplanet/（平成 29 年 1 月 31 日確認）

[2-1-3] NIST Special Publication 1108R3: NIST Framework and Roadmap for Smart Grid Interoperability Standards, Release 3.0, National Institute of Standards and Technology（NIST）（2014）

[2-1-4] Smart Grid Reference Architecture, CEN-CENELEC-ETSI Smart Grid Coordination Group（2012）

[2-1-5] 富永哲欣、松田和浩、野崎洋介、” スマートグリッドと ICT[II]：スマートグリッドで加速する M2M の技術動向”、電子情報通信学会誌。

Vol.95、No.1、pp.56-61（2012）
[2-1-6] Smart meter security survey, Global Smart Grid Federation（GSGF）Report（2016）
[2-1-7] GE、インダストリアル・インターネット、http://www.ge.com/jp/industrial-internet（平成 29 年 1 月 31 日確認）

## 2.2　日本におけるスマートグリッドの変遷

日本では、電力設備でのコンピュータ利用や需給制御は欧米に比べ進んでいたため、集中型発電の電源から、再生可能エネルギー等の分散型電源の導入などに対しての取り組みとして、「スマートグリッドとは、「従来からの集中型電源と送電系統との一体運用に加え、情報通信 ネットワークにより分散型電源やエンドユーザの情報を統合・活用して、高効率、高品質、高信頼度の電力供給システムの実現を目指すもの」であり、スマートグリッド技術とは、この 概念を実現するために必要となる新たな、または高度化された電力技術ということができる。」[2-2-1] と、定義されることが多かった。また、日本のきめ細かなインフラ運用をシステムとして、海外へ展開する方法として定義されている [2-2-2]。日本でも 2011 年から 2014 年までスマートグリッド実証実験として、横浜市・けいはんな学研都市・北九州・豊田市で行われ、エネルギー管理システム、標準インターフェース、蓄電池制御技術、車両からの給電技術等が確立されたと総括されている。また、需要制御技術として、料金に基づく需要抑制が実証されている [2-2-3]。図 2.2.1 は次世代エネルギー・社会システム実証事業の総括・主な成果の成果を示す [2-2-3]。

日本においても、スマートグリッドの取り組みが拡張され、スマート

〔図 2.2.1〕次世代エネルギー・社会システム実証事業の総括・主な成果 [2-2-3]

な社会、スマートコミュニティの実証へとシフトしており、「スマートな社会」が目指すべき姿は、低環境負荷であり、自然資源・エネルギー・廃棄物の流れを高度にマネジメントして無駄を少なくした社会である。このような社会を構築するためには、電気･ガスなどのエネルギー、水、交通、物流などの社会の「流れ」を、情報通信技術等を用いて効率化するような社会システムが期待され、図 2.2.2 に示すように、多くの社会的インフラを対象としたスマート化が進められており、社会実装実証事業も 11 事例が紹介されている [2-2-4]。

海外と同様に、日本でも、スマートグリッドから始まった社会のスマート化（情報技術の適用）の実証実験などが進み、図 2.2.3 に示すように、社会システム・社会インフラとしての取り組みへと変遷してきている [2-2-5]。

**【参考文献】**

[2-2-1] NEDO、再生可能エネルギー技術白書 第 2 版、独立行政法人 新エネルギー・産業技術総合開発機構（2014）

[2-2-2] 経済産業省、次世代エネルギー・社会システム協議会について、http://www.meti.go.jp/committee/summary/0004633/（平成 29 年 1 月 31

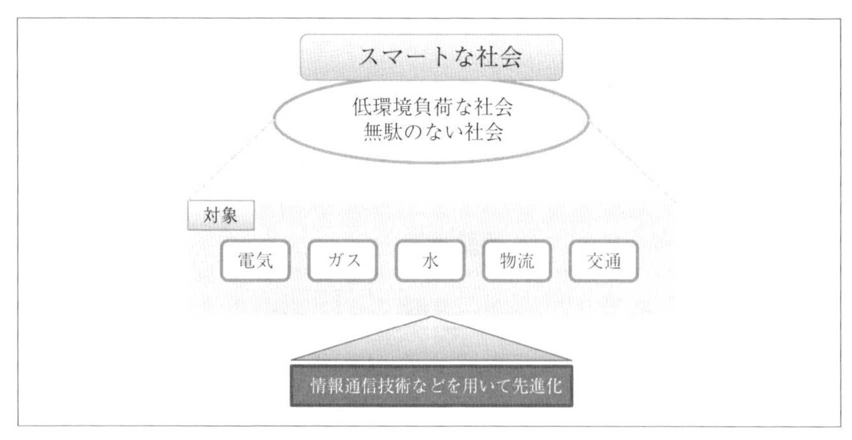


〔図 2.2.2〕スマートな社会とその対象 [2-2-4]

日確認）
[2-2-3] 経済産業省、次世代エネルギー・社会システム協議会（第 18 回）- 配布資料　資料 3「次世代エネルギー・社会システム実証事業」の総括と今後、http://www.meti.go.jp/committee/summary/0004633/pdf/018_03_00.pdf（平成 29 年 1 月 31 日確認）
[2-2-4] 経済産業省、次世代エネルギー・社会システム協議会（第 18 回）- 配布資料　資料 5 我が国のスマートコミュニティ事業の現状～実装事業の例～、http://www.meti.go.jp/committee/summary/0004633/pdf/018_05_00.pdf（平成 29 年 1 月 31 日確認）
[2-2-5] 経済産業省、次世代エネルギー・社会システム協議会（第 1 回）- 配付資料　資料 5 次世代エネルギー・社会システム実証事業について、http://www.meti.go.jp/committee/materials2/downloadfiles/g91113a05j.pdf（平成 29 年 1 月 31 日確認）

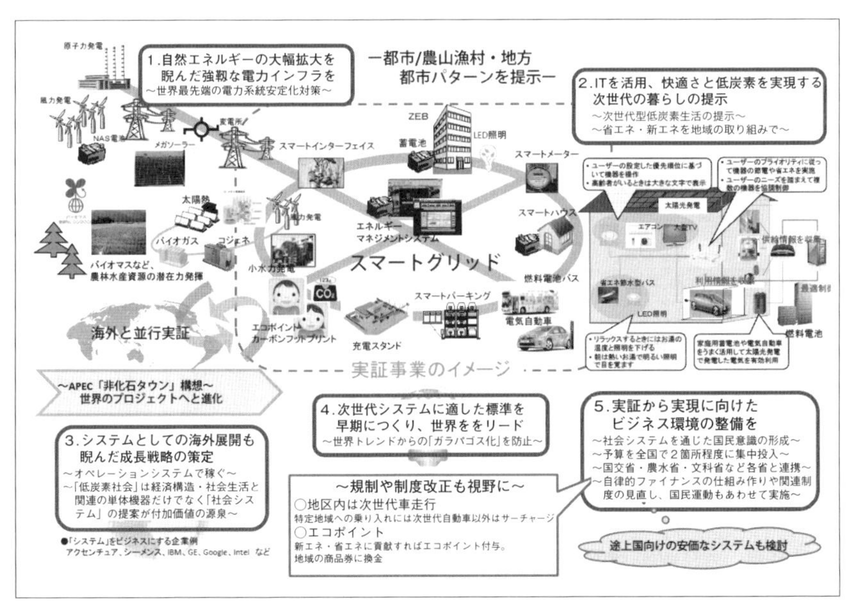


〔図 2.2.3〕日本における社会システム実証事業 [2-2-5]

## 2．3　スマートグリッドを構成するシステム

これまで述べてきたとおり、スマートグリッド・スマートコミュニティを構成するシステムは多岐にわたり、すべてを詳述することは困難であるが、IEC（International Electrotechnical Commission）が、専門家でなくても、容易にスマートグリッドにかかわるシステムの標準規格を参照できるように、スマートグリッド標準マップ[2-3-1]（図 2.3.1 参照）を作成しており、本節では、そのマップを用いてスマートグリッドを構成するシステムについて紹介する。

通信・セキュリティ・EMC・電力品質のカテゴリと、15 種類のカテゴリ毎にシステム構成が紹介されている。

電力会社の電気システムの運用（Electric system operation）カテゴリでは、図 2.3.2 に示すように、13 のコンポーネントと、3 つのネットワーク接続で構成されている。図 2.3.2 の略号は、下記のように、それぞれ、

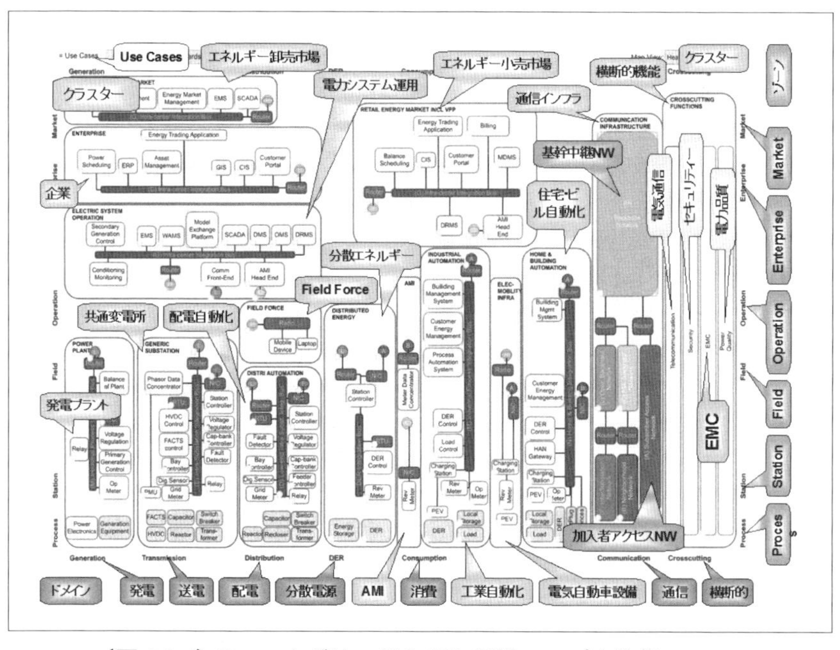


〔図 2.3.1〕スマートグリッドの IEC 標準マップ全体像 [2-3-1]

システムになっている。

EMS: Energy Management System
WAMS: Wide Area Monitoring System
SCADA: Supervisory Control And Data Acquisition
DMS: Distribution Management System
OMS: Outage Management System
DRMS: Demand Response Management System
H: Backbone Network
L: Operator Backhaul Network
C: AMI Backhaul Network

なお、バックホールとは、通信事業者の回線網などで、末端のアクセス回線と中心部の基幹通信網（バックボーン回線）を繋ぐ中継回線・ネットワークのことである。

工場、電気自動車充電インフラ、家庭などのオートメーションのカテゴリを図 2.3.3 に示す。略号は、それぞれ、下記の通りである。

PEV: Plugin Electric Vehicles
Rev Meter: Revenue Meter
NIC: Network Interface Controller
DER: Distributed Energy Resource
HAN: Home Area Network

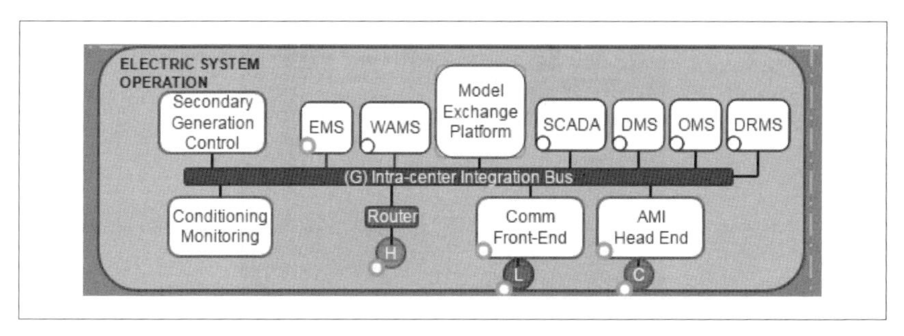


〔図 2.3.2〕電気システムの運用 [2-3-1]

Industrial Automation A: Backbone network
Elec-Mobility Infra H: Backbone network
Elec-Mobility Infra A: Subscriber Access network
Home & Building Automation A: Subscriber Access network
Home & Building Automation B: Neighborhood network

例えば、図 2.3.3 では DER や DER control とある分散電源のコントロールシステムやマネジメントシステムでは、図 2.3.4 に示したように相互に接続されて、発電予測や、需要予測などに基づき全体で最適な制御ができるダイアグラムとなっている [2-3-2]。

システム間に ICT を利用した制御以外にも、電力系統には多くの自

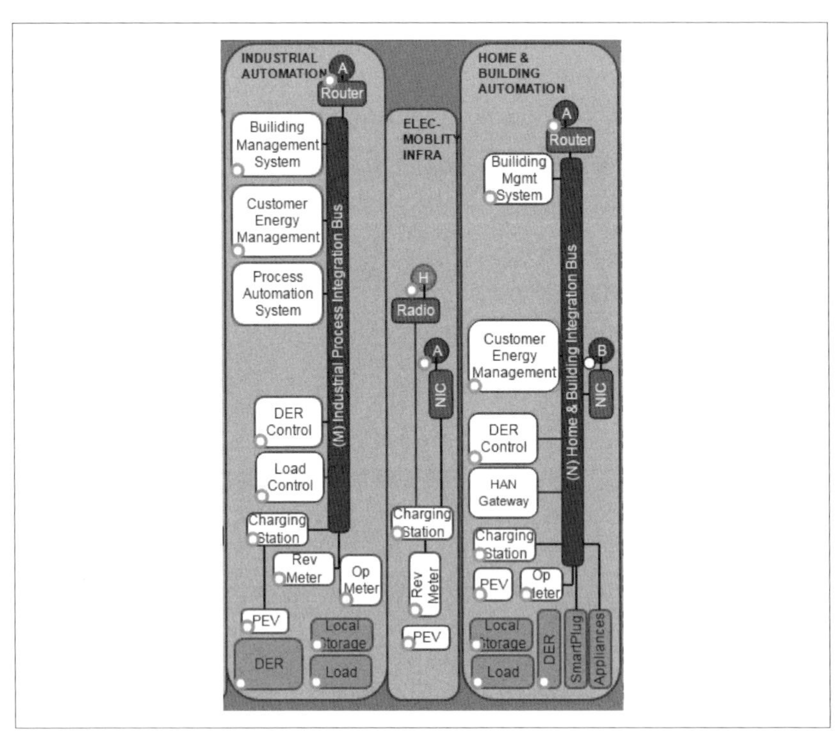


〔図 2.3.3〕工場・電気自動車充電・家庭・ビル用のカテゴリ [2-3-1]

律的な制御機構がそれぞれのコンポーネントに必要とされている。一例として、再生可能エネルギー電源と電力系統の安定運用の制御機能を紹介する。

再生可能エネルギー電源など分散型電源は、主に、機器保護の観点から，電力系統の電圧または周波数が一定の範囲を逸脱した場合に、それぞれの箇所に備え付けられている保護装置により電力系統から切り離される。しかし、電力系統の電圧または周波数が本来の運用範囲を逸脱した場合には、分散型電源が大量に切り離されることにより、電力系統の電圧または周波数の本来の運用範囲からの大幅に逸脱させ、最終的には電力系統全体の崩壊を引き起こす可能性が懸念されている。

このような問題を防止するため，分散型電源も、電力系統の電圧または周波数が本来の運用範囲を逸脱した場合でも運転を継続し、事故除去後には速やかに発電出力を回復させることで電力系統の安定運用に寄与しようとする機能がFRT（Fault Ride Through）である [2-3-3]。図 2.3.5 に太陽光発電の FRT 要件を示す [2-3-3]。

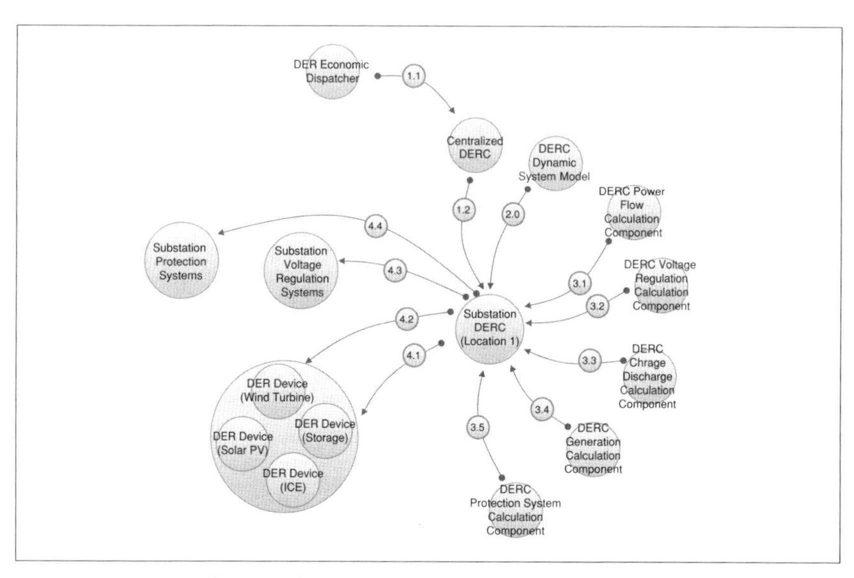


〔図 2.3.4〕DERC 構成ダイアグラム [2-3-2]

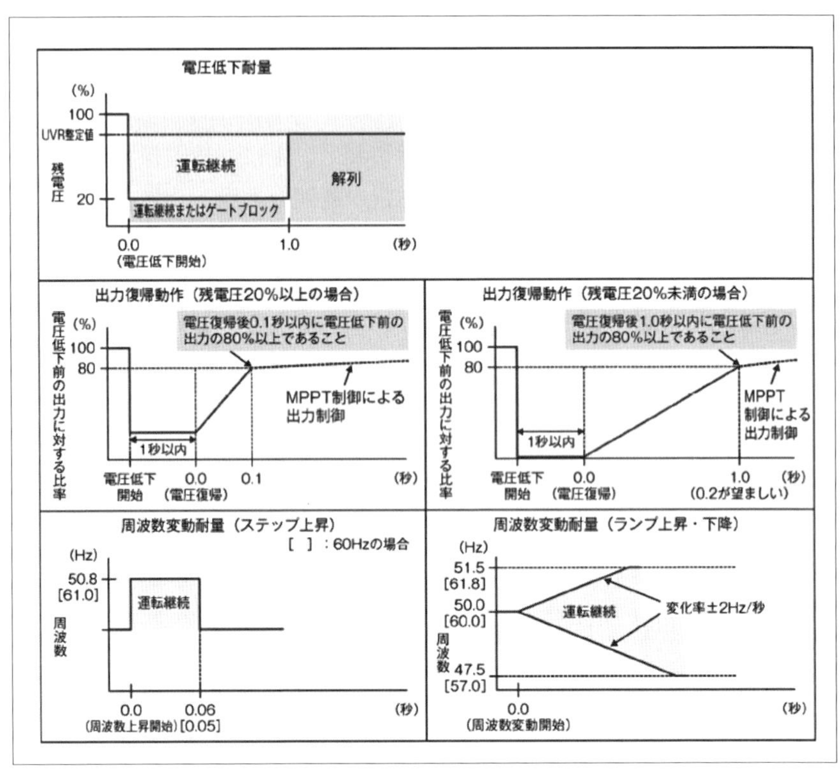


〔図 2.3.5〕太陽光発電の FRT 要件 [2-3-3]

日本においては、FRT の要件化が，日本電気技術規格委員会（JESC）において検討されており、低圧連系の太陽光発電については，2011 年 12 月の系統連系規程 JEAC 9701-2010 改定に織り込まれた。また，すべての電圧連系における，太陽光発電及び風力発電等の分散型電源について、2013 年 2 月の系統連系規程 JEAC9701-2012 の改定で，FRT 要件に関する規定が追加されている。

## 【参考文献】

[2-3-1] IEC, Smart grid standard map, http://smartgridstandardsmap.com/（平成 29 年 1 月 31 日確認）

[2-3-2] Distributed Energy Resources Controller Configures EPS Equipment Based on Daily DER and Load Forecast, Ver.1.3, Electric Power Research Institute (EPRI) (2010)
[2-3-3] NEDO、再生可能エネルギー技術白書 第2版、独立行政法人 新エネルギー・産業技術総合開発機構 (2014)

## ２.４　スマートグリッド・スマートコミュニティとセキュリティ

スマートグリッドのサイバーセキュリティに関しては、NIST からガイドラインが 2010 年に初めて発表された [2-4-1]。現在は 2014 年に改定されたガイドライン [2-4-2] に多岐にわたる項目での対策ガイドが出来ており、現在もアップデートの検討が行われている。また、上述したように、スマートコミュニティでは、多くの社会インフラでも利用されるため、セキュリティ情報のやり取りを定めた規定も、NIST Cybersecurity Framework[2-4-3] として、発表されている。

米国では、例えば、エネルギー関係 [2-4-4] での規定は当然であるが、Critical Infrastructure（重要インフラ）に指定されているインフラが 16 セクタにおいて、セキュリティの情報共有を行うガイダンスを発行している。例えば、水道などにも、NIST　Cybersecurity Framework を元にしたガイダンス [2-4-5] が用意されている。

IEMI（Intentional Electromagnetic Interference）や、HEMP（高高度核爆発による電磁パルス）、磁気嵐などの脅威についても、米国の EMC Commission（http://www.empcommission.org/）において調査研究されており、2008 年にレポート [2-4-6] が完成している。 議会提出されたが対策は見送られ、現在ではアメリカの電力網を保護することに焦点を当てた市民の超党派組織の非営利団体 EMPact America（http://empactamerica.org/）が、6 州で対策の強制化に向けて活動している。

EMC Commission のレポートでは、サンディエゴの水道事業で自動制御しているシステムが、船舶のレーダにより誤動作を起こして、断水した事例や、磁気嵐により、変電設備が焼損した事例などが紹介されており、図 2.4.1 に示すような 8 種類のセクタを重要インフラとして、特定し、それら重要インフラの EMP（Electromagnetic Plus）についての脆弱性を検討している。

特に、図 2.4.2 のように、電力インフラに多く利用されている SCADA（Supervisory Control And Data Acquisition）システムについて詳細に IEMI 試験を実施しており、その脆弱性を明らかにしている。

欧州での取り組み では、英国国防省のレポート [2-4-7] に、結論として、

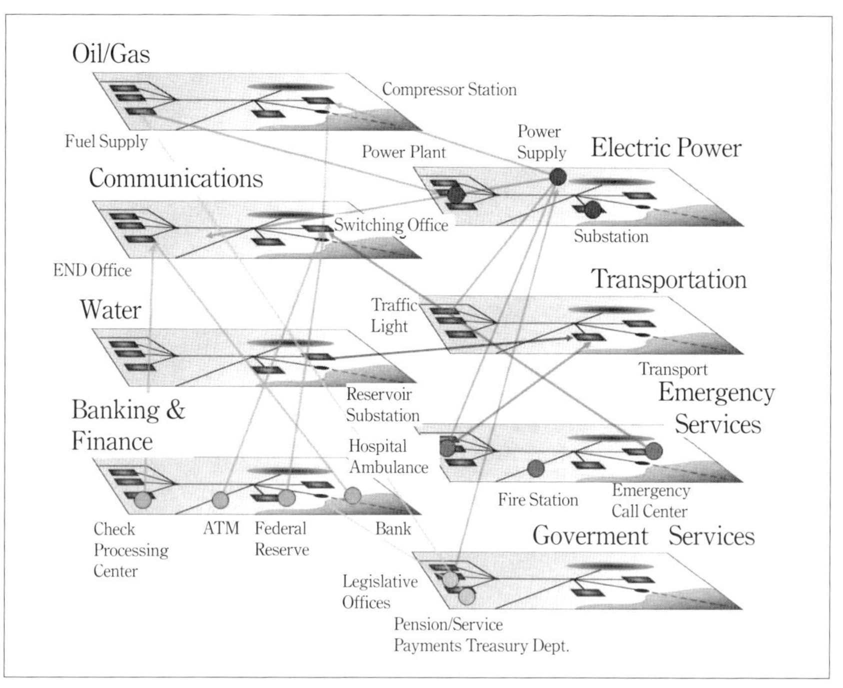


〔図 2.4.1〕重要インフラの相互関係 [2-4-6]

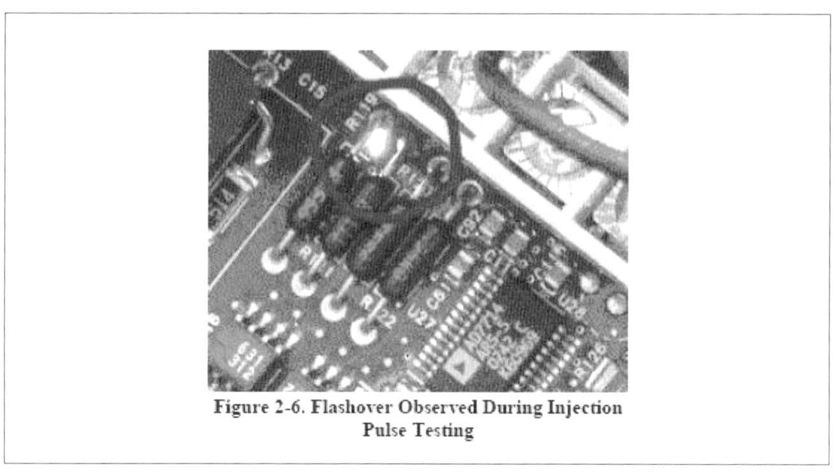

**Figure 2-6. Flashover Observed During Injection Pulse Testing**

〔図 2.4.2〕IEMI 試験での脆弱性例 [2-4-6]

「EMP事象は具体的に言及されなければならない：事象によって引き起こされる停電および電子インフラストラクチャの一時的な喪失に対処する一般市民に対する復旧計画は十分ではない。磁気嵐は世界的な脅威であり、同時に多くの地域や国に影響を与える可能性がある。これは相互扶助の範囲があることを意味するが、助けが来ると推測できる安全な場所は存在しない。政府がこの問題に真剣に取り組む時が来た。」としている。

また、EU全体の研究として、鉄道におけるIEMI研究プロジェクトSECRET[2-4-8]及び、重要インフラのIEMI研究プロジェクトSTRUCTURE[2-4-9]が実施されている。SECRETは、既に完了し、白書が出ている。少なくとも、電磁波をセンシングすることで、事象を監視することを勧めている。

**【参考文献】**

[2-4-1] NISTIR 7628: Guidelines for Smart Grid Cyber Security, National Institute of Standards and Technology（NIST）, Smart Grid Interoperability Panel（SGiP）（2010）

[2-4-2] NISTIR 7628 Rev.1: Guidelines for Smart Grid Cyber Security, National Institute of Standards and Technology（NIST）, Smart Grid Interoperability Panel（SGiP）（2014）

[2-4-3] Framework for Improving Critical Infrastructure Cybersecurity Ver.1.0, National Institute of Standards and Technology（NIST）（2014）

[2-4-4] ELECTRICITY SUBSECTOR CYBERSECURITY RISK MANAGEMENT PROCESS, U.S. Department of Energy（2012）

[2-4-5] Process Control System Security Guidance for the Water Sector, American Water Works Assosiation（2014）

[2-4-6] Report of the Commission to Assess the Threat to the United States from Electromagnetic Pulse（EMP）Attack, Critical National Infrastructures（2008）

[2-4-7] Developing Threats: Electro-Magnetic Pulses（EMP）, House of

Commons Defence Committee (2010)
[2-4-8] Security of railway against EM attacks, International Union of Railways (UIC) , SECRET project (2015)
[2-4-9] Periodic Report Summary 2 - STRUCTURES (Strategies for the Improvement of Critical infrastructure Resilience to Electromagnetic Attacks) , European Commission, STRUCTURES Project (2015)

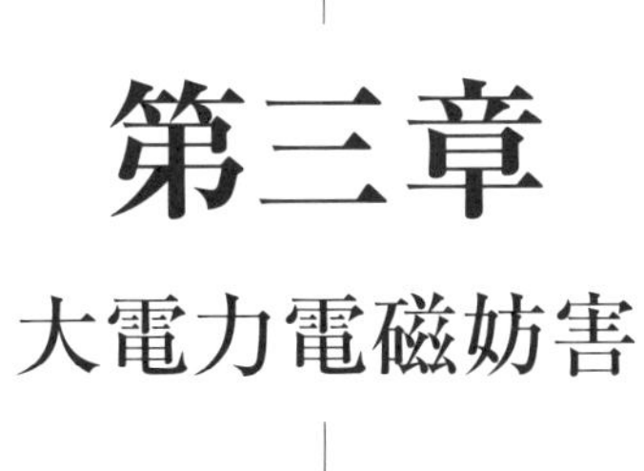

# 第三章

## 大電力電磁妨害

## 3．1　IEMI（Intentional ElectroMagnetic Interference）－狭帯域送信機（レーダ等）

レーダ等に代表される大電力の各種狭帯域電磁波送信システムを用いた意図的電磁妨害（IEMI）に関して、本節では、次の各事項を報告する。

- ・IEMI 脅威システム
- ・耐 IEMI 要求
- ・IEMI 対策

IEMI 脅威システム、すなわち IEMI を実行する手段としての大電力電磁妨害システムは、そもそも隠蔽されるものである。したがって、公開資料等の調査でその具体的な情報等を得ることは一般に困難であり、ここでは、大電力 IEMI の手段としての脅威システムは、想定見積りとする。また、IEMI において「大電力」とは絶対的大電力のみならず、相対的な大電力も考慮に入れる必要がある。例えば、小電力の電磁妨害であっても、妨害対象に極めて近接してこれを実行すれば、大電力の電磁妨害に匹敵する妨害効果が得られる可能性がある。そこで、見積り対象の脅威システムには、絶対的な大電力のシステムに加えて、近接した妨害距離で相対的大電力であると見なせる絶対的小電力のシステムも含めることとする。さらに、このように近接した妨害距離ではもちろんのこと、所要の妨害距離で IEMI を実行するには、その距離まで脅威システムを運搬する手段が必要である。運搬手段としての脅威システム搭載プラットフォームは、大電力 IEMI を実行するのに不可欠な脅威システムの構成要素であるので、プラットフォームも脅威システムの見積りに含める。

レーダ送信機等による IEMI における、妨害電磁波の妨害対象システムへの伝搬経路は、図 3.1.1 に示す一般的なノイズ伝搬経路と同様であり [3-1-1]、これらの伝搬経路を経て被妨害機器に達する妨害電磁波としては、空間を直接伝搬する空間妨害電磁波と、電源線、信号線、アース線、大地などの伝送線路を経由する伝導妨害電磁波がある。

被妨害機器に達するこれらの妨害電磁波は、独立しているわけではなく、複雑に関連した複合妨害電磁波となる。例えば、直接伝搬する空間妨害電磁波が、妨害電磁波発生機器の近くの伝送線路に影響を与えることにより、伝導妨害電磁波となる場合もある。このような、空間妨害電磁波が伝送線路に影響を与える場合については、妨害電磁波発生機器と被妨害機器との距離をパラメータにした電界強度と、妨害電磁波発生機器から伝送線路までの距離により、被妨害機器における妨害電磁波の電界から、妨害電磁波の影響の目安が得られ、これが耐 IEMI 要求を導く基礎となる。

一方、通信機器等において、受信アンテナを通して受ける空間妨害電磁波による通信妨害に対する電磁的セキュリティは、通信電子戦の EP（Electronic Protection；電子防護）に該当し、その耐 IEMI 要求は EP の性能要求と同様である。したがって、受信アンテナを通して受ける通信妨害の耐 IEMI 要求は、この分野の専門書に譲ることとし、本節では、受信アンテナを通さず、それ以外の部位から受ける空間妨害電磁波および伝導妨害電磁波による電磁妨害の耐 EMI 要求および IEMI 対策について述べる。

### 3．1．1　狭帯域送信機（レーダ等）による IEMI 脅威システム

#### 3.1.1.1　デバイス

大電力電磁妨害手段の構成要素である RF 発振・電力増幅デバイスの

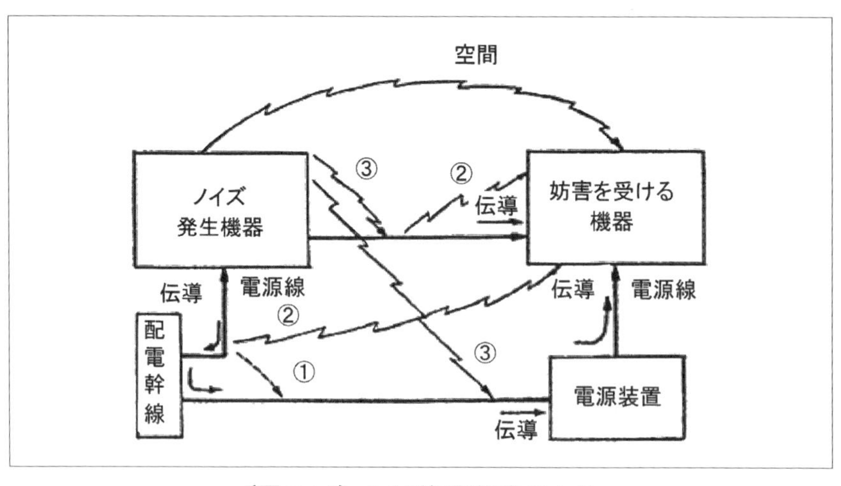


〔図 3.1.1〕ノイズ伝搬経路 [3-1-1]

見積りは、脅威システム見積りの基礎となる。そこで、RF 発振・電力増幅デバイスの見積りとして、電子管と半導体電力増幅器を取り上げ、その現状と将来動向について調査した結果を記す。

(1) 電子管

IEMI に使用できるような高周波の大電力を電子管を用いて発生させるには、二つの方法がある。一つは、直接、大電力を発振する電子管の発振器を用いるもので、これには、マグネトロンなどがある。もう一つは、発振器の出力を大電力にまで増幅する電子管の電力増幅器を用いるもので、これには、クライストロンや進行波管 (TWT: Traveling Wave Tube) などがある。

これらの電子管のうち、IEMI の大電力を発生させるのに適しているのは、次の理由から、TWT であると言える。

- 脅威側 (すなわち、妨害側) にとって、電磁妨害対象の電磁感受性やその周波数特性は、一般に未知であるので、妨害電波は広帯域である方が好都合である。
- マグネトロンは空洞共振器を持った発振器であり、発振出力は極めて狭帯域である。
- クライストロンは空洞共振器を持った増幅器であり、増幅帯域幅が狭い。
- TWT は空洞共振器等の共振器を持たず、電波と電子ビームの相互作用で増幅するので、増幅帯域幅が広い。

TWT にはパルス信号増幅用のパルス TWT と、連続波 (CW: Continuous Wave) 信号増幅用の CW TWT があるが、IEMI では大電力 (尖頭電力) に加えて、大エネルギー (電力量) も必要である。表 3.1.1 に、IEMI に適すと考えられる TWT の一覧を示す [3-1-2]。特に、これらの TWT のなかでも、CW TWT が最も IEMI に適していると考えられる。

TWT をはじめ、マグネトロン、クライストロンなどの各種電子管デバイスの周波数と出力の関係を図 3.1.2 に示す [3-1-3]。また、装置として各周波数帯の送信出力例を表 3.1.2 に示す [3-1-4]。

その他、軍用には、特殊な高出力マイクロ波発生装置がある。一般的な構成を図3.1.3に示す。また、種々の高電圧パルス発生装置を表3.1.3に、種々のHPM用大出力マイクロ波発振器を表3.1.4に示す[3-1-5]。

高出力マイクロ波発生装置の開発例としてバーカトールの詳細を紹介する[3-1-6]。概念図を図3.1.4に示す。バーカトールは、空間電化効果を用いて仮想電極を形成し、その振動と電子ビームの相互作用を利用して高出力のマイクロ波を発生させる。

図3.1.4の陰極（Cathode）からの電子ビームは正極（Anode）のメッシュを通り越して、仮想陰極（Virtual cathode）を形成する。その後電子ビームは仮想陰極に到達すると反射し、陰極間の反射を繰り返して高出力

〔表3.1.1〕IEMIに適すと考えられるTWTの一覧

| メーカ | 型名 | タイプ | 動作周波数範囲 | 出力電力 |
|---|---|---|---|---|
| AR RF/Microwave Instrumentation | 2000T8G18 | CW TWTA | 7.5-18GHz | 2,000W CW |
| | 6900TP2G4 | Pulse TWTA | 2-4 GHz | 6,900W peak pulse |
| CPI | VTF-6132 | TWT | 2-8 GHz | 100W CW |
| | VTM-5114 | TWT | 6-18 GHz | 1.0-1.25Kw peak |
| | VTM-6199 | TWT | 7.5-18 GHz | 95-140W CW |
| e2v | N20180 | TWT | 2-18 GHz | 20W @2GHz<br>150W @9GHz,<br>100W @18 GHz |
| ETM Electromatic Inc. | 43PC-ODU | TWT | 4-8 GHz | 4000W pulsed |
| | 300IJ-ODU | TWT | 6-18 GHz | 300W CW |
| | 40KKa-ODU | TWT | 18-40 GHz | 40W CW |
| L-3 Communications Electron Technologies Inc. | 8928H | TWT | 18-26.5 GHz | 200W |
| | 8929H | TWT | 26.5-40 GHz | 200W |
| | 8927H | TWT | 18-40 GHz | 200W |
| Quarterwave Corp. | 9108/96008-J14J15 | TWTA | 14-15 GHz | 1kW |
| | 9108/96208-H68I10 | TWTA | 6.8-10 GHz | 1.5kW |
| | 9114/96708-H80J12 | TWTA | 8-12 GHz | 5kW |
| Selex ES | ET6529 | TWT | 8-10 GHz | 4kW peak |
| | ET948 | TWT | 5.3-5.8 GHz | 120kW min |
| Teledyne MEC | MEC 5411 | TWT | 6.5-18 GHz | 300W |
| | MTG 3041 | TWT | 2-8 GHz | 2000W |
| | MTI 3444 | TWT | 6.5-18 GHz | 1580W |
| Triton ETD | F-2258 | TWT | 26.5-40 GHz | 25W |
| | F-2454 | TWT | 2.3-7 GHz | 200W |

TWTA: TWT Amplifier（進行波管増幅器）
※文献[3-1-2]の表をもとに筆者作成

電磁波を発生する。他の高出力電磁波発生装置に比べ、バーカトールは構造が簡単となる利点がある。バーカトールの実例を表 3.1.5 に掲げる [3-1-7]。

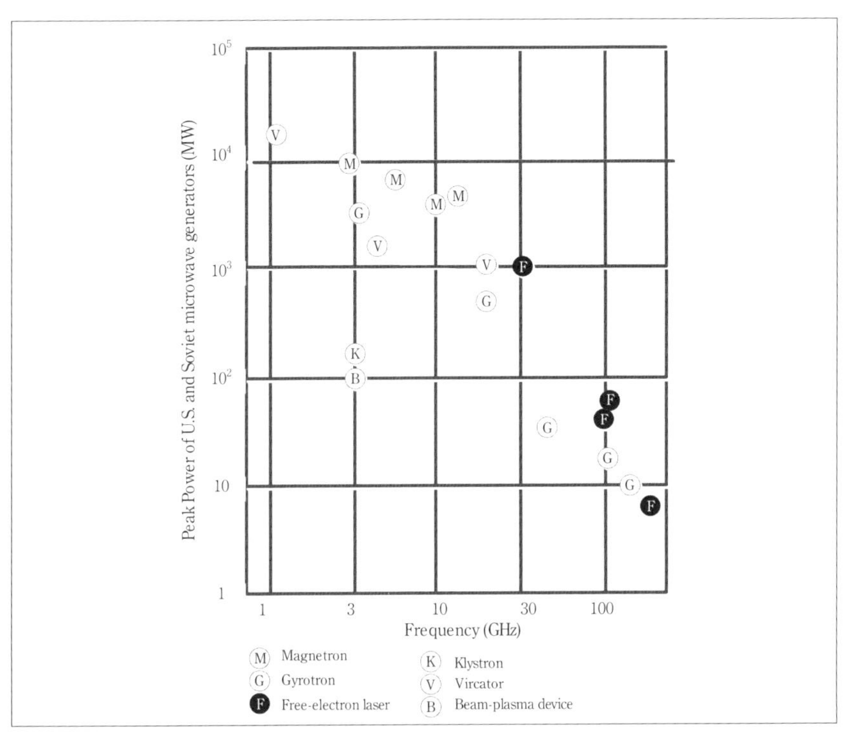


〔図 3.1.2〕電子管デバイスの周波数と出力の関係 [3-1-3]

〔表 3.1.2〕装置の送信出力例 [3-1-4]

| Radar Band | L | S (PCS) | C | X | Ku |
|---|---|---|---|---|---|
| f (GHz) | 1.30 | 2.86 | 5.71 | 9.30 | 15.00 |
| Max. Average Power (kW) | 49 | 20 | 5 | 1 | 0.28 |
| Max. power (MW) | 25 | 20 (140) | 5 | 1 | 0.25 |
| Max. PRF (pps) | 1000 | 1000 | 1000 | 1000 | 2100 |
| Max. Pulse duration ($\mu$s) | 5 | 5 (0.4) | 5 | 3.8 | 0.53 |
| Epeak@15m (kV/m) | 30 | 30 (80) | 17 | 10 | 6 |

PCS: Pulse Compression System
Note: Not all of the maximum characteristics within table I
(average power, PRF, Pulse duration) can be attained simultaneously.

(2) 半導体電力増幅器

半導体電力増幅器は、一般に、電子管に比べて格段に出力電力が小さい。しかし、多数の半導体電力増幅器を配列し、いわゆるフェーズドア

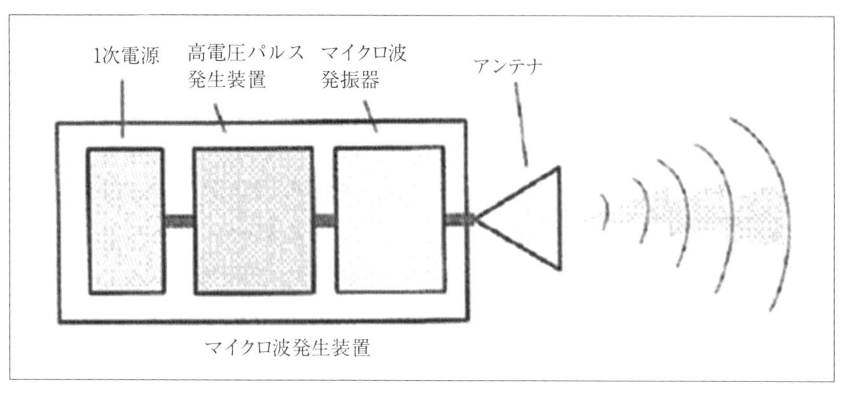


〔図 3.1.3〕HPM 兵器の構成 [3-1-5]

〔表 3.1.3〕高電圧パルス発生装置 [3-1-5]

| 分類 | 動作原理 |
|---|---|
| 昇圧回路 | Marx Generator |
| 爆発エネルギーの電力変換 | 圧電効果（Piezo Electric） |
| | 磁束圧縮（FCG:Magnetic Flux Compression Generator） |

〔表 3.1.4〕HPM 用大出力マイクロ波発振器 [3-1-5]

| 素子名 | 諸元 |
|---|---|
| MILO（Magnetically Insulated Line Oscillator） | L band 1-3GW<br>450kV<br>300-600ns |
| Magnetron | L, X band MW-GW<br>360kV<br>6ns |
| BWO（Backward Wave Oscillator） | L, X band 0.5GW<br>500kV<br>5ns |
| Reltron | L band 600MW<br>600kV<br>700ns |
| Vircator（Virtual Cathode Oscillator） | L, X band 200MW<br>300kV<br>40ns |

レイによる空間電力合成で、大きな実効放射電力を得ることができる。したがって、半導体電力増幅器は、電子管と同様、主要な大電力電磁妨害手段の構成要素となる。

表 3.1.6 に、IEMI に適すと考えられる半導体電力増幅器の一覧を示す [3-1-8]。

また、半導体電力増幅器に使用される高周波用半導体デバイス（トランジスタ）のなかで、窒化ガリウム（GaN）トランジスタは高出力であ

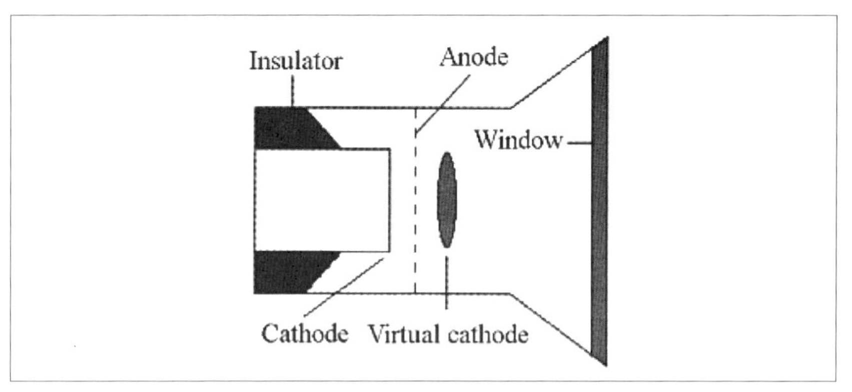


〔図 3.1.4〕バーカトールの概念 [3-1-6]

〔表 3.1.5〕バーカトールの実例 [3-1-7]

| Reference | System | Peak Power | Frequency* | Efficiency |
|---|---|---|---|---|
| Mahaffey, *et al.* | Reflex Triode | 100 MW | 11 GHz (10.0-12.4 GHz) | 1.5% |
| Brandi, *et al.* | Reflex Triode | 1 GW | 9.8 GHz (7.0-13.0 GHz) | 2.0% |
| Buzzi, *et al.* | Foil Diode | 1 GW | 10 GHz (9.0-14.0 GHz) | 1.25% |
| Didenko, *et al.* | Reflex Triode | 1.4 GW | 3.3 GHz (2.1-5.0 GHz) | 12% |
| Scarpetti, *et al.* | Foil Diode | 300 MW | 6.9 GHz (5.3-12.4 GHz) 2-10 GHz | 1.6% |
| Clark, *et al.* | Foil Diode | 1 GW | Tuned (1.4-18.0 GHz) | 2.0% |
| Didenko, *et al.* | Reflex Triode | 600 MW | 3.3 GHz | 50% |

*Detector bandwidth in parentheses

〔表 3.1.6〕IEMI に適すと考えられる半導体電力増幅器の一覧

| メーカ | 製品名・型名 | 用途 | 動作周波数範囲 | 出力電力 | 効率 |
|---|---|---|---|---|---|
| Aethercomm, Inc. | SSPA 8.6-10.2-100 | EW, Radar | 8.6-10.2 GHz | 100W CW | >40% |
| | MNVR PA | Tac Radio | UHF, VHF, L-Band | 100W PEP | 40-50% |
| | EW PA | EW, Comms | 2-18 GHz | 100W | 30-40% |
| Amplifier Technology | 8829 | EW | 1-3 GHz | 40W | 不明 |
| | 8865 | EW | 0.5-2.5 GHz | 100W | 不明 |
| API Technologies | QBS-560 | EW, Comms | 0.7-2.5 GHz | 32W | 不明 |
| | QBS-561 | EW, Comms | 2.4-6 GHz | 32W | 不明 |
| | QBS-598 | EW, Comms | 30-512 MHz | 100W | 不明 |
| AR Worldwide RF/Microwave Instrumentation | 100W1000B | EW, Comms | 1-1000 MHz | 100W CW | 不明 |
| | 250W1000B | EW, Comms | 80-1000 MHz | 250W CW | 不明 |
| | 500W1000A | EW, Comms | 80-1000 MHz | 500W CW | 不明 |
| Aselsan A.S. | AS-TRM-X-30W | Radar | X-Band | 30W | 不明 |
| | AS-TXM-I/J-4W | Radar, EW | I-J Band | 4W | 不明 |
| | AS-PAM-20/512 500/2500 2400/2500 Family | EW, Comms | 50-512,500-2500, 2400-2500 MHz | 30-40W | 不明 |
| Cobham Tactical Communications and Surveillance | VEPA 10 WATT | Tac Comms | 1.99-2.5 GHz | 10W | 20% |
| | VEPA 10 WATT | Tac Comms | 2.2-2.7 GHz | 10W | 21% |
| | VEPA 10 WATT | Tac Comms | 4.4-5.0 GHz | 10W | 18% |
| Comtech PST Corp. | Model BME2719-150 | EW, COMMS, Radar | 20-1000 MHz | 200W | 30% |
| | Model BME2969-200 | EW, COMMS, Radar | 2-6 GHz | 200W | 18% |
| | Model BME69189-50 | EW, COMMS, Radar | 6-18 GHz | 50W | 14% |
| CTT Inc. | AGM/060-4970 | EW, test | 2-6 GHz | 79W CW | 22-34% |
| | AGW/110-4956 | Radar | 7-11 GHz | 100W Pulse, 79W CW | 25% |
| | AGN/096-5370-P | Radar | 8.5-9.6 GHz | 200W Pulse | 21% |
| Elbit - Elisra Microwave Division | 4500A40000 | EW, Tac Radio, Radar | 30-520 MHz | 1kW | 23% |
| | 4500A20000 | EW, Tac Radio, Radar | 30-520 MHz | 500W | 23% |
| | 4600A40000 | EW, Tac Radio, Radar | 1-3 GHz | 100-200W | 23% |
| Empower RF Systems Inc. | SKU1191-BBM5K8CKT | EW, COMMS, test | 2.5-6 GHz | 100W | 18% |
| | SKU6012-MBS6C6KVT | Radar | 3.1-3.5 GHz | 1.3kW | 20% |
| | SKU2170-BBS4A6AUT | EW, COMMS, test | 1-3 GHz | 800W | 22% |

| メーカ | 製品名・型名 | 用途 | 動作周波数範囲 | 出力電力 | 効率 |
|---|---|---|---|---|---|
| Hittite Corp. | KHPA-0206-300WR | EW, Radar, test | 2-6 GHz | 300W | 25% |
| | KHPA-0618-100WR | EW, Radar, test | 6-18 GHz | 100W | 20% |
| | KHPA-0811 2000WA | Radar | 8-11 GHz | 2kW Pulse | 30% |
| Korea Telecommunication Component Co. Ltd. | Ku-Band SSPA | SATCOM, Radar | 14.0-14.5 GHz | 100W | 不明 |
| | Ultra Broad-Band HPA | Tac Radio | 2-30 MHz | 200W | 不明 |
| | Ultra Broad-Band HPA | Tac Radio | 30-526 MHz | 100W | 不明 |
| Milmega Ltd. | AS0104-700/300 | Mil EMC testing | 1-4 GHz | 300-650W | 不明 |
| | AS0206-50M | MIL-STD-810F/G | 2-6 GHz | 50W | 不明 |
| | 80RF1000-1000 | Mil EMC testing | 80-1000 MHz | 1kW | 不明 |
| Teledyne Microwave Solutions | MSX025BCDI | Pulse Radar | 9-10 GHz | 300W | 27% |
| | MSX100BBXI | Pulse Radar | 9-10 GHz | 1kW | 20% |
| | MEC7013 | Pulse Radar | 1-2.5 GHz | 1.3kW | 40% |

CW: Continuous Wave（連続波）
Comms: Communications（通信）
EW: Electronic Warfare（電子戦）
Mil: Military（軍事）
PEP: Peak Envelop Power（最大エンベロープ電力）
Tac Radio: Tactical Radio（戦術無線機）
Tac Comms: Tactical Communications（戦術通信）
※文献 [3-1-8] の表をもとに筆者作成。

り、IEMI に適すと考えられる。表 3.1.7 に、IEMI に適すと考えられる GaN トランジスタの一覧を示す [3-1-9]。

半導体電力増幅器のデバイスの出力電力例を、図 3.1.5 および図 3.1.6 に示す [3-1-10], [3-1-11]。高周波・高出力半導体デバイスに使用される、代表的な半導体材料である GaN は、Ga（ガリウム）と N（窒素）の化合物で、絶縁破壊電圧が高く、電子の飽和速度が大きいため低い導通抵抗という特徴を有しており、小型、高耐圧、高速スイッチングが可能な高出力デバイスを構成できる。

半導体デバイス単体以上の出力を得るために、図 3.1.7 に示すように、位相を揃えて電力合成することにより 大出力の送信出力を得ることができる。この場合は、電力合成器により合成するため、損失が発生する。

〔表 3.1.7〕IEMI に適すと考えられる GaN トランジスタの一覧

| メーカ | 製品名・型名 | 機能・技術 | 動作周波数範囲 | 出力電力／利得 | 効率 |
|---|---|---|---|---|---|
| Cree, Inc | CMPA601C025F | PA, MMIC | 6.0-12.0 GHz | 35W (CW) / 33dB | 30% |
| | CGHV96100F2 | PA, IM FET | 7.9-9.6 GHz | 145W / 12dB | 45% |
| | CGHV40100F | PA, Tr | 0.02-4.0 GHz | 125W (CW) / 17dB | 65% |
| | CMPA5585025F | PA, MMIC | 5.5-8.5 GHz | 35W (CW) / 25dB | 25% |
| | CGHV35400F | PA, IM FET | 2.9-3.5 GHz | 400W / 11dB | 60% |
| Freescale Semiconductor | MMRF5015N | PA | 1-2690 MHz | 125W (CW) / 16dB | 58% |
| | MMRF5014H | PA | 1-2690 MHz | 125W (CW) / 16dB | 58% |
| Hittite Microwave Products (Analog Devices Inc.) | HMC1086 | PA, MMIC | 2-6 GHz | 25W | 34-42% |
| | HMC1087 | PA, MMIC | 2-20 GHz | 8W | 20-24% |
| | HMC1087F10 | PA, MMIC | 2-20 GHz | 8W | 15-30% |
| | HMC1099LP5DE | PA, MMIC | 0.01-1.1 GHz | 10W | 69-73% |
| | HMC7149 | PA, MMIC | 6-18 GHz | 10W | 不明 |
| M/A-COM Technology Solutions | NPT2010 | GaN on Si HEMT | 1-2200 MHz | 100W | 61% |
| | MAGX-011086 | GaN on Si HEMT | 1-6000 MHz | 4W | 45% |
| | NPA1006 | GaN on Si PA | 20-1000 MHz | 12.5W | 62% |
| | NPA1007 | GaN on Si PA | 20-2500 MHz | 10W | 42% |
| | NPT2022 | GaN on Si HEMT | 1-2000 MHz | 100W | 62% |
| Microsemi Corp. | DC35GN-15-Q4 | Driver | DC-3.5 GHz | 15W | 50-70% |
| | 1011GN-1200V | L-Band avionics | 1030-1090 MHz | 1.2kW | 75% |
| | 1214GN-600VHE | L-Band radar | 1.2-1.4 GHz | 600W | 65% |
| | 3135GN-280LV | S-Band radar | 3.1-3.5 GHz | 280W | 60% |
| | 1214GN-120E/EL | Phased array radar | 1.2-1.4 GHz | 20W | 65% |
| Northrop Grumman Microelectronics Products and Services | APN-149 | PA | 18-23 GHz | 0.1W | 30% |
| | APN180 | PA | 27-31 GHz | 0.125W | 28% |
| | APN-180FP | PA | 27-31 GHz | 0.1W | 26% |
| | APN-226 | PA | 13.5-15.5 GHz | 0.1W | 27% |
| | APN-229 | PA | 27-31 GHz | 0.1W | 30% |
| NXP Semiconductors N.V. | CLF1G0035-50 | PA | DC-3.5 GHz | 50W | 54% |
| | CLF1G0035-100 | PA | DC-3.5 GHz | 100W | 53% |
| | CLF1G0035S-50 | PA | DC-3.5 GHz | 50W | 54% |
| | CLF1G0035S-100 | PA | DC-3.5 GHz | 100W | 53% |
| | CLF1G0060-30 | PA | DC-6 GHz | 30W | 50% |
| Qorvo | TGF2929-FL | PA | DC-3.5 GHz | 100W | 50% |
| | TGF2929-FS | PA | DC-3.5 GHz | 100W | 50% |
| | TGF2965-SM | Input matched Tr | 0.3-3 GHz | 6W | 63% |
| | TGF3021-SM | RF Tr | 0.03-4 GHz | 36W | 72.7% |

| メーカ | 製品名・型名 | 機能・技術 | 動作周波数範囲 | 出力電力／利得 | 効率 |
|---|---|---|---|---|---|
| United Monolithic Semiconductor | CH025A-SOA | PA | 0.25-5 GHz | 25W | 60% |
| | CHK040A-SOA | PA | 0.25-3.5 GHz | 50W | 55% |
| | CHK080A-SRA | PA | 0.25-3.5 GHz | 80W | 65% |
| | CHZ050A-SEA | PA | 5.2-5.8 GHz | 50W | 45% |
| | CHZ180A-SEB | PA | 1.2-1.4 GHz | 180W | 52% |

GaN: Gallium Nitride（窒化ガリウム）
IM FET: Internally Matched Field Effect Transistor（内部整合型電界効果トランジスタ）
MMIC: Monolithic Microwave Integrated Circuit（モノリシックマイクロ波集積回路）
PA: Power Amplifier（電力増幅器）
Si: silicon（シリコン）
Tr: Transistor（トランジスタ）
※文献[3-1-9]の表をもとに筆者作成。

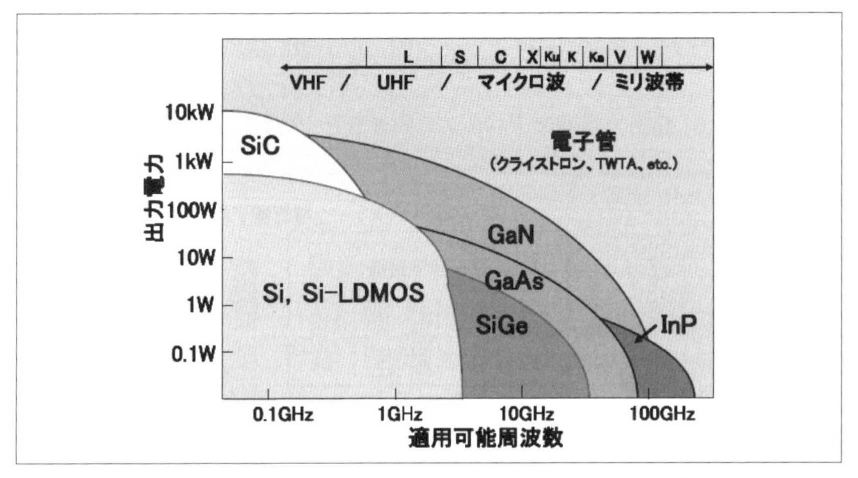


〔図3.1.5〕高出力半導体デバイスの周波数と出力電力の関係[3-1-10]

この電力合成器の損失を軽減するために、後述の3.1.1.2で述べるように、移相器を含む高出力モジュールにアンテナ素子を接続したものを配列して、位相を揃えて空間に放射して空間合成し、高出力な送信ビームを形成するアクティブフェーズドアレイ[3-1-12]を構成することもできる。このアクティブフェーズドアレイは、一般的に高価になるため、コストパフォーマンスを考慮することになる。

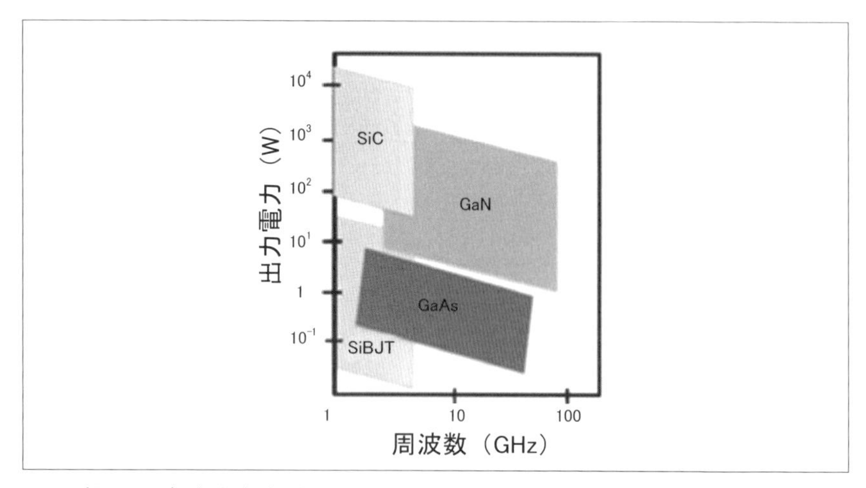


〔図 3.1.6〕高出力半導体デバイスの周波数と出力電力の関係 [3-1-11]

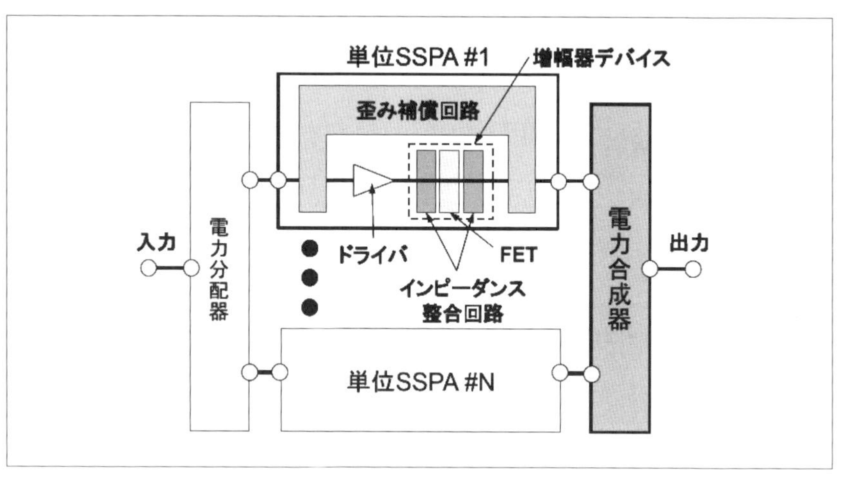


〔図 3.1.7〕高出力半導体を用いた合成モジュール [3-1-10]

### 3.1.1.2　レーダシステム

前項で高出力の送信出力を得ることができる電子管と半導体デバイスについての動向について述べた。本項では、それらを踏まえて、脅威となるレーダシステムについて例を示す。

まず、基本式として、電界強度を算出する式について示す。電界強度 $E$ と電力 $P$ は次式の関係である [3-1-13]。

$$P = \frac{E^2}{Z_0} \quad \cdots\cdots (3.1.1)$$

$Z_0$ : 空間インピーダンス $120\pi$ (376.7) Ω

また、フリスの伝達公式 [3-1-14] により、

$$P = \frac{P_t \cdot G_t}{4\pi R^2} \quad \cdots\cdots (3.1.2)$$

$P_t$ : 送信出力、$G_t$ : 送信利得（絶対利得）、$R$ : 距離

これらを解いて、次式で電界強度 $E$ を算出できる（送信デューティは除く）。

$$\begin{aligned} E &= \sqrt{Z_0 \cdot P} \\ &= \sqrt{Z_0 \cdot \frac{P_t \cdot G_t}{4\pi R^2}} \quad \cdots\cdots (3.1.3) \\ &= \frac{5.5\sqrt{P_t \cdot G_t}}{R} \end{aligned}$$

無指向性アンテナに対する絶対利得 $G_t$ を、指向性ダイポールに対する相対利得 $G_{tr}$ に置き換えると、

$$E = \frac{7\sqrt{P_t \cdot G_{tr}}}{R} \quad \cdots\cdots (3.1.4)$$

であり、ITU-T K.81[3-1-16] の式 1.1.3-2 に合致する。以後の電界強度の計算では式 (3.1.3) を用いる。

次に、電子管または半導体デバイスを用いた送信機材として、地上設置型、車載型、無人航空機（UAV: Unmanned Aerial Vehicle）搭載型および人物運搬型の 4 つに分けた試算例を示す。

(1) 地上設置型の場合

地上設置型は、図 3.1.8 に示すように、被妨害機器（妨害対象地点）か

ら、所定の距離を離隔した位置にIEMI脅威システムを設置した場合となる。ITU-T K.81のSupplement 5[3-1-15]では、地上設置型のIEMI脅威として商用レーダを想定した場合の被妨害機器への印加電界強度を60kV/mと試算している。

3.1.1.1項における送信デバイスの調査結果をもとに、電子管と半導体電力増幅器を用いた場合について電界強度を試算する。IEMI脅威システムが地上固定型の場合、特に電子管では大型化すれば高出力が得られるが、IEMI用の機材としては、移動も可能な半固定型になり、装置規模も制約を受けると推察される。電子管の周波数帯は、S帯（4000MHz）を想定し、送信出力は、文献[3-1-2]をもとに、極力高出力のものを選定した。アンテナについては、半固定型の制約から直径4m程度のパラボラアンテナを想定し、アンテナ効率は、ケーブル損も含めて約50%（3dB損）と設定した。

次に、半導体電力増幅器を用いたアクティブフェーズドアレイアンテナの構成を図3.1.9に示す。アクティブフェーズドアレイアンテナは、半導体電力増幅器と移相器で構成した送信モジュールをビーム走査角に応じた間隔で配列し、移相器により所定の方向に送信ビームを形成するように送信の波面を揃えて空間合成し、高出力を得るものである。移相器の移相量を制御することで、アンテナを固定したまま、送信ビームの向きを変えることができる。この構成における1モジュールあたりの送

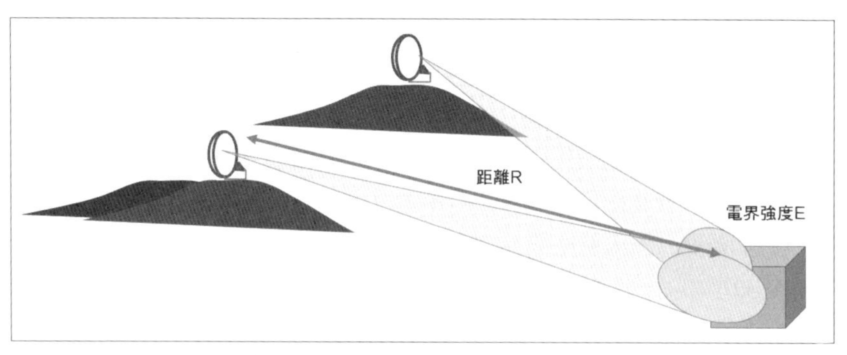


〔図3.1.8〕地上設置型イメージ図

信出力は、文献[3-1-9]をもとに、200Wと仮定する。アクティブフェーズドアレイアンテナは、開口面積を0.8m×0.8m程度とし、半波長間隔でモジュールを配置するものとすると、実現的なモジュール数の制約から440個程度のモジュールで構成することが可能である。アンテナ利得は、開口面積に対してケーブル損も含めて約70%（1.5dB損）と設定し、送信出力は、各モジュールの出力の空間合成により、アンテナ利得分を除いて88.2kWの出力となる。以上の諸元をまとめると表3.1.8の通りとなる。

この送信出力とアンテナ利得を式（3.1.3）に代入して、距離に対する電界強度を算出すると、図3.1.10となる。例えば、地上設置型のIEMI

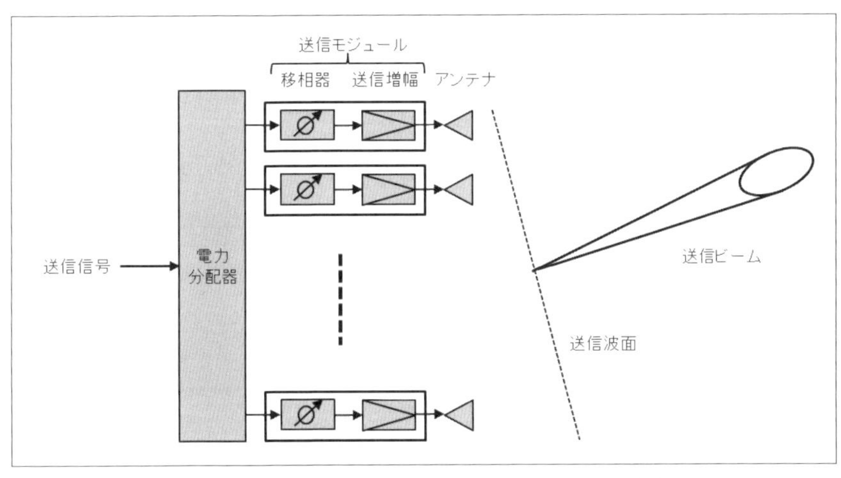


〔図3.1.9〕アクティブフェーズドアレイの構成

〔表3.1.8〕地上設置型の電界強度試算のための諸元[3-1-2], [3-1-8]

| タイプ | 項目 | | 諸元 | 備考 |
|---|---|---|---|---|
| | 周波数 | MHz | 4000 | 想定周波数 |
| 電子管＋パラボラアンテナ | 送信出力 $Pt$ | kW | 6.9 | 文献[3-1-2] |
| | アンテナ利得 $Gt$ | dBi | 41.5 | アンテナ開口面積（直径4m）より試算（効率50%） |
| 半導体電力増幅器＋アクティブフェーズドアレイアンテナ | 送信出力 $Pt$ | kW | 88.2 | 200Wモジュール440個：文献[3-1-8] |
| | アンテナ利得 $Gt$ | dBi | 30.0 | アンテナ開口面積（0.8m×0.8m）より試算（効率70%） |

脅威システムを検討する場合には、距離1000m程度の離隔があると想定すると電界強度は、電子管＋パラボラアンテナタイプで54V/m、半導体電力増幅器＋アクティブフェーズドアレイアンテナタイプで52V/m程度と試算され、両タイプともほぼ同等の電界強度となる。電子管＋パラボラアンテナタイプの場合は、高出力の電子管を用いれば、送信デューティは低いが高いピーク電圧の妨害を得やすく、半導体デバイス＋アクティブフェーズドアレイアンテナタイプの場合には、ピーク電力は低いが、送信デューティを高くして、パルス幅を広げやすい性質がある。

(2) 車両搭載型の場合

車載型は、図3.1.11に示すように、被妨害機器（妨害対象地点）から、所定の距離を離隔した位置にIEMI脅威システム搭載車両を停車した場合である。IEMI脅威システムが車両搭載であるため、送信装置およびアンテナを小型化する必要がある。このため、周波数帯は構成品を小さくできるようにS帯（4000MHz）を想定する。

3.1.1.1項における送信デバイスの調査結果をもとに、電子管と半導体

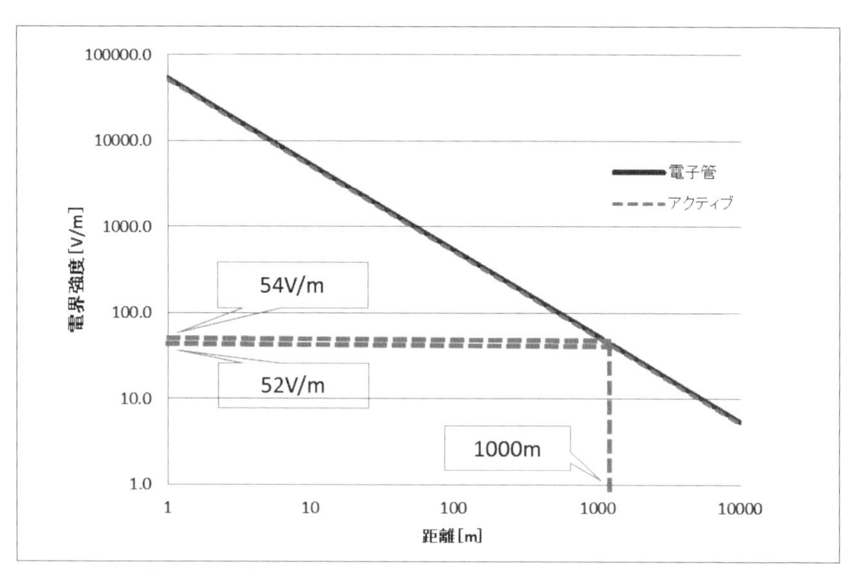


〔図3.1.10〕地上設置型における距離に対する電界強度

電力増幅器を用いた場合について、アンテナ規模を想定した送信出力例を表3.1.9に示す。電子管型の送信出力については、文献[3-1-2]をもとに、極力高出力のものを選定し、アンテナについては、搭載可能な規模として直径1.5m程度のパラボラアンテナを想定した。半導体電力増幅器を用いたアクティブフェーズドアレイアンテナタイプの構成は図3.1.9と同様であり、1モジュールあたりの送信出力も200Wと仮定する。アクティブフェーズドアレイアンテナは、開口面積を0.4m×0.4m程度とし、半波長間隔でモジュールを配置するものとすると、実現的なモジュール数の制約から120個程度のモジュールで構成することが可能であり、空間合成により24.2kWの送信出力となる。

この送信出力とアンテナ利得を式（3.1.3）に代入して、距離に対する電界強度を算出すると図3.1.12となる。例えば、距離100m程度の離隔にIEMI脅威システムがあると想定すると、電子管＋パラボラアンテナタイプの場合の電界強度は202V/m程度となり、半導体電力増幅器＋アクティブフェーズドアレイアンテナタイプの場合は、135V/mとなる。

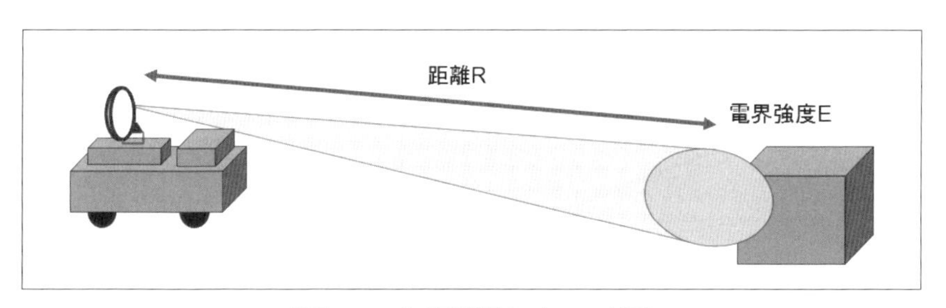


〔図3.1.11〕車載型のイメージ図

〔表3.1.9〕車載型の電界強度試算のための諸元[3-1-2], [3-1-8]

| タイプ | 項目 | | 諸元 | 備考 |
|---|---|---|---|---|
| | 周波数 | MHz | 4000 | 想定周波数 |
| 電子管＋パラボラアンテナ | 送信出力 $Pt$ | kW | 6.9 | 文献[3-1-2] |
| | アンテナ利得 $Gt$ | dBi | 33.0 | アンテナ開口面積（直径1.5m）より試算（効率50%） |
| 半導体電力増幅器＋アクティブフェーズドアレイアンテナ | 送信出力 $Pt$ | kW | 24.2 | 200Wモジュール120個：文献[3-1-8] |
| | アンテナ利得 $Gt$ | dBi | 24.0 | アンテナ開口面積（0.4m×0.4m）より試算（効率70%） |

半導体電力増幅器＋アクティブフェーズドアレイアンテナの場合は、送信モジュール数を増やすことにより、高出力化を図ることができる。

(3) 無人航空機（UAV）搭載型の場合

UAV搭載型は、図3.1.13に示すように、被妨害機器（妨害対象地点）から、所定の距離を離隔した位置にIEMI脅威システムを搭載したUAVが飛翔した場合である。ITU-T K.81のSupplement 5[3-1-15]では、UAV搭載型のIEMI脅威として航法レーダを想定した場合の被妨害機器への印加電界強度を385kV/mと試算している。ここでは、航法レーダの周波数帯としてX帯（10000MHz）を仮定する。

3.1.1.1項における送信デバイスの調査結果をもとに、電子管と半導体電力増幅器を用いた場合について、アンテナ規模を想定した送信出力例を表3.1.10に示す。電子管型の送信出力については、文献[3-1-2]をもとに、極力高出力のものを選定し、アンテナについては、搭載可能な規模として直径0.4m程度のパラボラアンテナを想定した。半導体電力増幅器を用いたアクティブフェーズドアレイアンテナタイプの構成は図

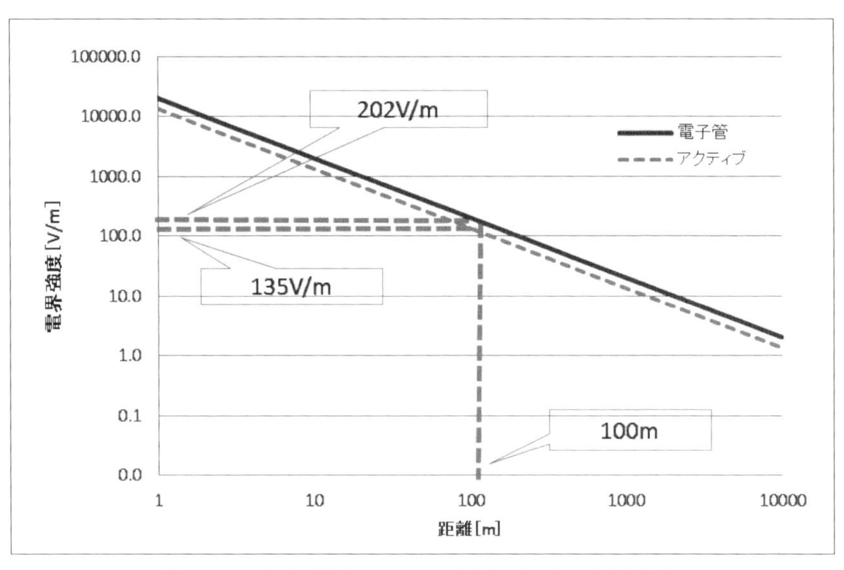


〔図3.1.12〕車載型における距離に対する電界強度

3.1.9と同様であり、1モジュールあたりの送信出力は100Wと仮定する。アクティブフェーズドアレイアンテナは、開口面積を0.2m×0.2m程度とし、半波長間隔でモジュールを配置するものとすると、実現的なモジュール数の制約から170個程度のモジュールで構成することが可能であり、空間合成により16.9kWの送信出力となる。

この送信出力とアンテナ利得を式(3.1.3)に代入して、距離に対する電界強度を算出すると図3.1.14となる。例えば、距離100m程度の離隔にIEMI脅威システムがあると想定すると、電子管+パラボラアンテナタイプの場合の電界強度は115V/m程度となり、半導体電力増幅器+アクティブフェーズドアレイアンテナタイプの場合の電界強度は、141V/mとなる。半導体電力増幅器+アクティブフェーズドアレイアンテナの場合は、送信モジュール数を増やすことにより、高出力化を図ること

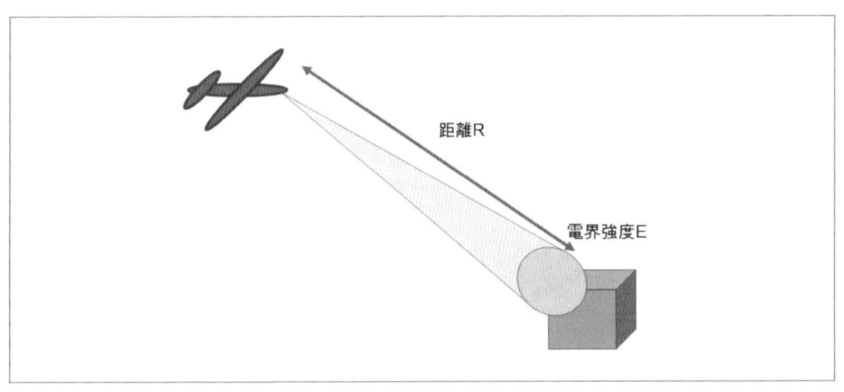


〔図3.1.13〕無人機搭載型のイメージ図

〔表3.1.10〕搭載型の電界強度試算のための諸元 [3-1-2], [3-1-8]

| タイプ | 項目 | | 諸元 | 備考 |
|---|---|---|---|---|
| | 周波数 | MHz | 10000 | 想定周波数 |
| 電子管＋<br>パラボラアンテナ | 送信出力 *Pt* | kW | 5 | 文献 [3-1-2] |
| | アンテナ利得 *Gt* | dBi | 29.4 | アンテナ開口面積（直径0.4m）より試算（効率50%） |
| 半導体電力増幅器＋<br>アクティブフェーズドアレイアンテナ | 送信出力 *Pt* | kW | 16.9 | 100Wモジュール170個：文献 [3-1-8] |
| | アンテナ利得 *Gt* | dBi | 25.9 | アンテナ開口面積（0.2m×0.2m）より試算（効率70%） |

ができる。なお、搭載プラットフォームの細部については、3.1.1.5 項で述べる。

(4) 人物運搬型の場合

人物運搬型は、図 3.1.15 に示すように、被妨害機器（妨害対象地点）から、所定の距離を離隔した位置に IEMI 脅威システムを配置した場合である。ここでは、周波数帯は S 帯（2500MHz）と想定した。

3.1.1.1 項における送信デバイスの調査結果をもとに、電子管と半導体電力増幅器を用いた場合について、送信出力とアンテナ規模を想定した送信出力例を表 3.1.11 に示す。電子管型の送信出力については、文献 [3-1-17] をもとに、極力高出力のものを選定し、アンテナについては、人物運搬可能な規模として直径 0.25m 程度のパラボラを想定した。半導体電力増幅器を用いたアクティブフェーズドアレイアンテナタイプの構成は図 3.1.9 と同様であり、1 モジュールあたりの送信出力は、文献 [3-1-8] をもとに 200W と仮定する。アクティブフェーズドアレイアンテナは、開口面積を 0.25m × 0.25m 程度とし、半波長間隔でモジュールを

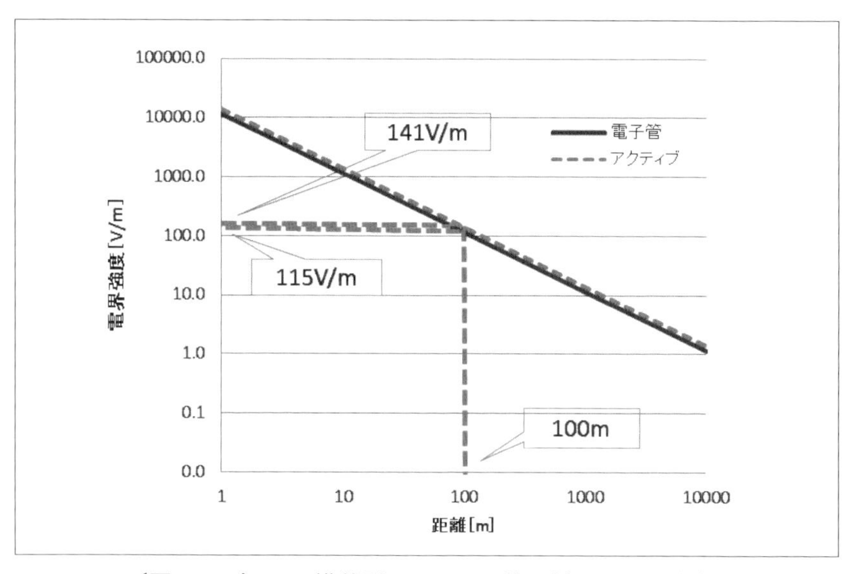


〔図 3.1.14〕UAV 搭載型における距離に対する電界強度

配置するものとすると、実現的なモジュール数の制約から 16 個程度のモジュールで構成することが可能であり、空間合成により 3.2kW の送信出力となる。また、より高出力の場合として、文献 [3-1-18] のスーツケース大の高出力管を想定した場合についても合わせて見積もった。

この送信出力とアンテナ利得を式 (3.1.3) に代入して、距離に対する電界強度を算出すると図 3.1.16 となる。例えば、距離 10m 程度の離隔に IEMI 脅威システムがあると想定すると、電子管 + パラボラアンテナタイプの場合の電界強度は 127V/m 程度となり、半導体電力増幅器 + アクティブフェーズドアレイアンテナタイプの場合の電界強度は 191V/m となる。さらに、比較のために 3.1.1.5 (4) 項で述べるスーツケース大の

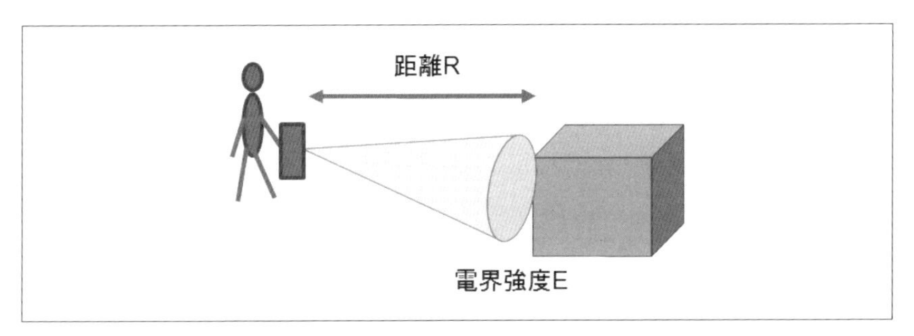


〔図 3.1.15〕人物運搬型のイメージ図

〔表 3.1.11〕人物運搬型の電界強度試算のための諸元 [3-1-8], [3-1-17], [3-1-18]

| タイプ | 項目 | | 諸元 | 備考 |
|---|---|---|---|---|
| 電子管 +<br>パラボラアンテナ | 周波数 | MHz | 2500 | 想定周波数 |
| | 送信出力 $Pt$ | kW | 2.5 | 文献 [3-1-17] |
| | アンテナ利得 $Gt$ | dBi | 13.3 | アンテナ開口面積（直径 0.25m）より試算（効率 50%） |
| 半導体電力増幅器 +<br>アクティブフェーズド<br>アレイアンテナ | 周波数 | MHz | 2500 | 想定周波数 |
| | 送信出力 $Pt$ | kW | 3.2 | 200W モジュール 16 個：文献 [3-1-8] |
| | アンテナ利得 $Gt$ | dBi | 15.8 | アンテナ開口面積（0.25m × 0.25m）より試算（効率 70%） |
| 高出力管 +<br>パラボラアンテナ | 周波数 | MHz | 1000 | 文献 [3-1-18] |
| | 送信出力 $Pt$ | kW | 10000 | 文献 [3-1-18] |
| | アンテナ利得 $Gt$ | dBi | 5.3 | アンテナ開口面積（直径 0.25m）より試算（効率 50%） |

高出力発生器を用いた場合は、図 3.1.16 に示すように 2267V/m となる。車両搭載型と同様に、半導体電力増幅器 + アクティブフェーズドアレイアンテナの場合は、送信モジュール数を増やすことにより、高出力化を図ることができる。なお、搭載プラットフォームの細部については、3.1.1.5 項で述べる。

### 3.1.1.3　無線送信システム

(1) 無線送信機

無線送信機の例として、遠距離トラックの通信等で使われている 27MHz 帯の CB (Citizen Band) 無線がある [3-1-19]。CB 無線の出力制限は 0.5W 以下と規制されているが、より遠距離の通信を行うために、違法に高出力化して使用されているケースがある。この出力を予測するのは困難であるが、商用アンテナとしての最大定格として 4kW を想定し、アンテナ許容寸法を考慮してローディングコイルアンテナ（指向性利得：2.15dBi）を想定すると、この無線送信システムの電界強度は、文献 [3-1-19] により、距離 1m で約 573V/m となる。

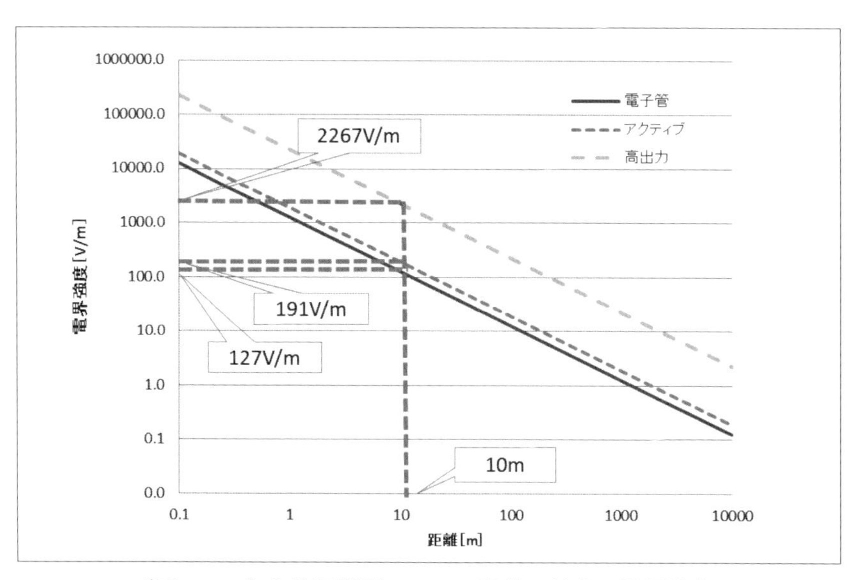


〔図 3.1.16〕人物運搬型における距離に対する電界強度

(2) 放送用送信機

放送用送信機の例としては、定置型システムとして、増幅器に接続するタイプで出力1kWの装置がある[3-1-20]。放送用アンテナとしては八木アンテナがあるが、HF（High Frequency）帯を考慮するとダイポールアンテナとなり、利得は2.15dBi程度と想定される。この無線送信システムの電界強度は、文献[3-1-20]により、距離1mで約286V/mとなる。

### 3.1.1.4　その他の各種システム

(1) 一般商用・市販機器

HPEM（High-Power ElectroMagnetics）環境生成について、現在報告されている商用・市販機器を用いた場合の一例を表3.1.12に示す。

HEMPおよび放射HPEM環境の周波数と電界強度の関係を図3.1.17に示す。HEMPおよび放射HPEM環境は、雷パルスより高周波数領域となり、その電界強度は機器のイミュニティ許容値を大きく上回ることがわかる。また、放射HPEM環境は、HEMPよりさらに高周波領域を含むこともわかる。

各種電磁ノイズの電磁界レベルと周波数スペクトラムの関係を図3.1.18に示す[3-1-21]。電磁界レベルと周波数スペクトラムは、電磁ノイズが広範囲の電子機器に与える影響の面で重要なファクタとなる。図3.1.18には、通常の電子機器に適用されているMIL規格やIEC規格の電磁的脆弱性および諸外国等の脆弱性実証試験で得られた電子機器の電磁

〔表3.1.12〕放射HPEM環境生成例[3-1-21]

| | | | |
|---|---|---|---|
| 放射 | 違法市民無線機 | 573V/m @10m | 27MHz |
| | 違法アマチュア無線機 | 32V/m@20m | 100MHz～3GHz |
| | 船舶用レーダ | 385V/m@100m | 1GHz～10GHz |
| | 商用レーダ | 60kV/m@100m | 1GHz～10GHz |
| 静電放電 | スタンガン | 500kV | 100MHz ～ 3GHz |
| 伝導 | 雷サージ発生器 | 50kV（充電電圧） | 1.2ns/50ns（立上り／立下り）<br>10ns/700ns（立上り／立下り） |
| | 小型雷サージ発生器 | 10kV（充電電圧） | 1.2ns/50ns（立上り／立下り）<br>10ns/700ns（立上り／立下り） |
| | 連続波発生器 | 100V～240V4kV | 1Hz～10MHz |
| | 商用電源装置 | 100V～240V | 50Hz, 60Hz |

的脆弱性データも示しているが、安全な電子機器の使用を保障するためには、周波数スペクトラムの広がりに対する対策が必要である。

図 3.1.19 に電磁ノイズの干渉妨害原理を示す [3-1-21]。

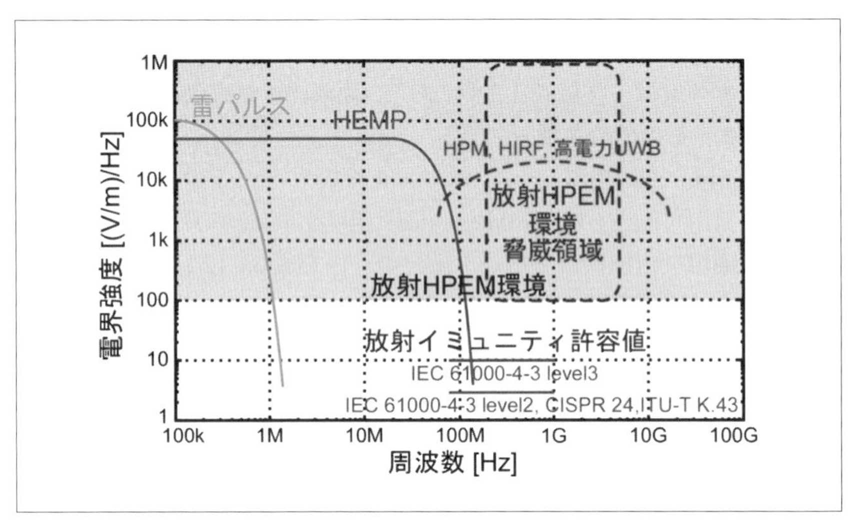


〔図 3.1.17〕HEMP および放射 HPEM 環境の周波数と電界強度の関係 [3-1-21]

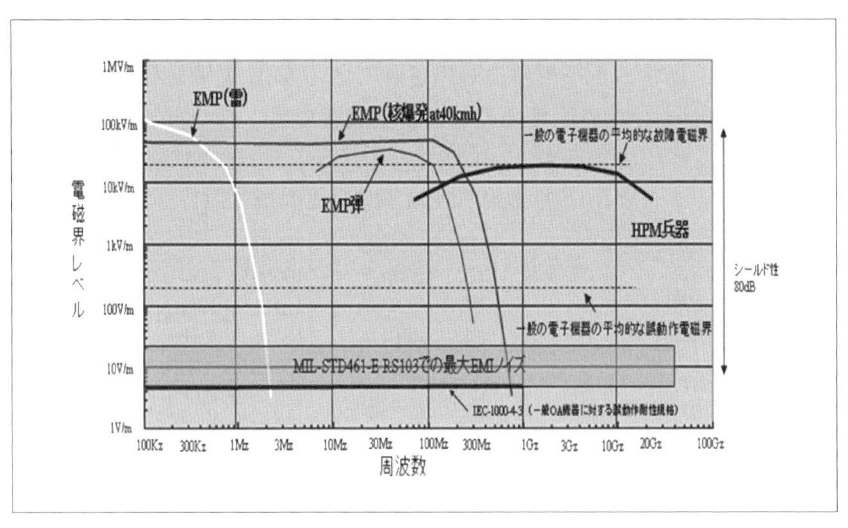


〔図 3.1.18〕軍事的電磁ノイズの電磁界レベルと周波数スペクトラム [3-1-21]

①伝導性干渉妨害

電源線や信号線等を経由して、直接または誘導的に電磁ノイズが誘起され、機器内部の各種電子回路等の破壊や誤動作を引き起こす。

②放射性フロントドア干渉妨害

送受信機能のある電子機器等において、放射電磁ノイズが機器の送受信アンテナから機器の受信部や送信部に入り込み、機器内部の各種電子回路の破壊や誤動作を引き起こす。

③放射性バックドア干渉妨害

放射電磁ノイズが電子機器のシールドケースの隙間や冷却ファンの空気口等から機器ケース内に侵入し、侵入した放射電磁ノイズの電磁界が電子回路の配線等に妨害ノイズ信号を誘導し、各種電子回路の破壊や誤動作を引き起こす。

(2) 産業用パルスパワー発生装置

パルスパワーは、電磁エネルギーを時間的空間的に圧縮した状態をいう [3-1-22]。自然界では雷撃が典型的なパルスパワーである。人工的にパルスパワーを発生させる各種のパルスパワー発生装置が、研究用、軍

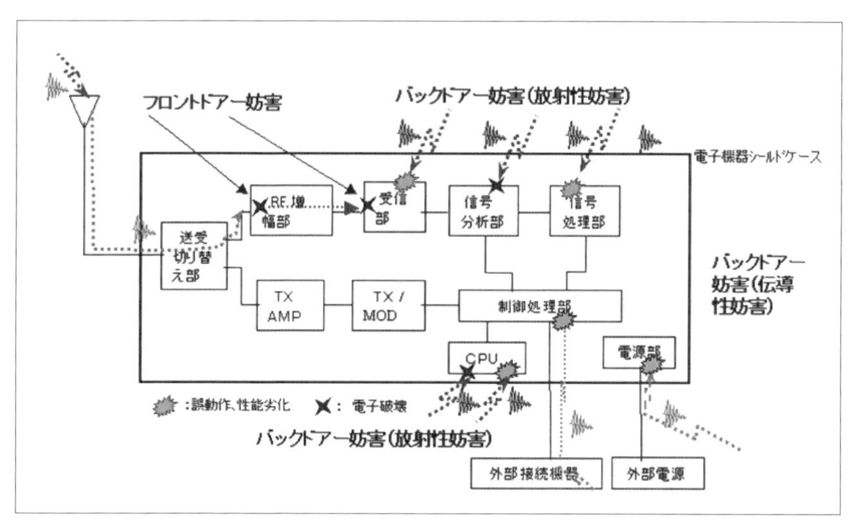


〔図 3.1.19〕電磁ノイズの干渉妨害原理 [3-1-21]

用および民生・産業用として研究開発され、また製作されている。

産業用パルスパワー発生装置としては、入手しやすいマグネトロンが使用される場合が多い。ITU-T K.81 の Supplement 5[3-1-23] に記載のマグネトロンとアンテナを用いた場合について、送信出力とアンテナを想定した例を表 3.1.13 に示すと共に、その電界強度の試算例を図 3.1.20 に示す。この試算例では、距離 10m において、電界強度は 368V/m となる。

また、マグネトロンのような電子管は用いず、半導体スイッチあるいは磁気パルス圧縮回路を用いた小型、高繰り返し形の産業用パルスパワー発生装置もある。その例を表 3.1.14 に示す。

(3) 軍用大電力発生器

軍用大電力発生器としては、バーカトールを搭載したミサイルが想定

〔表 3.1.13〕マグネトロン送信システムの電界強度試算のための諸元 [3-1-23]

| | 項目 | | 諸元 | 備考 |
|---|---|---|---|---|
| マグネトロン | 周波数 | MHz | 2460 | 文献 [3-1-23] |
| | 送信出力 *Pt* | kW | 1.8 | 文献 [3-1-23] |
| | アンテナ利得 *Gt* | dBi | 24.0 | 文献 [3-1-23] |

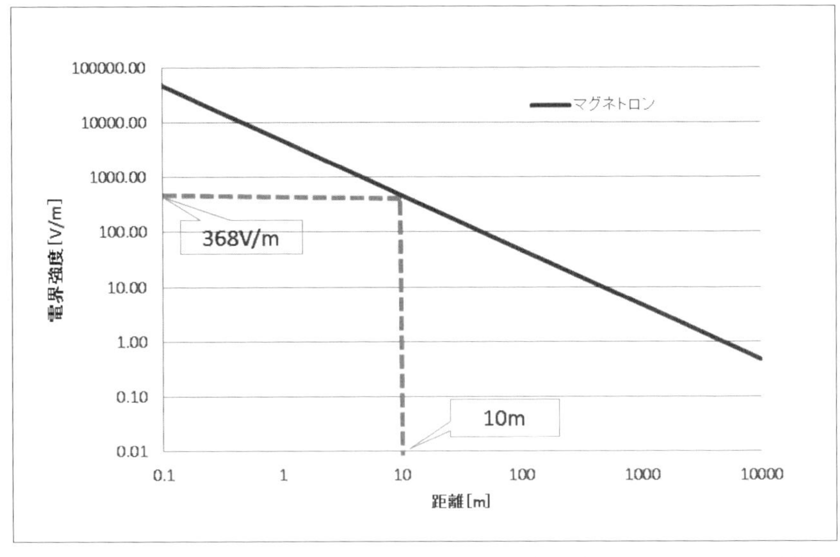


〔図 3.1.20〕マグネトロン送信システムにおける距離に対する電界強度の試算例

される。3.1.1.1 項で調査した結果をもとに、バーカトールを用いた場合について、送信出力とアンテナ規模を想定した例を表 3.1.15 に示す。送信出力については、表 3.1.5 をもとに、代表的な値を選定した。アンテナについては、ミサイル搭載可能な規模として直径 0.2m 程度のパラボラアンテナを想定した。その電界強度の試算例を図 3.1.21 に示す。この試算例では、距離 10km において、電界強度は 328V/m となる。

他の例として、広帯域の放射電磁界テストにおいて、200ps のパルスで 2kV/m のピーク電界レベルにより電源リセットを必要とする電子機器に、5kV/m の電界をかけると損傷した例がある。ちなみに、ピーク電圧 5.3MV で、パルス幅 1ns で 600Hz の電界を発生することができる米

〔表 3.1.14〕小型､高繰り返し形の産業用パルスパワー発生装置の例 [3-1-24]-[3-1-26]

| | 出力電圧 | パルス持続時間 | パルス繰り返し数 | 備考 |
|---|---|---|---|---|
| 小型高繰り返しパルスパワー電源 | 11.5 kV | —— | 2,000 pps | 文献 [3-1-24] |
| 高繰り返しパルスパワー発生装置 | −26 kV | 140 ns | 1,000 pps | 文献 [3-1-25] |
| 同軸ケーブルを用いたパルス発生 | 40 kV | 40～120 ns | —— | 文献 [3-1-26] 4.1.2 (2) 項 |
| PFN 回路 | 約 5 kV | 1 μs | —— | 文献 [3-1-26] 4.1.2 (3) 項 |
| MARX (マルクス) 型パルス発生回路 | 3.9 kV | —— | —— | 文献 [3-1-26] 4.2.1 項 |
| SOS ダイオードを用いたパルス電源 | 28 kV | 50 ns | —— | 文献 [3-1-26] 4.2.3 項 |
| ピエゾ素子 | 12 kV | —— | —— | 文献 [3-1-26] 4.4.1 項 |
| 護身用スタンガン | 数万～数十万 V | —— | —— | 文献 [3-1-26] 4.4.2 項 |

PFN: Pulse Forming Network（パルス成形回路）
SOS: Semiconductor Opening Switch（半導体オープニングスイッチ）

〔表 3.1.15〕バーカトール送信システムの電界強度試算のための諸元 [3-1-7]

| | 項目 | | 諸元 | 備考 |
|---|---|---|---|---|
| バーカトール | 周波数 | MHz | 10000 | 文献 [3-1-17] |
| | 送信出力 $Pt$ | kW | 1000000 | 文献 [3-1-17] |
| | アンテナ利得 $Gt$ | dBi | 23.4 | 直径 0.2m の開口より試算(効率 50%) |

国製発振器により、距離100mの範囲で、対策を実施していない電子機器の損傷レベルの約10倍にあたる50kV/mを発生させることができる報告もされている[3-1-27]。

(4) RCIED妨害装置

近接した距離で相対的大電力であると見なせる絶対的小電力の電磁妨害システムとして、RCIED (Radio Controlled Improvised Explosive Device: 無線起爆手製爆弾) 妨害装置を挙げることができる。その例を表3.1.16に示す。

### 3.1.1.5　搭載プラットフォーム

搭載プラットフォームとしては、車両搭載型、UAV搭載型、ミサイル搭載型、人物運搬型が考えられる。ここでは、その調査結果の一例について述べる。

(1) 車両搭載型

車両搭載型の小型の例としては、図3.1.22のように、マルクスジェネレータを用いたHPM (High Power Microwave) 照射システムが考えられており、不審車両のエンジン制御コンピュータを不調にし、強制停止させるものである。また他の例としては、図3.1.23に示すように、車載型

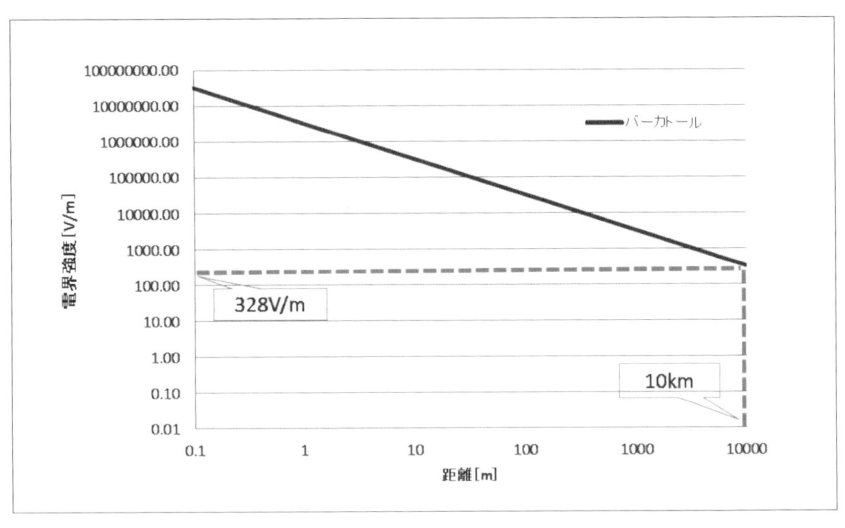


〔図3.1.21〕バーカトール送信システムにおける距離に対する電界強度の試算例

IED（Improvised Explosive Device）（即席爆発装置）がある[3-1-29]。これは、装甲車両にHPM装置を取り付け、輸送車列が通過する前に、IED起爆用電子機器を破壊するものである。

〔表3.1.16〕RCIED妨害装置の例[3-1-28]

| メーカ | 製品名・型名 | 動作周波数範囲 | 出力電力 | 特徴 |
|---|---|---|---|---|
| Airbus Defence and Space; Ulm, Germany | SOJA RCIED and Communications Jammer Family | 20 MHz-6 GHz | 20W以下 | 地上固定、車載RFIED妨害、通信妨害 |
| | VPJ-R RCIED/ Multirole Jammer Family | 20 MHz-6 GHz | 400W以下 | 地上固定、車載多機能妨害能力 |
| | Tactical Multirole ES/EA System Solutions | 1.5-30 MHz（HF）; 20 MHz-6 GHz | 最大2000W | 車載、地上固定、艦載 |
| Allen Vanguard; Ottawa, ON, Canada | EQUINOX | 20 MHz-6 GHz | 35-100 W | 地上固定、車載 |
| | SCORPION | 220 MHz-6 GHz | 20 W以下（チャンネル当り） | 人員携行、地上固定 |
| | 3140/3230 | 20 MHz-2.5 GHz | （3140）50 W（3230）30 W | 地上固定、車載 |
| Amesys; Aix-en-Provence, France | Black Shadow | 20 MHz-2.5 GHz | 100 W | 車載 |
| ASELSAN; Ankara, Turkey | KiRPi Type-1 RCIED Jammer | 20 MHz-6 GHz | 100 W | 航空機搭載、人員携行、車載；ソフトウエア無線形RCIED妨害装置 |
| | GERGEDAN RCIED Jammer | 20 MHz-6 GHz | 500 W | 車載、地上固定 |
| | SAPAN Reactive RCIED Jammer | 20 MHz-3 GHz | 350 W | 車載 |
| CellAntenna Corp.; Coral Springs, FL, USA | CJAM Protector | 20 MHz-3 GHz | 25-700 W | 車載 |
| DSE International; London, UK | Griffin | 20 -2500 MHz | 650 W | 車載、地上固定 |
| Elbit Systems EW and SIGINT -Elisra; Bene Beraq, Israel | SKYJAM | 30-500 MHz | 50 W | UAV搭載通信傍受、通信妨害 |
| | MRJ Family | 20 MHz-6 GHz | 10-275 W | 人員携行、台車、車載 |
| | Ground Application | 20 MHz-3 GHz | 200-1000 W | 地上固定 |
| Elettronica; Rome, Italy | ELT/334(V)1 | 25-2700 MHz | 200-800 W | 人員固定 |
| | ELT/334(V)2 | 25-2500 MHz | 25-2500 W | 人員携行 |
| | ELT/334(V)3 | 20 MHz-3 GHz | 100-1000 W | 航空機搭載 |

(2) UAV 搭載型

近年、軍用および民用の UAV について、その発展が注目されており、民用ではドローンと呼ばれる市販品が低価格で入手できるようになっている。小型のものでは搭載重量に制約があるが、今後、UAV に搭載した IEMI が脅威になることは十分予想される。UAV と UAV を制御するための地上装置等を含めたシステムを無人航空機システム（UAS:

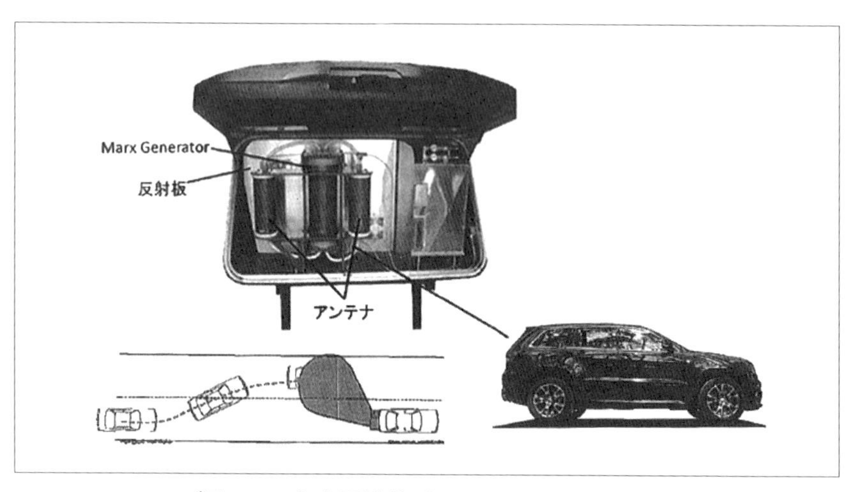


〔図 3.1.22〕車両搭載型システムの例 [3-1-29]

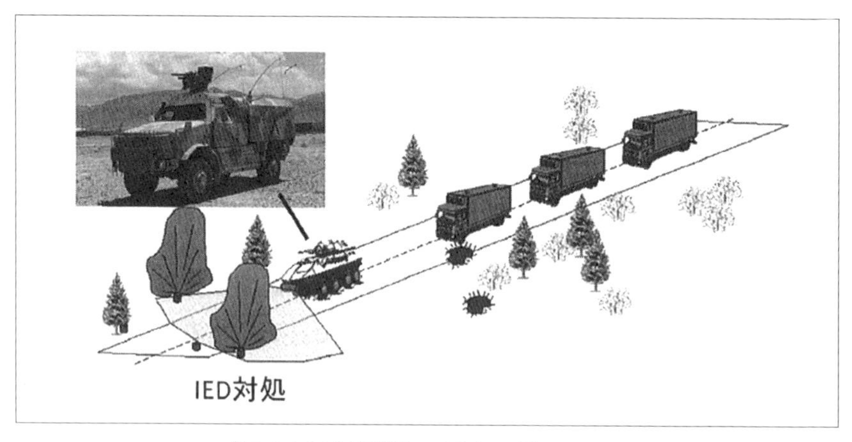


〔図 3.1.23〕車載システムの例 [3-1-29]

Unmanned Aircraft System）と呼び、米国はUASの先進国となっている。表3.1.17と図3.1.24は米国における実際の例を示す[3-1-30]。表3.1.17に示すように、UASは離陸重量、運用高度および飛行速度によって５つのグループに分類されている。第５グループは最も大きなもので、最大離陸重量が約600kg以上、運用高度が約5500m以上のものである。最も小さな第１グループは、最大離陸重量が約9kg以下で、運用高度が約370m以下、飛行速度が約185km/hr（100kts）以下であり、常時携帯して使用することが可能である。以上は、文献[3-1-30]ではUASの概要として述べられているが、以下混乱を避けるために、特に断らない限り無人

〔表3.1.17〕UASの分類[3-1-30]

| カテゴリー | 最大離陸重量（lb/kg）<br>運用高度（ft/m）<br>飛行速度（kts） | 代表的な機器 |
|---|---|---|
| 第５グループ | >1,320/600<br>>18,000/5,500<br>制限無し | RQ-4 Global Hawk　MQ-9 Reaper |
| 第４グループ | >1,320/600<br><18,000/5,500<br>制限無し | MQ-5B Hunter　MQ-1 Predator　RQ-8B Fire Scout |
| 第３グループ | <1,320/600<br><18,000/5,500<br><250 | RQ-7 Shadow　RQ-15 Neptune　Tier II/STUAS |
| 第２グループ | 21～55 / 9.5～25<br><3,500/1,070<br><250 | Aerosonde　Silver Fox　Scan Eagle |
| 第１グループ | 0～20 / 0～9.1<br><1,200 / 370<br>100 | RQ-16 T-Hawk　RQ-11B Raven　Wasp BATMAV |

航空機を「UAV」として統一するものとする。

UAV に搭載できる機材の質量（ペイロード）は、図 3.1.24 に示すように、全体重量の概ね 1 割程度であり、大型の UAV ほどペイロードが大きくなり、大型の IEMI 機器を搭載できることになる。

(3) ミサイル搭載型

UAV 搭載型と類似するが、ミサイル搭載型は、米空軍研究所が行っている HPM 兵器を搭載したミサイルの開発プログラムである CHAMP（Counter-electronics High-powered microwave Advanced Missile Project）で検討されている。ミサイル搭載の HPM 装置により地上施設に妨害を与える概念図を図 3.1.25 に示す [3-1-29]。CHAMP では、ミサイルの飛行経路にある施設の PC やネットワーク機器を使用不能にすることを目的としている。図 3.1.26 (a) は、HPM 搭載ミサイルのイメージであり、図 3.1.26 (b) は、効果の確認試験の状況として、表示画面の乱れや表示不能状態が確認できるようになっている。

その他、米国や英国では、図 3.1.27 および図 3.1.28 に示すように EMP の軍事的効果を期待した EMP 爆弾の開発が行われている [3-1-31], [3-1-32]。この EMP 爆弾は、軍事航空機に搭載して、破壊対象の機材があるビル等の上空で散布され、大電力パルス電源（磁束圧縮生成器 FCG:

・重量　4,763kg
・航続時間　24hrs
・テロリストへの即時攻撃
・レーザ誘導爆弾、ヘルファイア・ミサイル、統合直接攻撃弾を搭載
・最高高度　50,000ft

・重量　20,866kg
・航続時間　9hrs
・攻撃、偵察、空中戦闘
・ペイロード重量　2,047kg
・EO/IR,SIGINT,SAR/MTI搭載
・最高高度　40,000ft
・GBU-31、小径爆弾搭載

〔図 3.1.24〕UAV の実例 [3-1-30]

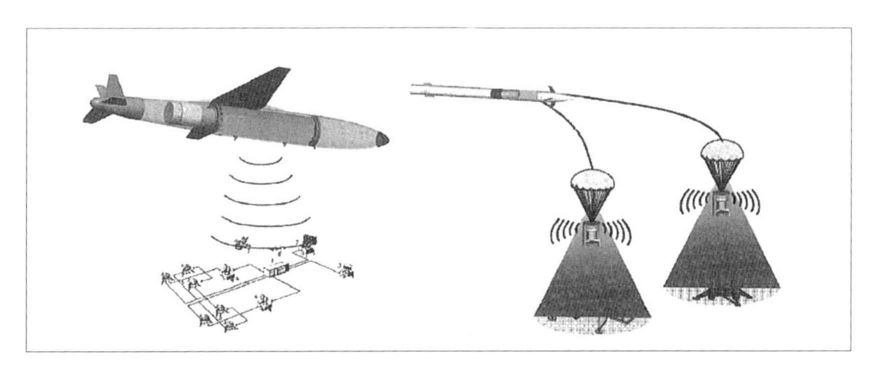

〔図 3.1.25〕HPM 搭載 UAV ／ミサイル、電磁波爆弾 [3-1-29]

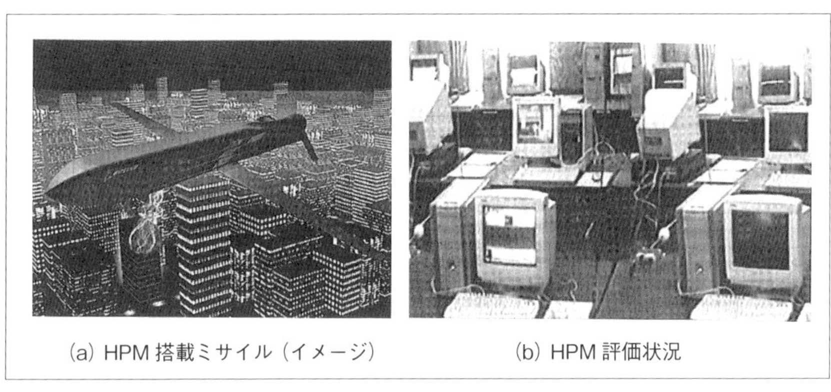

(a) HPM 搭載ミサイル（イメージ）　(b) HPM 評価状況

〔図 3.1.26〕HPM 搭載ミサイル [3-1-29]

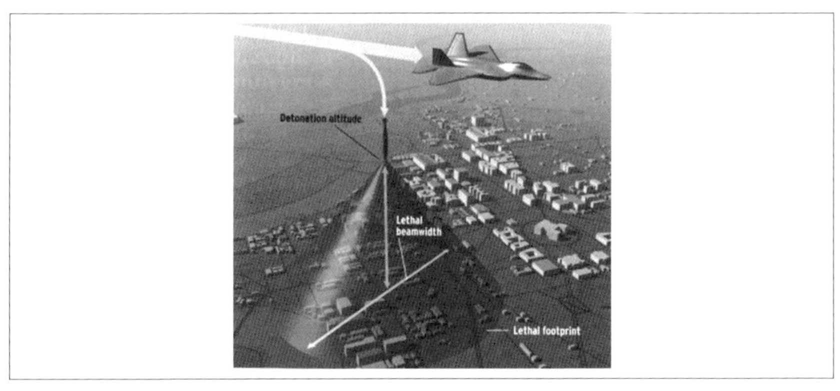


〔図 3.1.27〕EMP 弾とその使用例 [3-1-31]

Flux Compression Generator）を使用して、弾頭の高周波発振管でギガワットクラスによる非常に強力なマイクロ波インパルスを発振して、弾頭のアンテナから照射するものである。比較的低価格で製造できるため、今後軍事的に広く使われることが予想されている。

(4) 人物運搬型

人物運搬型のIEMI脅威システム例を図3.1.29に示す。大型のコンデンサとコイルを多段に組み合わせたマルクスジェネレータ回路に蓄積した電荷を回路の両端で短絡放電させ、電気アーク発生時の電磁インパルス信号を利用するものである。スーツケース大の大きさで、高出力を発

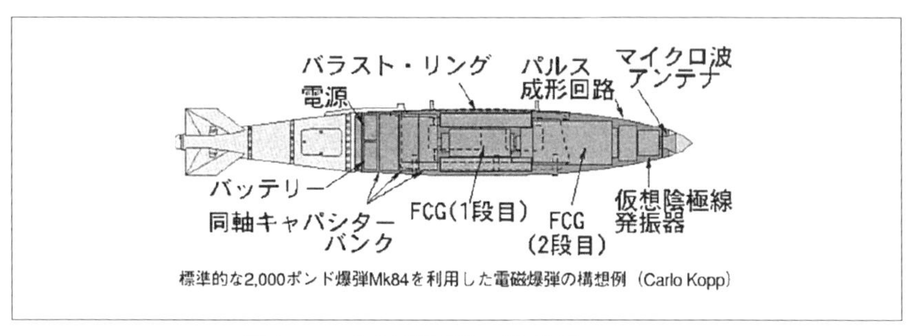


〔図3.1.28〕電磁爆弾の構成例 [3-1-32]

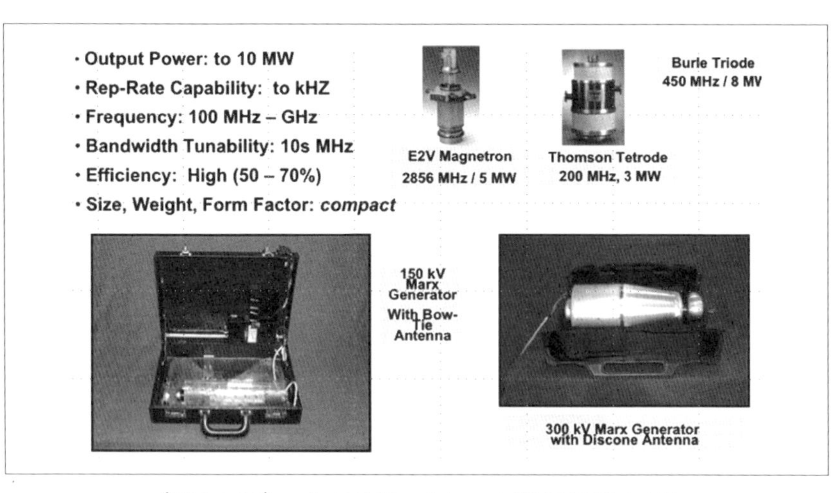


〔図3.1.29〕マルクスジェネレータ型EMP[3-1-18]

生することが可能である。

### 3.1.2　耐IEMI要求

受信アンテナを通して受ける空間妨害電磁波による通信妨害に対する電磁的セキュリティは通信電子戦のEP（Electronic Protection；電子防護）に該当し、その電磁的セキュリティ要求である耐IEMI要求は、通信電子戦におけるEPの性能要求と同様である。したがって、受信アンテナを通して受ける通信妨害の耐IEMI要求は、この分野の専門書（参考文献）に譲ることとし、本項では、受信アンテナを通さず、それ以外の部位から受ける電磁妨害（放射（空間）的および伝導的電磁妨害）による一般的な機器障害の概要と電磁妨害に対する耐EMI要求について述べる。

#### 3.1.2.1　電磁妨害による機器障害

障害には、一時的障害と永久的障害がある[3-1-34]。一時的障害は、IEMIの攻撃がなくなれば、影響が消滅するものである。一方、永久的障害は、回路のラッチアップや焼損により半導体が破壊されるような性質のものである。例えば、ラッチアップ時には、図3.1.30に示すように、トランジスタ回路において、コレクタとエミッタが接続されずに、オー

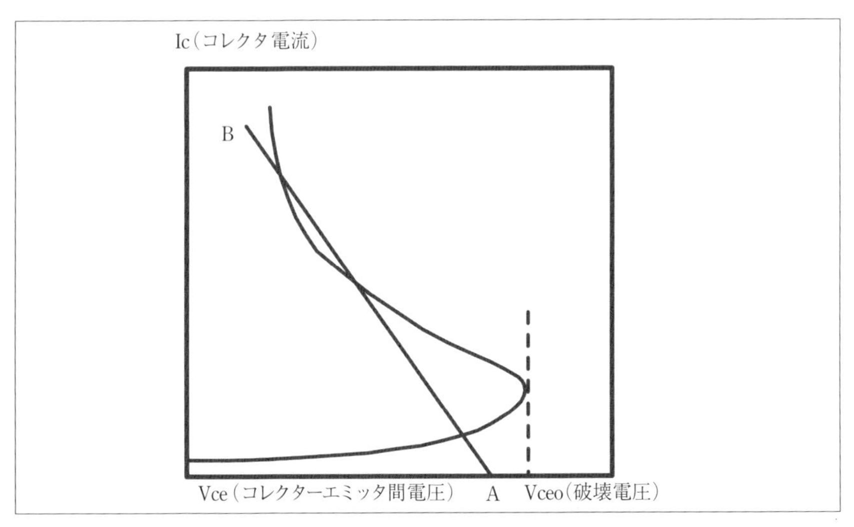


〔図3.1.30〕コレクターエミッタ間の電圧とコレクタ電流の関係[3-1-33]

プンになった状態では、動作点が正常なAからBに移動するために、入力電圧が小さくても大電流が流れることになる。

焼損は、半導体接合部の過熱に起因するJunction Failuresである。このモデルとしては、入力電流がダメージを与えるのに必要な接合部単位面積$A$あたりの電力$P$は、時間$t$の関数として、次式となる[3-1-33]。

$$\frac{P}{A} = K \cdot t^{-1/2}$$
$$P = C \cdot t^{-1/2} \quad \cdots\cdots (3.1.5)$$

なお、$K$は、時間に関する定数である。この式で$C$が大きいほど、破壊するために大きな電力が必要であることに相当する。図3.1.31に種々の半導体デバイスにおける$C$の破壊領域を示す[3-1-33]。これはそ

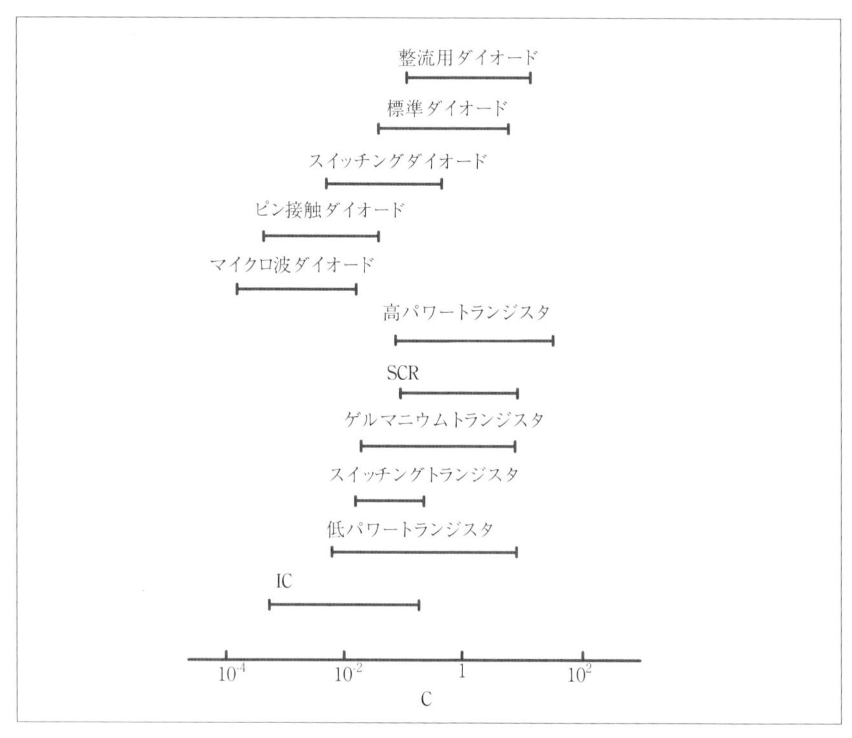


〔図3.1.31〕種々の半導体デバイスにおけるCの破壊領域[3-1-33]

のまま、焼損に対してデバイスが保有するべきイミュニティを示すものとなる。

#### 3.1.2.2 機器に対する耐EMI要求

電気機器等に対するHPEMの一般的な規定に関しては、IEC TC77SC77Cでも検討が進められ、表3.1.18に示したIEC規格が策定されている[3-1-34]。また、電気通信関連設備に対して大電力電磁界（HPEM）と意図的な電磁障害（IEMI）のEMC要求を示した勧告として、ITU-T K.81がある。ITU-T K.81では、既存のEMC関連規格を参照するとともに、学会やITU-Tで調べた過去の故障事例などの情報から、各種のHPEMおよびIEMIとなることが想定される電磁発生源を規定し、これらの攻撃の危険度をクラス分けした上で、それらの脅威を最小化するための適切なセキュリティ対策に関する指針を提供している。また、Supplementでは、脅威発生源の可搬性、入手性、出力および周波数を判断することができる特徴を示し、同時に、機器の脆弱性の指標として、ITU-T K.48に示されているような機器に対するイミュニティ要求条件や、ITU-T K.20、K21、K45に示されている装置耐力の要求条件について記述している。これらのITU-T規格については、別章にて解説する。

### 3.1.3 IEMI対策

受信アンテナを通して受ける空間妨害電磁波による通信妨害に対する電磁的セキュリティは通信電子戦のEP（Electronic Protection；電子防護）に該当するので、その対策はこの分野の専門書（参考文献）に譲ることとする。以下では、受信アンテナを通さず、それ以外の部位から受ける

〔表3.1.18〕HPEM環境に関する規格・勧告リスト[3-1-34]

| 規格 | 内容 |
|---|---|
| IEC/TR 61000-1-5 | 一般－民間系統における高出力電磁（HPEM）効果 |
| IEC 61000-2-13 | 環境－高出力電磁（HPEM）環境－放射および伝導 |
| IEC 61000-4-33 | 試験および測定技術－高電力過渡電圧パラメータの測定方法 |
| IEC/TR 61000-4-35 | 試験および測定技術－HPEMシミュレータ概論 |
| IEC/TR 61000-5-6 | 設置および緩和の指針－外部EMの影響の緩和 |
| IEC 61000-5-7 | 据付けおよび軽減の指針－<br>エンクロージャによる電磁妨害に対する保護等級（EMコード） |
| IEC/TS 61000-5-9 | 据付けおよび軽減の指針－<br>HEMPおよびHPENのシステムレベル感受性のアセスメント |

電磁妨害（放射（空間）的および伝導的電磁妨害）による機器障害に対する電磁的セキュリティ対策について述べる。

### 3.1.3.1　IEMI対策概念[3-1-35]

電子機器に対するIEMIを防止する対策の概念を図3.1.32に示す。同図（a）は対策の基本概念図、同図（b）は放射IEMIを防止する対策レベル試算図、同図（c）は伝導IEMIを防止する対策レベル試算図を示す。同図（a）、（b）、（c）において、F、G、H、I、Jは各位置（距離）における放射IEMI電界強度または伝導IEMI電圧を示し、Fは送信システムの能力（送信出力）、rは電子機器からアンテナまたはインジェクション機器までの距離を示す。

同図（a）に示すように、IEMIによる電子機器の障害対策を検討する場合の基本的概念は、放射電界強度または伝導電圧Fに対し、アンテナ（インジェクション機器）と機器間の距離確保（離隔）による減衰G、建物に対する対策による減衰H、機器自体に対する対策による減衰Iによる効果を検討することである。ここで、放射IEMIにおけるアンテナと電子機器間の距離確保による減衰Gは、放射IEMIの距離減衰による効果をいい、送信アンテナから建物の外壁まで、および建物の内壁から電子機器までの距離に依存する量である。一方、伝導IEMIにおけるインジェクション機器と電子機器間の距離確保（離隔）による減衰Gは、伝導IEMIの距離減衰による効果を示すが、伝導線路による減衰はほと

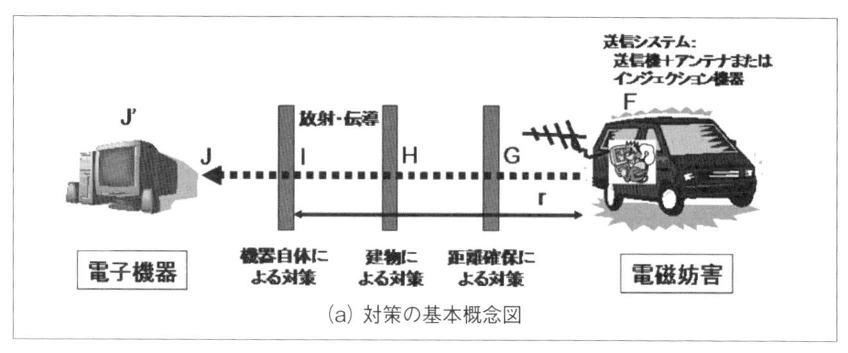

(a) 対策の基本概念図

〔図3.1.32〕電子機器に対するIEMI防止対策概念 [3-1-35]

んどないと仮定する。また、建物に対する対策による減衰Hは、建物の持つシールド効果を含むとともに、別途付加する電磁波シールド機能やフィルタ機能による効果を示す。機器自体に対する対策による減衰I

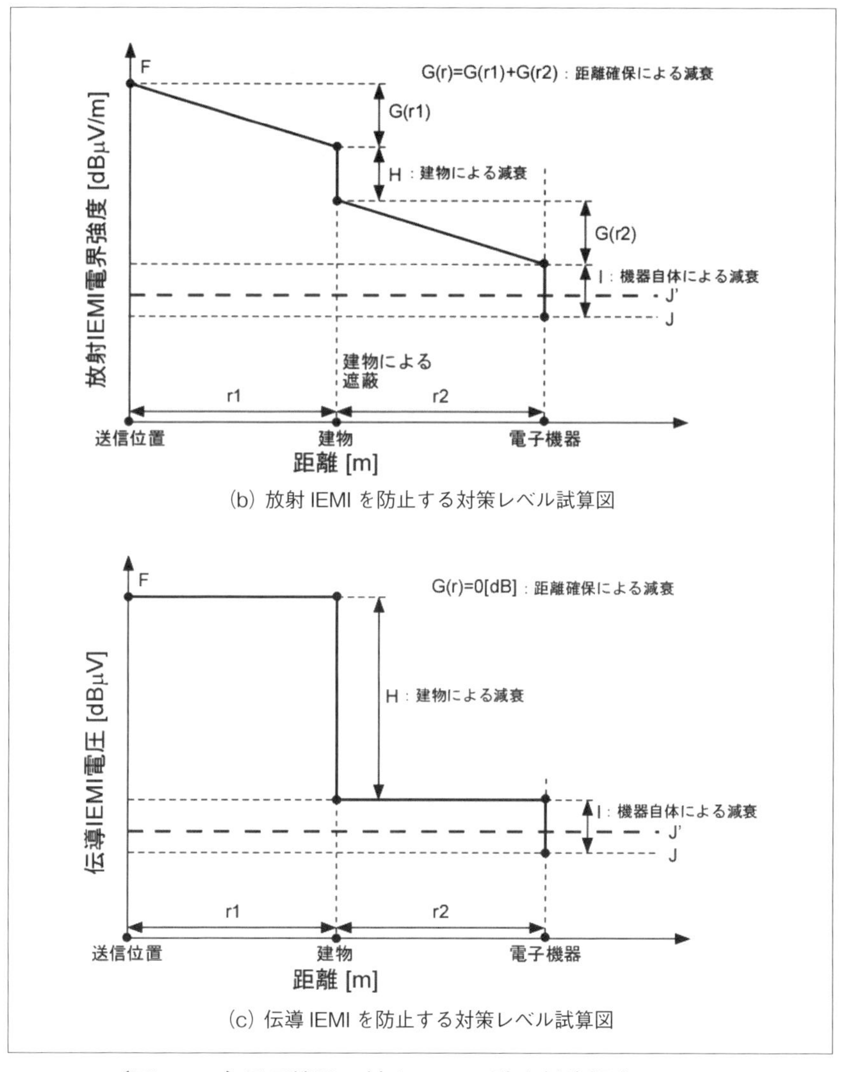

(b) 放射 IEMI を防止する対策レベル試算図


(c) 伝導 IEMI を防止する対策レベル試算図

〔図 3.1.32〕電子機器に対する IEMI 防止対策概念 [3-1-35]

は、機器自体に対する対策を示し、例えば、ラック等のシールド機能付加やケーブルへの電磁波抑圧用フェライトコアの付加等がある。

電子機器に対する放射IEMIおよび伝導IEMIを防止する対策レベルの試算は、同図（b）および（c）を用いて行う。放射IEMIに対する対策の場合、送信システムの能力Fを想定して、アンテナと電子機器間の距離確保（離隔）による減衰G、建物に対する対策による減衰H，機器自体に対する対策による減衰Iを考慮し、式（3.1.6）に示すように、IEMI被爆位置における放射IEMI電界強度Jが電子機器のイミュニティレベルJ'より小さくなるようにする。

$$F-(G+H+I)=J<J' \quad \cdots\cdots (3.1.6)$$

また、伝導IEMIに対する対策の場合も同様に、送信システムの能力Fを想定して、建物に対する対策による減衰H，機器自体に対する対策による減衰Iを考慮し、また伝導線路における減衰がほとんどない(G(r)=0)ことを仮定し、式（3.1.7）に示すように、IEMI被爆位置における伝導IEMI電圧Jが電子機器のイミュニティレベルJ'より小さくなるようにする。

$$F-(H+I)=J<J' \quad \cdots\cdots (3.1.7)$$

つまり、対策の実施では、電子機器に対するIEMIを、同図（a）に示すように、アンテナ（インジェクション機器）と機器間の距離確保（離隔）による減衰G、建物に対する対策による減衰H、機器自体に対する対策による減衰Jの効果を組み合わせた総合的対策により、電子機器の安全なイミュニティレベルJ'より、送信システムの脅威Jを減衰させることが必要である。

### 3.1.3.2　機器に対するIEMI対策[3-1-35]

3.1.3.1節に述べたように、侵入電磁波に対する対策概念としても、情報・通信機器自体に対する対策、および建物に対する対策、情報・通信機器とアンテナ（インジェクション機器）間の距離確保による対策がある。一般的には、既存の施設において、情報・通信機器とアンテナ（インジェクション機器）間の距離確保の変更は困難であるため、電磁妨害を遮蔽するためには、情報・通信機器自体や建物に対する物理的対策が有効となる。基本的には、各種機器を使用する環境を電磁波遮蔽建物・室内とし、外部から建物・室内へ侵入する電磁妨害レベルを低減すること、および各種機器を電子波遮蔽材料等で覆い、機器内部回路へ侵入する電磁妨害レベルを低減することが考えられる。これらとともに、電源線や通信線等の接続線から電磁妨害の侵入を防護するために各部屋または各機器の各接続線にフィルタ等を挿入することも必要となる。IEMIによる各種機器への悪影響を防護する場合、その対策技術・製品としては、現在EMC分野において開発されている技術・製品がある程度効果的に作用すると考えられる。一方各種機器に対するIEMI脅威（種類、レベル等）を想定し、その対策技術・製品を試験しないとその効果は保障できない。このためにも、想定するIEMI脅威を模擬できる試験システムを開発し、各種機器の影響を把握することが重要である。この際、新たな対策技術・製品の開発も必要になると考えられる。

本節では、侵入電磁波に起因する情報・通信機器を含む電子機器の誤動作・故障に対する対策として、EMCで用いられているイミュニティ対策例を紹介する。建物に対する対策技術については、第四章に述べる。

(1) ケーブルにおける対策 [3-1-35]

電子機器の侵入電磁波による誤動作・故障対策として、機器に接続されるケーブルからの侵入を防ぐ対策技術・製品がある。

(i) シールドケーブルとコネクタ

機器に接続する金属ケーブルをシールド（金属の皮膜で遮蔽すること）で覆うことにより、ケーブルが外部からの放射電磁界に曝された際、シールドにより芯線に誘起する電圧を抑制する。芯線には、単芯、多芯、撚り線等があり、シールド材にはバラ線、編組み線、アルミテープ巻き等がある。シールド材の遮蔽効果は、外来放射電磁界の周波数により異なり、その材料や構造が大きく影響する。

また、コネクタについてもケーブルのシールド編組をメタルフード付プラグコネクタに取り付ける際の方法として、図3.1.33の右図の4

種の方法でシールド効果の差異を比較した結果を図 3.1.33 の左図に示す [3-1-36]。結果としては、シールド編組折り返し後アルミ箔巻き付けクランプ接続が最もよく、リード線接続に比べ、20 ～ 30dB シールド効果が高い結果となった。またリード線接続の場合は、両側接続の方が片側接続よりも約 10dB シールド効果が高い。シールド編組 の接続は、極力広い面積を接続させることが望ましいことがわかる [3-1-37]。

(ii) 撚り線（ツイストペアケーブル）

機器に接続される金属ケーブルに撚り線を用いることにより、ケーブル外部からの放射磁界に曝された際、互いに隣接する撚り線内のケーブルのループに誘起する電圧を相殺し、ケーブルに誘導する電圧を抑制する。撚り線にシールドが施されていないケーブルは UTP (Unshielded Twisted Pair) ケーブル、シールドが施されたケーブルは STP (Shielded Twisted Pair) ケーブルと呼ばれる。図 3.1.34 に撚り線のノイズ低減の概念を示す [3-1-37]。

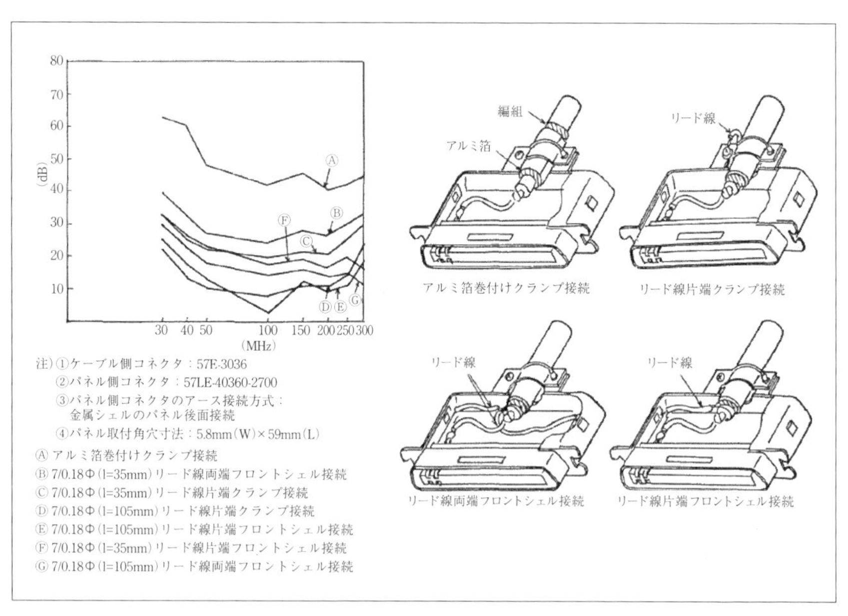


〔図 3.1.33〕ケーブル側コネクタのアース接続方式によるシールド効果 [3-1-36]

(iii) 光ケーブル

機器に接続される金属ケーブルを光ファイバに変更することにより、ケーブルが外部からの放射電磁界に曝された際の電磁誘導の影響を受けなくすることができる。主に通信線用ケーブルに用いられる。

(iv) フェライトコア

フェライトコアは、強磁性の金属酸化物から作られるリング状や円筒状などの部品で、機器に接続される金属ケーブルを挟み込むように取り付ける。ケーブルが外部からの放射電磁界に曝された際に誘導される高周波電流による磁界をフェライトが吸収して熱に変換する作用をする。

(2) 筐体における対策 [3-1-35]

電子機器の侵入電磁波による誤動作・故障対策として、機器自体をシールド（電磁波遮蔽材）で覆い、侵入電磁波を反射させる方法、および電磁波吸収材料で侵入電磁波を吸収する方法がある。シールド材料には、固体金属のほか導電性塗料や導電性布・プラスチック等があり、平面板状、メッシュ状、柔軟性のものがある。シールドによる対策は、広周波数範囲で高い効果が望めるが、シールドの隙間や機器の電磁的開口部（ファン通気口、接続ケーブル取付部、操作部等）等のシールドが不十分である場合、十分な効果が得られない。

次に、電源線路等のノイズ源や筐体間のノイズをカットするためにノイズカットトランスを備える場合について述べる。ノイズを防止する大切な要素としては、良いグランドを設けること、良いシールドを施すこ

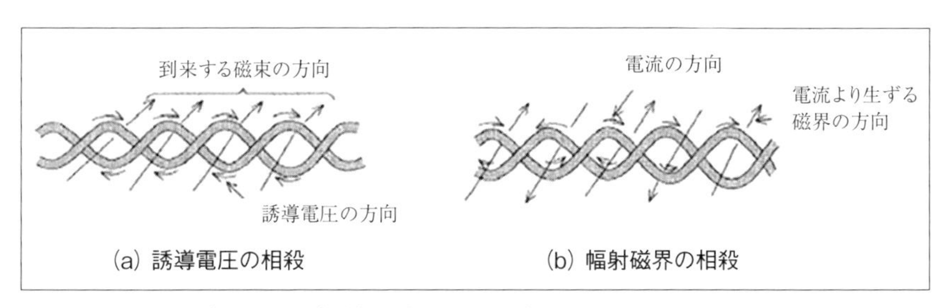


〔図 3.1.34〕撚り線のノイズ低減の概念 [3-1-37]

と、適切にラインノイズ防止素子を使用することである。これを踏まえて、ノイズカットトランスを取り付ける際の基本形を図 3.1.35 ～図 3.1.37 に示す。きちんと作られたノイズカットトランスであれば、性能は非常に高い [3-1-38]。

(3) 回路における対策 [3-1-35]

電子機器の侵入電磁波による誤動作、放射対策として機器内部の電子回路に施す対策としては、グラウンド強化や部品配置・配線パターンの最適化（基板の小型化）等がある。グラウンドは、回路動作としての電

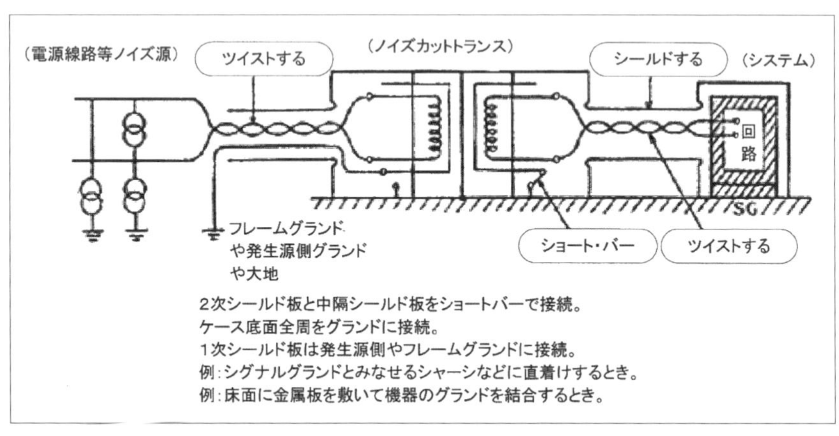


〔図 3.1.35〕良好なグランドに取り付けられる場合 [3-1-38]

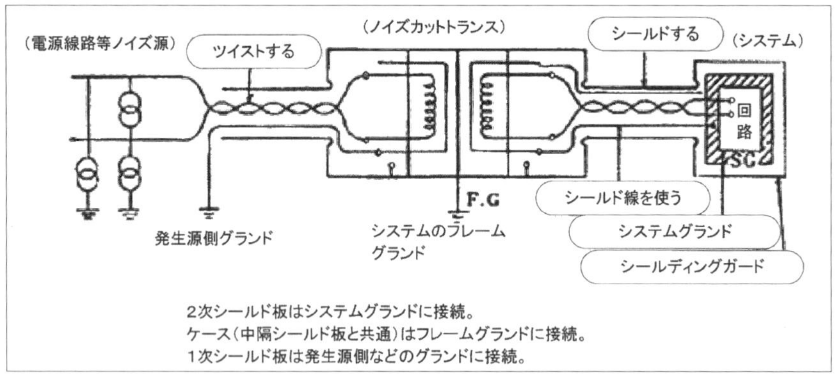


〔図 3.1.36〕フレームグランドや大地にまったく接続できない場合 [3-1-38]

位の基準となる部分であるグラウンド面をできる限り広く確保し、低インピーダンス化する。部品配置・配線パターンの最適化において、信号の流れを把握し、部品は信号の流れに沿うように基板上に配置する。また、配線パターンは、素子間の配線を太く短くすることが基本であり、電流ループはできる限り小さくするよう（往路信号線と帰路信号線が対になるように）最適化を行う。これに伴い基板の小型化も行われる。これらの手法は、回路におけるコモンモード抑制手法と同様である。

(4) ノイズ対策部品による対策 [3-1-35]

電磁波対策における部品の役割は、主として機器に接続されている電線等（線路等）から伝導的に侵入する脅威に対処するものであり、各種のフィルタ部品がある。フィルタは、IEMI による高電圧（大電流）サージの高周波成分（または、ある特定周波数成分）を抑圧するもので、それ以降の部位への影響を軽減することができる。フィルタとして作用する部品の一般例としては、コンデンサ、インダクタンス（リアクトル）、フェライトビーズ、トランス、バイファイラ巻きチョークコイル、導波管などがある。

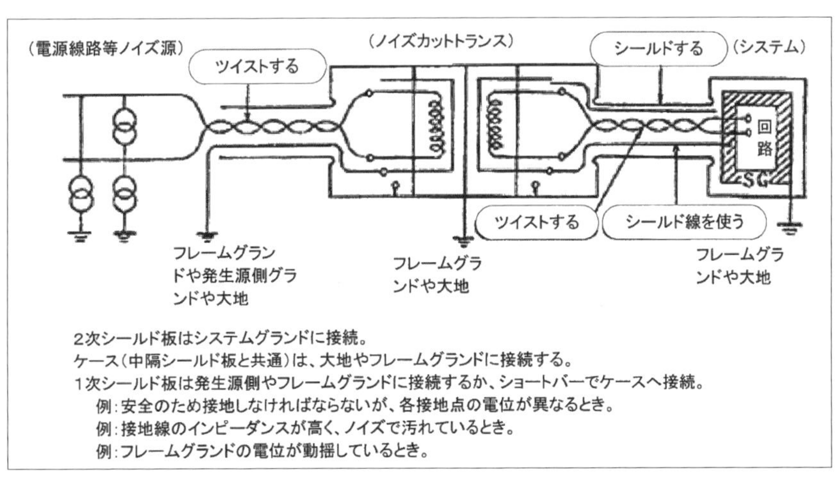


〔図 3.1.37〕接続しなければならないグランドが良くない場合 [3-1-38]

**【参考文献】**

[3-1-1] 電磁波対策ハンドブック編集委員会、電磁波対策ハンドブック、工業資料センター、p.92 (1986)
[3-1-2] Ollie Halt, "TECHNOLOGY SURVEY: A SAMPLING OF TWTS, TWT ASSEMBLIES AND MPMS," Journal of Electronic Defense, Vol.37, No.3, pp.43-50 (2014)
[3-1-3] D. Curtis Schleher, Electronic Warfare in the Information Age, Artech House, pp.483-487 (1999)
[3-1-4] F. Sabath et. al., "Overview of Four European High-Power Microwave Narrow-Band Test Facilities," IEEE Trans. on EMC, Vol.46, No.3, pp.329–334 (2004)
[3-1-5] 犬塚博誠、"エネルギー指向兵器 (その 2)"、防衛技術ジャーナル、No.403、pp.28-36 (2014)
[3-1-6] Libor Drazan, and Roman Vrana, "Axial Vircator for Electronic Warfare Applications," Radioengineering, Vol.18, No.4, pp.618-626 (2009)
[3-1-7] Victor L. Granatstein, and Igor Alexeff, High-Power Microwave Sources, Artech House, pp.443-445 (1987)
[3-1-8] Ollie Halt, "TECHNOLOGY SURVEY: A SAMPLING OF SOLID-STATE POWER AMPLIFIERS," Journal of Electronic Defense, Vol.37, No.8, pp.37-43 (2014)
[3-1-9] Ollie Halt, "TECHNOLOGY SURVEY: A SAMPLING OF GALLIUM NITRIDE (GAN) TRANSISTORS," Journal of Electronic Defense, Vol.38, No.5, pp.53-58 (2015)
[3-1-10] 島田理化技報 No.24 (2014)
[3-1-11] Ollie Halt, "TECHNOLOGY SURVEY: A SAMPLING OF SOLID STATE POWER AMPLIFIERS," Journal of Electronic Defense, Vol.39, No.8, p.33 (2016)
[3-1-12] 吉田孝、改訂レーダ技術、電子情報通信学会、pp.288-289 (1996)
[3-1-13] 電子情報通信学会、アンテナ工学ハンドブック第 2 版、オーム社、p.16 (2008)

[3-1-14] 電子情報通信学会、アンテナ工学ハンドブック第2版、オーム社、p.44（2008）
[3-1-15] ITU-T K.81（04/2016）: Estimation examples of the high-power electromagnetic threat and vulnerability for telecommunication systems, International Telecommunication Union - Telecommunication Standardization Sector（ITU-T）, Supplement 5, 6.2 Commertial radar, p.7（2016）
[3-1-16] ITU-T K.81（04/2016）: Estimation examples of the high-power electromagnetic threat and vulnerability for telecommunication systems, International Telecommunication Union - Telecommunication Standardization Sector（ITU-T）, Supplement 5, 6.3 Navigation radar, pp.8-9（2016）
[3-1-17] The Journal of Electronic Defense, p.42, September（2014）
[3-1-18] 電気学会、電磁波と情報セキュリティ対策技術、オーム社、p.42（2011）
[3-1-19] ITU-T K.81（04/2016）: Estimation examples of the high-power electromagnetic threat and vulnerability for telecommunication systems, International Telecommunication Union - Telecommunication Standardization Sector（ITU-T）, Supplement 5, 6.5 Illegal CB radio pp.11-12（2016）
[3-1-20] ITU-T K.81（04/2016）: Estimation examples of the high-power electromagnetic threat and vulnerability for telecommunication systems, International Telecommunication Union - Telecommunication Standardization Sector（ITU-T）, Supplement 5, 6.6 Amateur radio pp.12-14（2016）
[3-1-21] 電気学会、電磁波と情報セキュリティ対策技術、オーム社、pp.32-37、（2011）
[3-1-22] 原雅則、“パルスパワーとその応用”、フジコー技報「創る」、No.8、pp.19-23（2000）
[3-1-23] ITU-T K.81（04/2016）: Estimation examples of the high-power

electromagnetic threat and vulnerability for telecommunication systems, International Telecommunication Union - Telecommunication Standardization Sector (ITU-T), Supplement 5, 6.4 Magnetron generator, pp.9-11 (2016)

[3-1-24] 廣野佳那子、他、“小型高繰り返しパルスパワー発生装置の開発”、静電気学会誌、Vol.35、No.6、pp.261-266 (2011)

[3-1-25] 佐久川貴志、“高繰り返しパルスパワー発生技術”、プラズマ・核融合学会誌、Vol.79、No.1、pp.15-19 (2003)

[3-1-26] 高木浩一、他、“パルスパワー発生回路の設計と実践”、プラズマ・核融合学会誌、Vol.87、No.3、pp.202-215 (2011)

[3-1-27] 坂本規博、“サイバー技術の動向 <その2> 社会・軍事インフラへの攻撃と電磁サイバー環境の把握”、防衛技術ジャーナル、No.421、pp.28-36 (2016)

[3-1-28] Ollie Halt, “TECHNOLOGY SURVEY A SAMPLING OF COMMUNICATIONS JAMMERS AND RCIED JAMMERS,” Journal of Electronic Defense, Vol.39, No.6, pp.33-42 (2016)

[3-1-29] 犬塚博誠、“エネルギー指向兵器（その2）HPM兵器”、防衛技術ジャーナル、No.403、pp.28-36 (2014)

[3-1-30] 岩永正男、“主要国のUASの概要（前編）世界の運用状況および米国･英国の具体例”、防衛技術ジャーナル、No.401、pp.14-23 (2014)

[3-1-31] 電気学会、電磁波と情報セキュリティ対策技術、オーム社、p.41 (2011)

[3-1-32] 多田智彦、“高エネルギー兵器の最新動向”、軍事研究、Vol.43、No.2、pp.28-42 (2008)

[3-1-33] 電磁波対策ハンドブック編集委員会、電磁波対策ハンドブック、工業資料センター、pp.430-432 (1986)

[3-1-34] 電気学会、電磁波と情報セキュリティ対策技術、オーム社、p.137、(2011)

[3-1-35] 電気学会、電磁波と情報セキュリティ対策技術、オーム社、pp.57-62 (2011)

[3-1-36] 電磁波対策ハンドブック編集委員会、電磁波対策ハンドブック、工業資料センター、p.136 (1986)
[3-1-37] 仁田周一、他、環境電磁ノイズハンドブック、朝倉書店、p.118 (1999)
[3-1-38] 電磁波対策ハンドブック編集委員会、電磁波対策ハンドブック、工業資料センター、p.127 (1986)

## ３．２　IEMI
## (Intentional ElectroMagnetic Interference) ー UWB 送信機

### ３．２．１　UWB 送信機における意図的な電磁的信号の帯域幅区分

電子機器に損傷を与えたり、電子機器の機能を損なわせたりする可能性のある意図的な電磁的信号の脅威は、IEMI（Intentional Electromagnetic Interference）[3-2-1] と呼ばれ、特に、200MHz から 5GHz 程度の単一周波数成分を持つ、周期的あるいはバースト的高出力信号や、MHz から数 GHz に及ぶ広帯域のパルス信号に対する対策が必要とされている [3-2-1], [3-2-2]。これらの電磁的信号は、その周波数領域における特徴から、式（3.2.1）で定義されるパーセント帯域幅（$\boldsymbol{p}_{\mathrm{bw}}$: percent bandwidth）および帯域比率（$\boldsymbol{b}_{\mathrm{r}}$: band ratio）によって、4 つのカテゴリに分類されている。

$$p_{\mathrm{bw}} = 200 \times \frac{b_{\mathrm{r}} - 1}{b_{\mathrm{r}} + 1} \qquad \left(\text{ただし、} \boldsymbol{b}_{\mathrm{r}} = \boldsymbol{f}_{\mathrm{h}} / \boldsymbol{f}_{\mathrm{l}}\right) \quad \cdots\cdots\cdots\cdots (3.2.1)$$

ここで、$\boldsymbol{f}_{\mathrm{h}}$ および $\boldsymbol{f}_{\mathrm{l}}$ は、電磁的信号の平坦なスペクトルから 3dB 小さくなる高周波側および低周波側の周波数である。また、電磁的信号のスペクトルは必ずしも平坦ではないため、$\boldsymbol{f}_{\mathrm{l}}$ から $\boldsymbol{f}_{\mathrm{h}}$ の帯域内に 90% 以上のエネルギーが含まれると定義されている [3-2-1], [3-2-2]。

表 3.2.1 に示すように、IEC61000-2-13 Ed. 1.1: 2005 [3-2-2] では、$\boldsymbol{p}_{\mathrm{bw}} < 1\%$ あるいは $\boldsymbol{b}_{\mathrm{r}} < 1.01$ の信号を低域または狭帯域信号（Hypoband or Narrowband signal）と呼び、$1\% < \boldsymbol{p}_{\mathrm{bw}} < 100\%$ あるいは $1.01 < \boldsymbol{b}_{\mathrm{r}} \leq 3$ の信号や、$100\% < \boldsymbol{p}_{\mathrm{bw}} < 163.4\%$ あるいは $3 < \boldsymbol{b}_{\mathrm{r}} \leq 10$ の信号は、中帯域信号（Mesoband signal）や広帯域信号（Ultra-moderate or Sub-hyperband signal）と呼んでいる。さらに、$163.4\% < \boldsymbol{p}_{\mathrm{bw}} < 200\%$ あるいは $\boldsymbol{b}_{\mathrm{r}} \geq 10$ の信号は、

〔表 3.2.1〕UWB 妨害の帯域幅による分類 [3-2-2]

| 帯域幅の種類 | パーセント帯域幅 | 帯域比率 |
|---|---|---|
| 低域・狭帯域 Hypoband or Narrowband signal | $\boldsymbol{p}_{\mathrm{bw}} < 1\%$ | $\boldsymbol{b}_{\mathrm{r}} < 1.01$ |
| 中帯域 Mesoband signal | $1\% < \boldsymbol{p}_{\mathrm{bw}} < 100\%$ | $1.01 < \boldsymbol{b}_{\mathrm{r}} \leq 3$ |
| 広帯域 Ultra-moderate or Sub-hyperband signal | $100\% < \boldsymbol{p}_{\mathrm{bw}} < 163.4\%$ | $3 < \boldsymbol{b}_{\mathrm{r}} \leq 10$ |
| 超広帯域 Hyperband signal | $163.4\% < \boldsymbol{p}_{\mathrm{bw}} < 200\%$ | $br \geq 10$ |

超高帯域信号（Hyperband signal）と定義されている。本節以降では、中帯域から超広帯域をUWB（Ultra Wide Band）と呼ぶこととし、UWB妨害を目的とした具体的なシステムについて解説する。

### 3.2.1.1 Mesoband system

Mesoband systemのコンセプトはDr. Carl E. Baumによって提唱され、MATRIXと呼ばれる発振器から広帯域の過渡的な信号を直径3.667mのHalf-IRA（Impulse Radiating Antenna）に注入するシステム（図3.2.1）が米国空軍研究所（AFRL：Air Force Research Laboratory）によって開発されている[3-2-3]。このシステムの発するUWB妨害波は、図3.2.2に示すような減衰信号であり、放射電界（@180～600MHz）のピークは、15mの距離において6kV/mである。また、そのパーセント帯域幅 $\boldsymbol{p}_{\mathrm{bw}}=10\%$（帯域比 $\boldsymbol{b}_{\mathrm{r}}=1.10$）である。

その後、DIEHL社（ドイツ）により、距離1mにおいて最大125kV/mの電界（@375MHz）を発することが可能な発振器“DS110”[3-2-4]や、複数のロッドアンテナに最大1MVを注入し、距離1mにおいて最大300kV/mの電界（@100MHz）を発することが可能な発振器“DS350”（図3.2.3）が開発されている[3-2-5]。一方、BAEシステムズ社（英国）では、DIEHL社（ドイツ）の開発した発振器のパルス繰り返し周波数が50～

〔図3.2.1〕MATRIX発振器[3-2-3]

100Hz 程度であるのに対して、パルス繰り返し周波数を 1kHz まで拡張することにより、10MHz～2GHz の広帯域化を実現した発振器を開発している [3-2-6]。

### 3.2.1.2　Sub-hyperband system

米国空軍研究所（AFRL）は、パルス成形伝送路と高圧水素スイッチを用いて UWB 妨害パルスを発することが可能な H シリーズと呼ばれる発振器を開発した [3-2-7]。H シリーズにおいて代表的な "H-2 発振器" の特徴は、立ち上がり時間が 250ps 程度の急峻なパルス、且つ、1.5~2ns 程

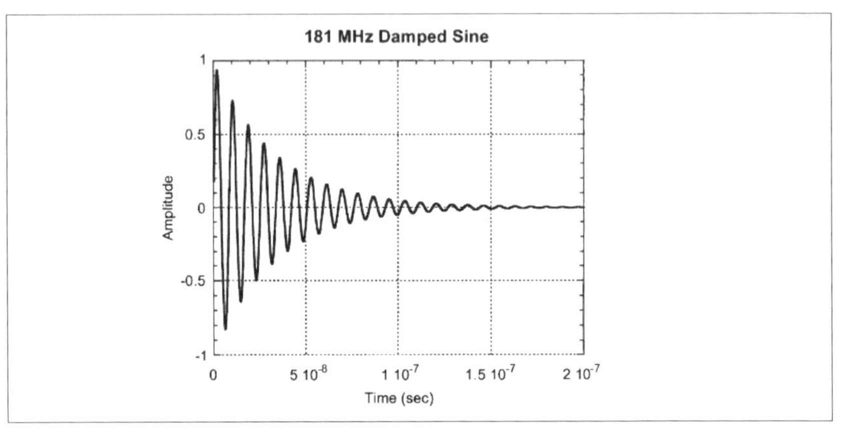


〔図 3.2.2〕MATRIX から放射される振動波形 [3-2-3]

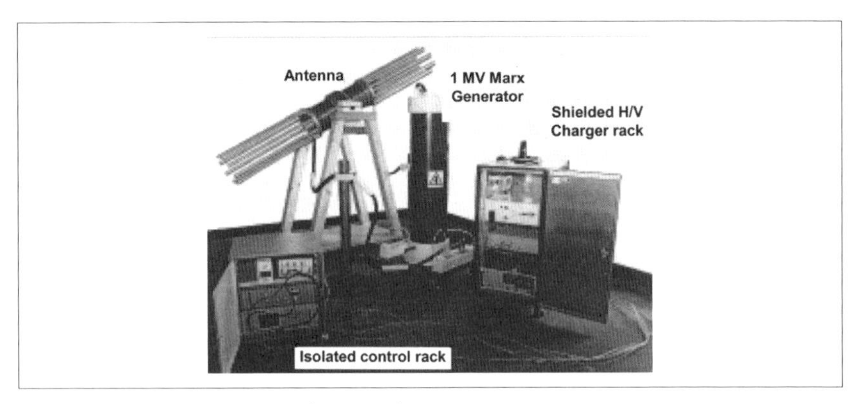


〔図 3.2.3〕DS350[3-2-5]

度の継続時間を有する高出力パルスを発する能力である。また、H-2 発振器によって TEM（Transverse ElectroMagnetic）ホーンアンテナから放射される高出力の UWB 妨害パルスは、距離 10m において 43kV/m の電界強度となり、その立ち上がり時間は 238ps であることが報告されている。

一方、アメリカ海軍に使用された THOR（Transient High Output Radiator）も Sub-hyperband system の一つであり、1MV をアンテナに印加した際の距離 10m における最大電界強度は 68kV/m（@280MHz）であり、その立ち上がり時間は 200ps、半値全幅は 400ps であることが報告されている [3-2-8]。また、その周波数スペクトラムは 200 MHz ～ 1 GHz に及ぶとされている。

### 3.2.1.3　Hyperband System

超広帯域 UWB 妨害パルスの生成を目的とした Hyperband System は、Mesoband system や Sub-hyperband system と比較して小型であり、上下対称の円形パラボラアンテナを反射器に用いるシステム、上下非対称の半円状の反射器を用いるシステム、および、半導体アレイを用いたシステムに分類される。

上下対称システムの代表的に、1994 年に米国で開発された初代 IRA がある [3-2-9]。図 3.2.4 に示す初代 IRA は、高圧水素スイッチ、焦点レンズ、および 4 つの TEM ホーンで構成され、直径 4m の反射器から高出力の超広帯域 UWB 妨害パルスを発生させる。また、初代 IRA が± 60kV 充電で発生させる UWB 妨害パルスの距離 305m における最大電界強度は 4.2kV/m であったことが報告されている（図 3.2.5 は初代 IRA の距離 304m における放射電界スペクトラムを示す）。その後、広帯域化に向けた２度の改良により､反射器が直径 2m に小型化された“IRA-II”は、75kV 充電で、立ち上がり時間が 85ps、パルス繰り返し周波数 400Hz の UWB 妨害パルスを発することが可能となっている [3-2-8]。また、図 3.2.6 に示すように、放射される UWB 妨害パルスの帯域幅は 200MHz ～ 3GHz（帯域比 $\boldsymbol{b}_r$ ≒ 10）であり、距離 25m における最大電界強度は 27.6kV/m に増加し、その半値全幅は 20ns である。

2000 年頃、欧州においても、超広帯域レーダや地雷探知機に用いる小型 Hyperband System の開発が盛んに行われ、ドイツやオランダでは、9kV 充電のパルスを直径 0.9m のパラボラアンテナで放射する IRA が開発されている [3-2-8], [3-2-10]。これらの発する UWB 妨害パルスの立ち上がり時間は 100ps、パルス繰り返し周波数 800Hz、半値全幅 4ns となっ

〔図 3.2.4〕初代 IRA[3-2-9]

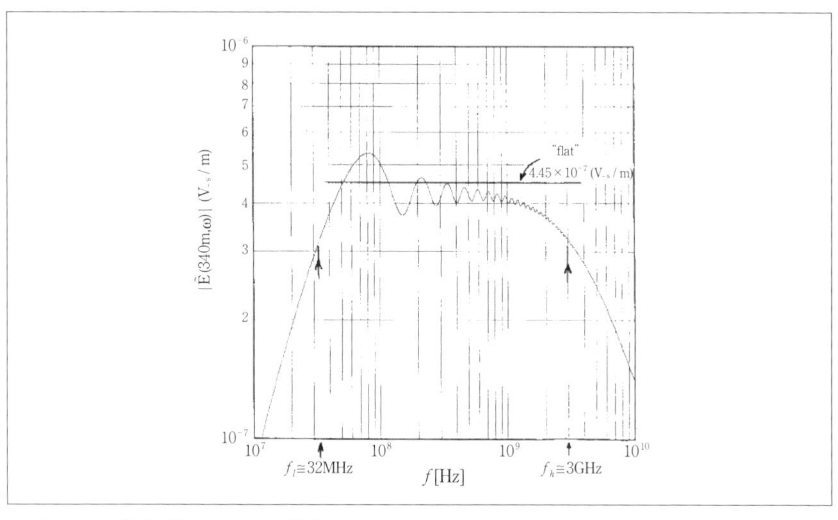


〔図 3.2.5〕初代 IRA から放射された電界のスペクトラム（@304m）[3-2-9]

ており、距離1mにおける最大電界強度は7kV/mであったことが報告されている。一方、スイスでは、2.8kV充電で、直径1.8mのパラボラアンテナを用いるシステムが開発されており、パルスの立ち上がり時間、パルス繰り返し周波数、パルス継続時間はドイツ、オランダのシステムと同等である[3-2-11]。また、距離41mにおける最大電界強度は220V/mと報告されている。

非対称システムは、Half-IRAとパルス発振器により構成され、その代表に、図3.2.7に示すWIS社（ドイツ）が開発した“WIS Half-IRA”[3-2-12]や、図3.2.8に示す米国空軍研究所が開発した“Jolt system”[3-2-13]がある。WIS Half-IRAは、100kV充電のMarx発振器により駆動され、距離100mにおいて数kV/mの広帯域UWB妨害パルスを発生さ

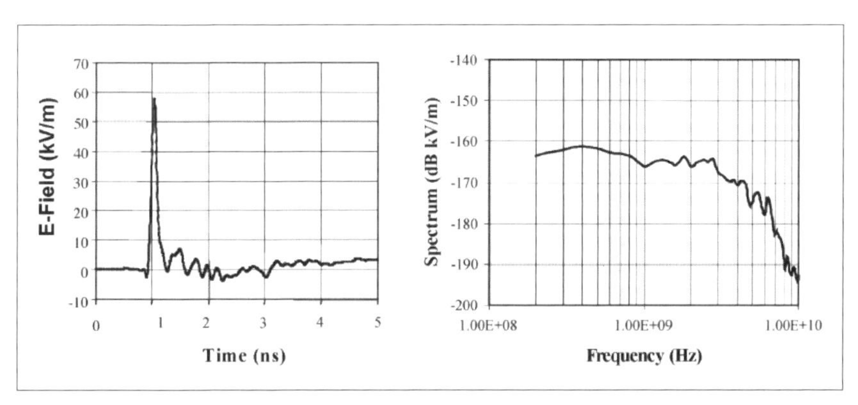


〔図3.2.6〕IRA IIから放射される電界とそのスペクトラム（@2m）[3-2-8]

〔図3.2.7〕WIS Half-IRA[3-2-12]

せることが可能である。このUWB妨害パルスの立ち上がり時間は100psであり、パルス継続時間は650psである。また、Jolt systemは、1MVを供給するための小型の共振型変圧器が、転送コンデンサやオイルピーキングスイッチを介して、特性インピーダンス85ΩのHalf-IRA（直径3.05m）に接続された構成である。図3.2.9に示すように、放射される電界の半値全幅は約180psであり、距離85mにおける電界強度は62kV/mであったことが報告されている。

〔図3.2.8〕Jolt system[3-2-13]

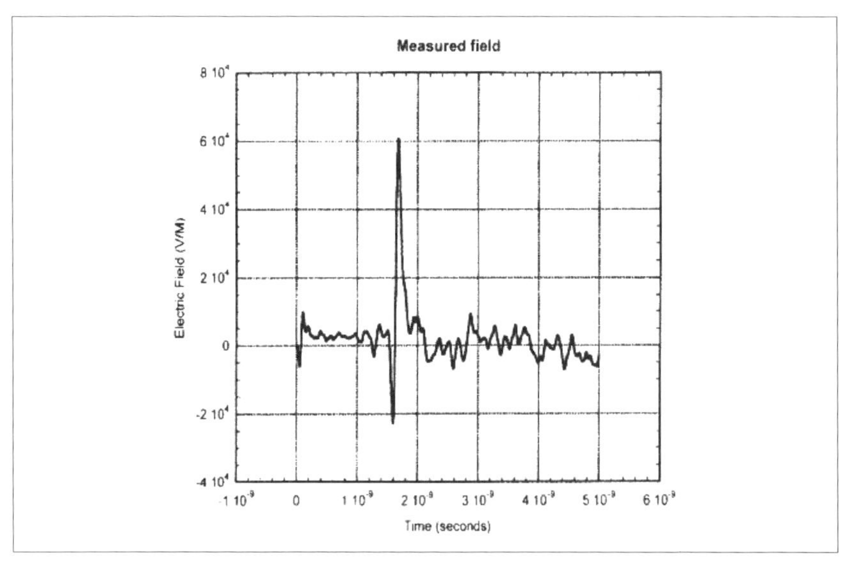


〔図3.2.9〕Jolt systemから放射された電界強度（@85m）[3-2-13]

このほか、米国空軍研究所（AFRL）が開発した半導体アレイもHyperband Systemの一つであり、17kV充電により、30×30cmの開口を持つ4つのTEMホーンアンテナを用いて、約20kV/m（@距離1m）のUWB妨害パルスを発生させることが可能である[3-2-8]。図3.2.10および図3.2.11は、その半導体アレイとTEMホーンアンテナおよび距離1mにおいて放射された電界強度を示す。

代表的なHyperband Systemの性能を表3.2.2にまとめる。ここで、

〔図3.2.10〕半導体アレイとTEMホーンアンテナ[3-2-8]

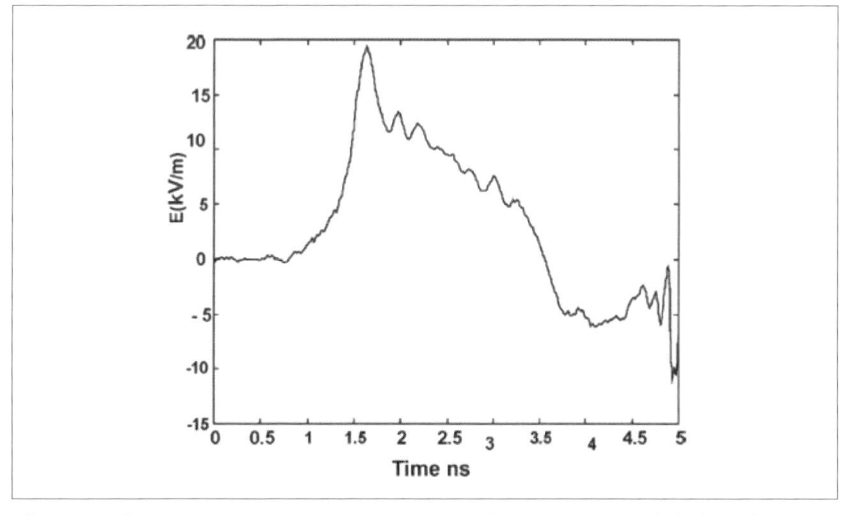


〔図3.2.11〕図3.2.10のHyperband Systemから放射された電界強度（@1m）[3-2-8]

$E_{peak}$ は各距離における電界強度（V/m）の最大値である。また、各システムが放射する電界の強度は距離によって異なるため、電界強度の最大値 $E_{peak}$ が距離 $r$（m）に比例して減衰すると仮定し、$rE_{peak}$ も示してある。

表3.2.2に示すように、1990年代から2000年代にかけては、高出力のUWB妨害波を発するHyperband Systemの開発が急速に進んだことが伺える．一方、近年は、いくつかの発振器の位相を同期させることにより10 GWクラスの高出力を実現するコヒーレントな発振器[3-2-14]や短いパルスの発生器として応用されたアプリケーション[3-2-15]の開発にトレンドが移っており、UWB妨害を目的とした研究開発はかなり成熟したと考えられる。

### 3．2．2　スマートグリッドにおけるUWB妨害の脅威とその防護

Hyperband Systemが発するUWB妨害パルスは、移動体通信等にも用いられている数100MHz～数GHzの周波数成分を含むため、建物や車両の中まで伝搬しやすい。そのため、第一章1.4節の図1.4.1に示すように、UWB妨害パルスがスマートグリッドを構成する装置・機器と電

〔表3.2.2〕代表的なHyperband Systemの性能

| システム名など（開発組織・国） | パルス発生器（充電電圧、立ち上がり時間、継続時間） | アンテナ（サイズ） | $b_r$ | 電界強度 $E_{peak}$ | $rE_{peak}$ |
|---|---|---|---|---|---|
| IRA（AFRL、米国） | 120kV | IRA（3.66m） | 100 | 4.2kV/m（@304 m） | 1.3 MV |
| IRA-II（AFRL、米国） | 150kV | 改良IRA（1.83m） | 50 | 27.6kV/m（@25m） | 690 kV |
| IRA（スイス） | 2.8kV | IRA（1.8m） | 50 | − | 10 kV |
| IRA（TNO、オランダ） | 9kV | IRA（0.9m） | 25 | − | 34 kV |
| IRA（Magdeburg、ドイツ） | 9kV | IRA（0.9m） | 25 | − | 34 kV |
| WIS Half-IRA（WIS、ドイツ） | 100kV<br>100ps<br>650ps | − | − | − | − |
| Joltシステム（AFRL、米国） | 1 MV180ps | Half-IRA（3.05m） | − | 62kV/m（@85m） | − |
| 半導体アレイ（AFRL、米国） | 17 kV | TEMホーン（0.3m×0.3m）×4個 | − | 20kV/m（@1m） | − |

磁結合する際の結合形態としては、放射された電磁界が空間を伝搬し，アンテナなどと直接結合する “Front-door coupling” と、建造物の壁の隙間や排水口や排気口などの穴を介して侵入する “Back-door coupling” に分類される [3-2-16]。

スマートグリッドにおいて、Front-door coupling の標的となる装置には、建物外に設置されるスマートメータや、柱上に設置される Wireless Smart Utility Network（Wi-SU）、Power Line Communication（PLC：～ 450 kHz）、Optical Network Unit（ONU）、Gateway などのネットワーク装置などが考えられる。また、Back-door coupling では、発電所・変電所の建物内に設置され、発電量や電力流通を監視・制御する装置などが標的とされると考えられる。このうち、Front-door coupling については、スマートグリッドに限らず、一般的な通信インフラや通信システムに対する脅威であるため、以下では、後者の Back-door coupling について解説する。

Back-door coupling を考慮する際、発電所や変電所などの建物に要求される防護レベル（100 kHz ～ 200 MHz）については、コンセプトレベルとして IEC 61000-2-11 Ed. 1.0: 1998[3-2-17] において、設置環境毎に 6 段階を定義している（表 3.3.2　設置環境毎のクラス分け参照）。

また、高高度電磁パルス（HEMP：High-altitude ElectroMagnetic Pulse）を想定した放射イミュニティ試験レベルは、IEC 61000-4-25 Ed. 1.1: 2012[3-2-18] に記載されており、コンセプトレベル 5、6 については、IEC61000-4-3 Ed.3.2: 2010[3-2-19] に規定されている放射イミュニティ試験が不要とされている。

一方、スマートグリッドにおいては、前述の建物レベルの防護のほかに、発電所や変電所、送・配電線路、および負荷設備において発生した短絡故障や地絡故障を検出し、速やかに電力系統から故障区間を切り離すように制御信号を送出する保護継電器を IEMI の脅威から防護することが重要となる。保護継電器の主たる共通規格は JEC-2500: 2010 であるが、この共通規格の改訂に合わせて、電磁両立性試験に関する規定 JEC-2501: 2010[3-2-20] が制定されており、放射イミュニティ試験（IEC61000-4-3 Ed.3.2: 2010）に対する要件が記載されている。

図 3.2.6 で示したように、UWB 妨害波を用いたIEMI では、周波数スペクトラム上における各周波数成分の電界強度は、μV/m ～ mV/m のオーダーである。しかしながら、その周波数帯域は数 GHz までに及ぶため、発電所や変電所の建物および建物内に設置される監視・制御用装置については、少なくとも、IEC61000-4-3 Ed.3.2: 2010 で規定されている 3V/m 以上の試験レベルに対するイミュニティレベルを満足しておくことが重要と考えられる。

### ３．２．３　ICT ネットワーク・装置に対する UWB 妨害の調査例

スマートグリッドは、情報通信技術（ICT：Information and Communication Technology）を活用した電力の供給形態であるため、ここでは、ICT ネットワーク・装置への UWB 妨害を対象とした調査例を紹介する。

図 3.2.12 は、2 台のパーソナルコンピュータ（PC2, PC3）および 2 台のスイッチ（Switch2, Switch3）で構成されるネットワークのエリアに、立ち上がり時間 100ps の UWB 妨害波を 10 秒間印加した評価系である [3-2-21]。同図では、PC と Switch 間の通信ケーブルに長さ、2, 5, 10 m、およびケーブル規格 Category 5, 6（UTP, STP）を用い、UWB 妨害に対す

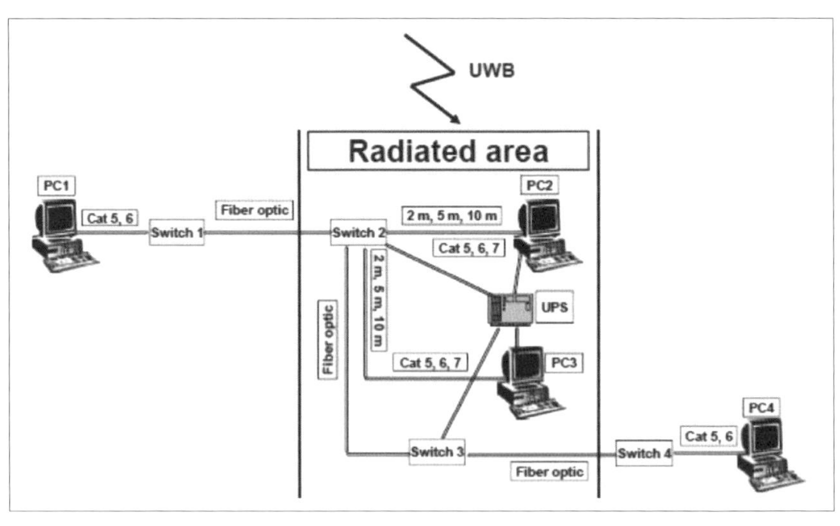


〔図 3.2.12〕ICT ネットワークに対する UWB 妨害の評価系 [3-2-21]

る感受性を比較している。この評価系では、TEMホーンアンテナを用い、垂直偏波で最大7.7kV/m、水平偏波で最大8.2kV/mの印加が可能であり、直径0.9mのIRAアンテナを用いると、垂直偏波で最大11.44kV/m、水平偏波で最大12.74kV/mの印加が可能である。

評価の結果、強電界の印加方法や妨害パルスの繰り返し周期によって感受性は異なるが、1.4kV/m以下では全く影響がなく、1.5～3.2kV/mで接続性や信号品質における劣化が現れ、4.2kV/m以上で、ネットワーク接続が完全に切断され、PC、キーボード、マウスなどが機能しなくなったことが報告されている。

図3.2.13は、ICTネットワークに対してUWB妨害波を印加する評価系を電波半無響室内に構築した例である[3-2-22]。この例では、立ち上がり時間0.5ns、継続時間2nsのUWB妨害パルスを用いている（図

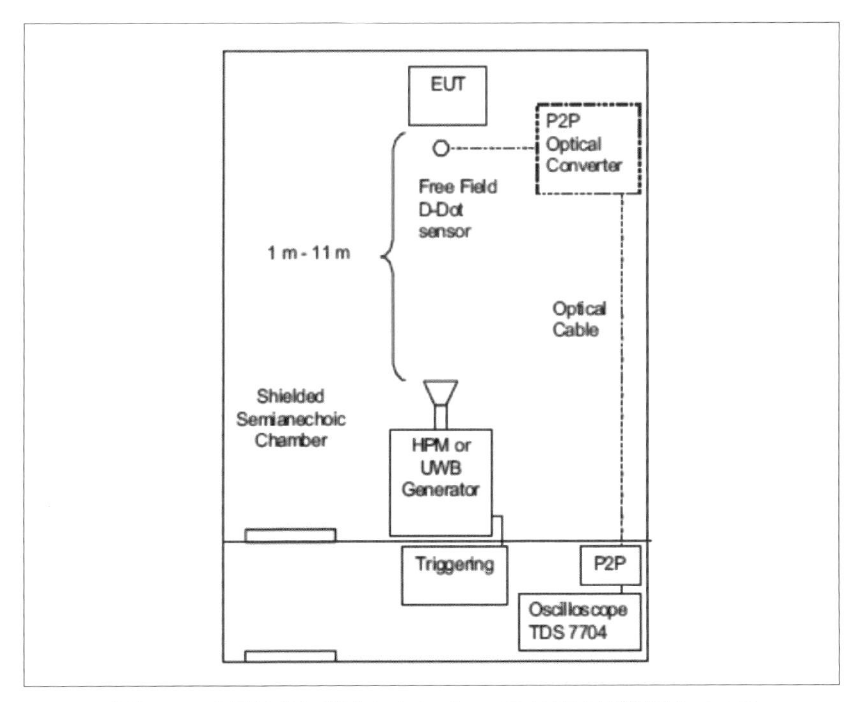


〔図3.2.13〕電波半無響室におけるUWB妨害の評価系[3-2-22]

3.2.14)。また、文献[3-2-22]には、図3.2.15に示すように、10種類のSwitchに対する検証結果が示されている。図3.2.15において、A～DはUWB信号を印加した際の判断基準であり、Aは正常動作を継続できる上限、Bは性能劣化が生じるが、自動復旧できるレベル、Cはオペレータを介さなければ性能劣化を復旧できないレベル、Dはダメージによって、機能を喪失するレベルが示されている。図3.2.15の結果より、Switchの種類によって妨害の受け方（感受性）が全く異なっていることが確認でき、ICT装置の放射妨害波対策の有無によって、UWB妨害の脅威が異なると考えられる。そのため、スマートグリッドにおけるICTネットワーク・装置のUWB妨害対策を検討する際は、80MHz～6GHzにおいて規定されるIEC61000-4-3 Ed.3.2: 2010の放射イミュニティ試験を実施し、使用する装置のイミュニティを把握しておくことが重要である。

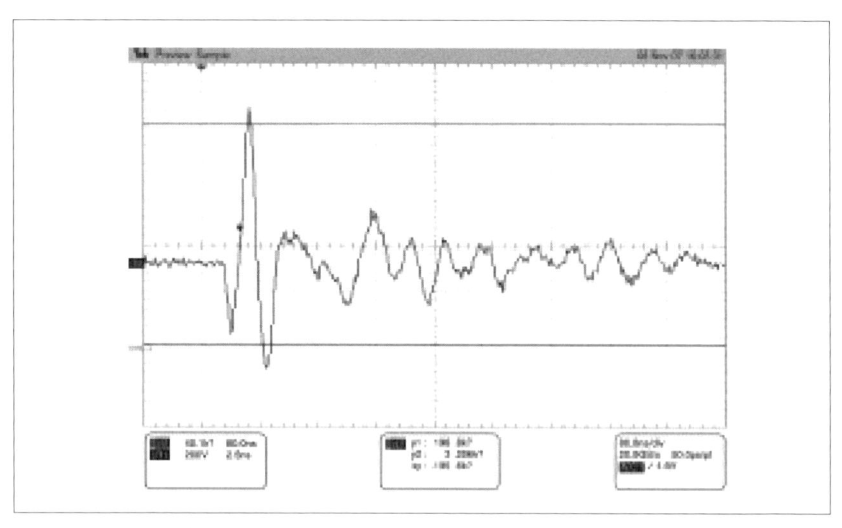

〔図3.2.14〕印加したUWB妨害パルスの測定例（@11m）[3-2-22]

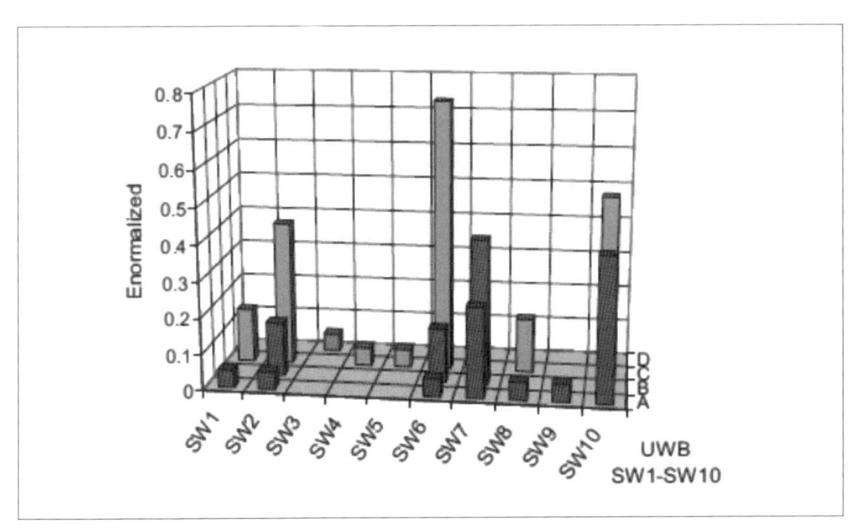


〔図 3.2.15〕データスイッチに UWB 妨害を印加した際の検証結果の例 [3-2-22]

## 【参考文献】

[3-2-1] D. V. Giri and F. M. Tesch, "Classification of Intentional Electromagnetic Environments（IEMI）," IEEE Trans. on EMC, Vol.46, No.3（2004）

[3-2-2] IEC 61000-2-13 Ed.1.0: 2005, Electromagnetic compatibility（EMC）– Part 2-13: Environment – High-power electromagnetic（HPEM）environments – Radiated and conducted, International Special Committee on Radio Interference（2005）

[3-2-3] C. E. Baum, Switched oscillators, in Circuit and Electromagnetic System Design Note 45, Air Force Res. Lab., Kirtland AFB, NM,（2000）

[3-2-4] J. Bohl et al., "Fundamental requirements of compact and effective HPM sources and an overview of HPM sources for different applications," Proc. of AMEREM（2002）

[3-2-5] K. Ruffing, "Compact pulsed power RF demonstrator," Proc. of 14th IEEE Int. Pulsed Power Conf.（2003）

[3-2-6] N. Seddon, "RF pulse formation in nonlinear transmission lines," Proc.

of AMEREM (2002)
[3-2-7] J. W. Burger, C. E. Baum, W. D. Prather, R. J. Torres, T. C. Tran, M. D. Abdalla, M. C. Skipper, B. C. Cockreham, and D. R. Mclemore, "Design and development of a high voltage, coaxial hydrogen switch," Springer US, Ultra Wideband/Short-Pulse Electromagnetics 6, pp.381-390 (2003)
[3-2-8] W. D. Prather, C. E. Baum, R. J. Torres, F. Sabath, and D. Nitsch, "Survey of world-wide high-power wideband capabilities," IEEE Trans. on EMC, Vol. 46, No. 3, pp. 335-344 (2004)
[3-2-9] D. V. Giri, H. Lackner, I. D. Smith, D. W. Morton, C. E. Baum, J. R. Marek, W. D. Prather, and D. W. Scholfield, "Design, fabrication, and testing of a paraboloidal reflector antenna and pulser system for impulselike waveforms," IEEE Trans. on Plasma Sci., Vol. 25, pp. 318-326 (1997)
[3-2-10] M. Jung, D. Langhans, T. H. G. G. Weise, U. Baunsberger, and F. Sabath, "Compact UWB sources," Proc. of AMEREM (2002)
[3-2-11] D. V. Giri, A.W. Kaelin, and B. Reusser, "Design, fabrication, a testing of a prototype impulse radiating antenna," Proc. of EUROEM (1998)
[3-2-12] F. Sabath, D. Nitsch, M. Jung, and T. H. G. G. Weise, "Design and setup of a short pulse simulator for susceptibility investigations," Proc. of 13th Int. Pulsed Power Conf. (2001)
[3-2-13] C. E. Baum et al., JOLT: A highly directive, very intensive, impulse-like radiator, Proc. of the IEEE, Vol.92, No.7, pp.1097-1109 (2004)
[3-2-14] Edl Schamiloglu, "Recent Trends in High Power Microwave Source Research: Multispectral and Phase Coherent Solutions," Proc. of 2012 Asia-Pacific Symposium on Electromagnetic Compatibility, pp.357-360 (2012)
[3-2-15] D. V. Giri, "Radiation of Short Pulses with Illustrative Applications," Proc. of 2012 6th Asia-Pacific Conference on Environmental Electromagnetics (CEEM) , pp.411-414 (2012)
[3-2-16] Mats G. Bäckström and Karl Gunnar Lövstrand, "Susceptibility of Electronic Systems to High-Power Microwaves: Summary of Test Experience," IEEE Trans. on EMC, vol. 46, no. 3, pp. 396-403 (2004)

[3-2-17] IEC 61000-2-11 Ed. 1.0 (1998) : Electromagnetic compatibility (EMC) – Part 2-11: Environment – Classification of HEMP environment, International Special Committee on Radio Interference, INTERNATIONAL ELECTROTECHNICAL COMMISSION (IEC) (1998)

[3-2-18] IEC 61000-4-25 Ed. 1.1 (2012) : Electromagnetic compatibility (EMC) – Part 4-25: Testing and measurement techniques – HEMP immunity test method for equipment and systems, International Special Committee on Radio Interference, INTERNATIONAL ELECTROTECHNICAL COMMISSION (IEC) (2012)

[3-2-19] IEC 61000-4-3 Ed. 3.2 (2010) : Electromagnetic compatibility (EMC) - Part 4-3: Testing and measurement techniques - Radiated, radio-frequency, electromagnetic field immunity test, International Special Committee on Radio Interference, INTERNATIONAL ELECTROTECHNICAL COMMISSION (IEC) (2010)

[3-2-20] 電気学会規格調査会標準規格 JEC-2501 (2010)：保護継電器の電磁両立性試験 , 電気書院 (2011)

[3-2-21] Rostand Tcheumeleu Tientcheu and David Pouhè, "Susceptibility of generic IT-networks," Proc. of 2015 International Conference on Electromagnetics in Advanced Applications (ICEAA) , pp.1357-1360 (2015)

[3-2-22] Libor Palisek and Lubos Suchy, "High Power Microwave effects on computer networks," Proc. of 10th International Symposium on Electromagnetic Compatibility, pp.18-21 (2011)

## ３．３　HEMP（High-altitude ElectroMagnetic Pulse）

HEMP（High-Altitude Electromagnetic Pulse）による電子・電気機器への影響が初めて観測されたのは、1950年代に行われた核実験の時である[3-3-1]。特に1962年7月に太平洋上400km上空で行われた1.44Mトンの Starfish Prime と呼ばれる実験では、1445km離れたハワイ島において、300個の街灯を消し、防犯アラーム等、無線システム、電力システム、通信システム等へ影響を与えた[3-3-2]。このことにより多くの人がHEMPの影響を知ることになり電磁的特性や対策についての検討が進んだのである。最近では、スマートグリッドやIoT（Internet of Things）と呼ばれる電子的な制御が多く導入されており、それらの電力システムや社会システムへの影響について、研究や標準化が進められてきた[3-3-3]-[3-3-6]。本章では、HEMPの概要と対策について解説する。

### ３．３．１　HEMP現象の概要

HEMPによる電磁波は、大きさ・高度などにより異なっており、非常に複雑なパルス波形であるが、長年の研究の結果、国際電気標準会議（IEC: International Electrotechnical Commission）で定義されており、電磁波の発生機構と電磁波が伝播する時間によりE1（Early time HEMP）、E2（Intermediate time HEMP）、E3（Late time HEMP）の３つに区分されている。IECの文献をもとにHEMP波形の概要をまとめると表3.3.1となる[3-3-10]。

#### ３.３.１.１　E1パルス

E1パルスは、もっとも初期に広範囲に伝搬する急峻で強力な電磁波

〔表3.3.1〕IECのHEMP波形の特徴例 [3-3-10]

| 項目 | 波形<br>（立上り、半値幅） | 最大レベル | 50%値 | 自然界の類似現象 |
|---|---|---|---|---|
| E1 | 10/100 nsec | 電界強度50 kV/m<br>200m以上の電線：4kA | －<br>500 A | － |
| E2 | 25/1.5 msec | 10m以上の電線：800A | 150 A | 雷サージ |
| E3 | 1/50 sec | 100kmの送電線：4kV<br>10 ㎞の通信線400V | －<br>15 V | 磁気嵐 |

パルスであり、電気·電子機器へは電線を通して印加されるだけでなく、波長が短いため直接、影響を与える。核爆発により放出される$\gamma$線が、コンプトン効果によって、大気中の分子から飛び出した電子が地球の磁場（磁界）により偏向することによって、地上に生成する大電力電磁波パルスである。

IEC61000-2-9 によれば、高度数十 km の上空で爆発が起こった場合、E1 パルスは、500km ～ 1000km までは直接伝播となる。これを日本に置き換えると、図 3.3.1 のような範囲で高度 100km 以上で爆発が起こった場合、1000km の範囲で影響を受けることになり、日本国内上空だけにとどまらないことは留意する必要がある。図 3.3.2 は E1 パルスの代表例を示す。

### 3.3.1.2　E2パルス

E2 パルスは、雷によって発生する電磁波パルスに似た特性をもち、影響を与える範囲は、ほぼ E1 パルスと同等である。ITU-T による雷サージ試験と E2 パルス試験の比較によれば、ほぼ直撃雷への対策が出来て

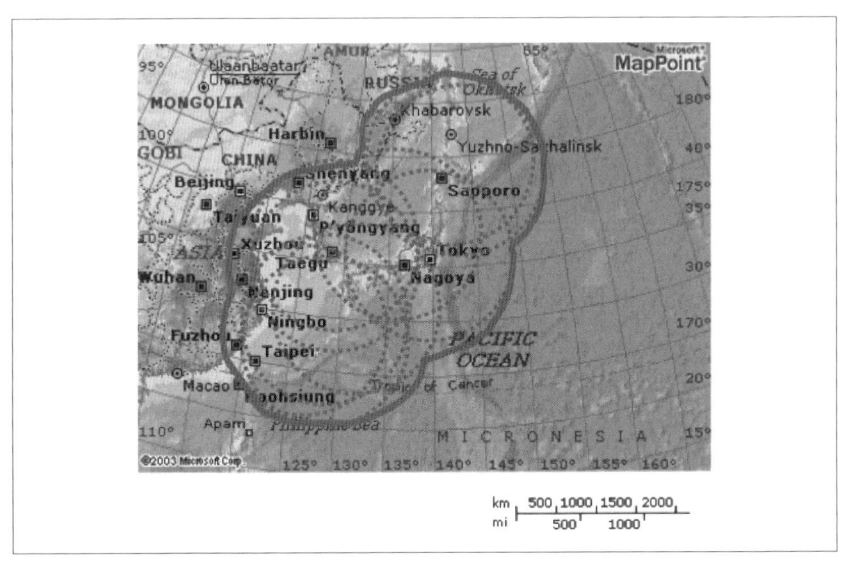


〔図 3.3.1〕日本国内で E1（Early time HEMP）が観測される可能性のある高高度爆発の範囲

いれば、E2 パルスへも対策が出来ているとされている [3-3-22]-[3-3-24]。ただし、E1 パルスを印加された後に連続して E2 パルスが来ることを考慮しておく必要がある。

### 3.3.1.3　E3パルス

E3 パルスは、核爆発による火球によって生じ、地球の磁界（磁場）を振動させて、磁気パルスが発生し、その磁気パルスにより、電力線や通信線などの比較的長いケーブルへ 1/50sec 程度の長い誘導電流パルスが発生する現象である。送電線を模擬した 100km の電線では 4kV、10km の通信線を模擬した電線では 400V 程度である。自然界の現象としては、磁気嵐（Extreme Geomagnetic Storms）と同様な現象である。送電線では通常送電電圧は 4kV より高く、通信線では、電力線からの誘導電圧 650Vrms や 430Vrms[3-3-25] よりも低いことから、E3 パルスの機器や電力・通信への対策は必要ないとされているが、E2 パルス同様に、E1 パルス、E2 パルスに連続して E3 パルスが印加されるという点には留意が必要である。

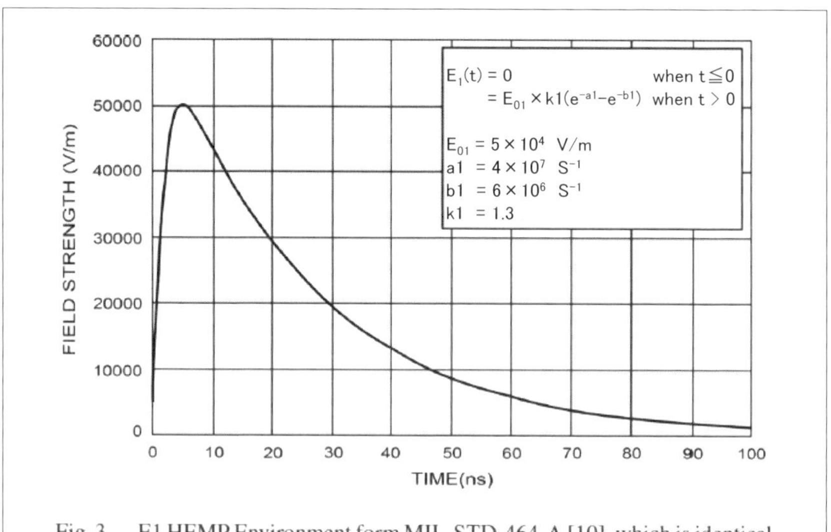


Fig. 3.　E1 HEMP Environment form MIL-STD-464-A [10], which is identical to IEC 61000-2-9.

〔図 3.3.2〕E1 パルスの代表例 [3-3-8]

### ３．３．２　HEMP 対策における設置場所のクラス分け

HEMP の影響は広範囲にわたるため、さまざまな設置場所に置かれた電子・電気機器への対応が必要である。HEMP 対策において、機器が設置される場所の遮蔽効果（シールド効果）や過電圧防護の有無により[3-3-12], [3-3-24]、HEMP 試験のレベルがコンセプトレベルという名前で規定されている[3-3-21], [3-3-22]。IEMI（Intentional Electromagnetic Interference）等でもこのコンセプトレベルの考え方が活用できるため、ここで紹介する。図 3.3.3 および表 3.3.2 に示す通り、屋外や遮蔽効果がないコンセプトレベル 1 から 80dB 以上の遮蔽効果が期待されるコンセプトレベル 6 まで 6 段階の設置場所を想定している。一般的な鉄筋コンクリート造で過電圧防護がある施設に設置されている場合は、コンセプトレベルは 2B となる。

### ３．３．３　HEMP とスマートグリッド・IoT への影響

一般的な機器では、IEEE EMC Society の TC5 での検討[3-3-4]が進められ、米国では Emc commission により、スマートグリッド等、社会イ

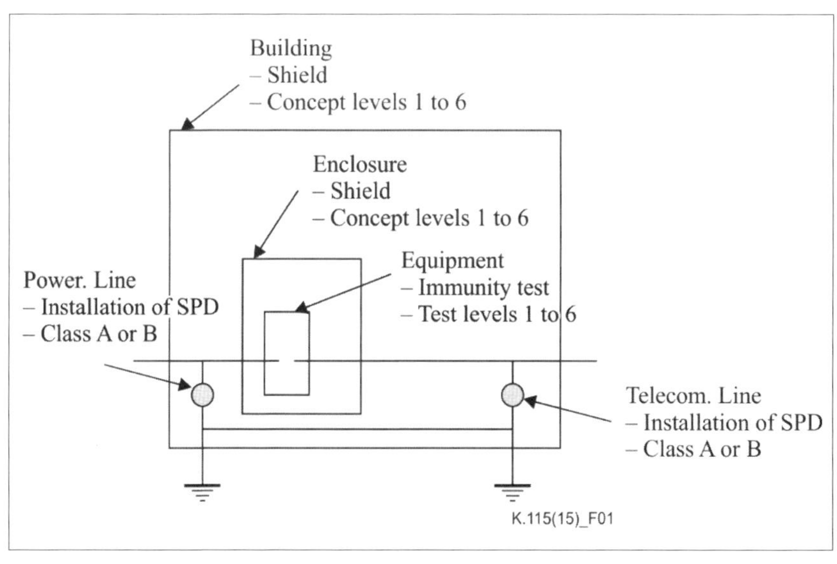


〔図 3.3.3〕設置環境毎のクラス分け概念図（コンセプトレベル）[3-3-24]

ンフラへの影響がアセスメントされ対策の提言がまとめられている[3-3-6], [3-3-7]。

Emc commission の報告書 [3-3-7] では市民生活に大きな影響を与える社会インフラは、電力システムだけに限らず、以下のように多岐にわたる検討が必要とされている。

・電力システム

・通信システム

・銀行・金融システム

・石油・ガスシステム

・交通システム

〔表 3.3.2〕設置環境毎のクラス分け（コンセプトレベル）[3-3-24]

| コンセプトレベル | 概要 | 最低減衰量 (dB) | |
|---|---|---|---|
| | | 電界／磁界 | 伝導 |
| 1A | 地上部が木造、レンガ、コンクリートブロックで、鉄筋あるいは明確なシールドのない大きなドアや窓をもつビル又は構造体や屋外<br>過電圧防護・EMI フィルタなし | 0 | 0 |
| 1B | 地上部が木造、レンガ、コンクリートブロックで、鉄筋あるいは明確なシールドのない大きなドアや窓をもつビル又は構造体や屋外<br>過電圧防護・EMI フィルタあり | 0 | 20 |
| 2A | 地上部が鉄筋コンクリート、またはベアードレンガであるビル又は構造体<br>過電圧防護・EMI フィルタなし | 20 | 0 |
| 2B | 地上部が鉄筋コンクリート、またはベアードレンガであるビル又は構造体<br>過電圧防護・EMI フィルタあり | 20 | 20 |
| 3 | 最小限の RF シールド効果をもつシールドエンクロージャ。小さな隙間がある典型的な機器筐体<br>過電圧防護と EMI フィルタあり | 20 | 40 |
| 4 | 中間的な RF シールド効果をもち、入出力点で良好な接地があるシールドエンクロージャ<br>過電圧防護と EMI フィルタあり | 40 | 40 |
| 5 | 良好な RF シールド効果をもち入出力点で良好な接地があるシールドエンクロージャ<br>過電圧防護と EMI フィルタあり | 60 | 60 |
| 6 | ハイクオリティの RF シールド効果をもち入出力点で良好な接地があるシールドエンクロージャ<br>過電圧防護と EMI フィルタあり | 80 | 80 |

・食料システム
・水道システム
・緊急システム
・衛星システム
・行政システム

また、例えば、通信システムでは、電力が必要であり、電力システムは、石油・ガス等のエネルギーが必要となるため、これらは、図 3.3.4 に示すように相互に複雑に関係している。

相互につなぐことで機能する IoT（Internet of Things）のような仕組みは、これらのインフラに依存して機能している。また高高度核爆発の直後には、多くの商用通信衛星、特に低軌道衛星も、その機能が低下するか停止するため、GPS を利用したような交通システムなどでは、影響を受けることになる。

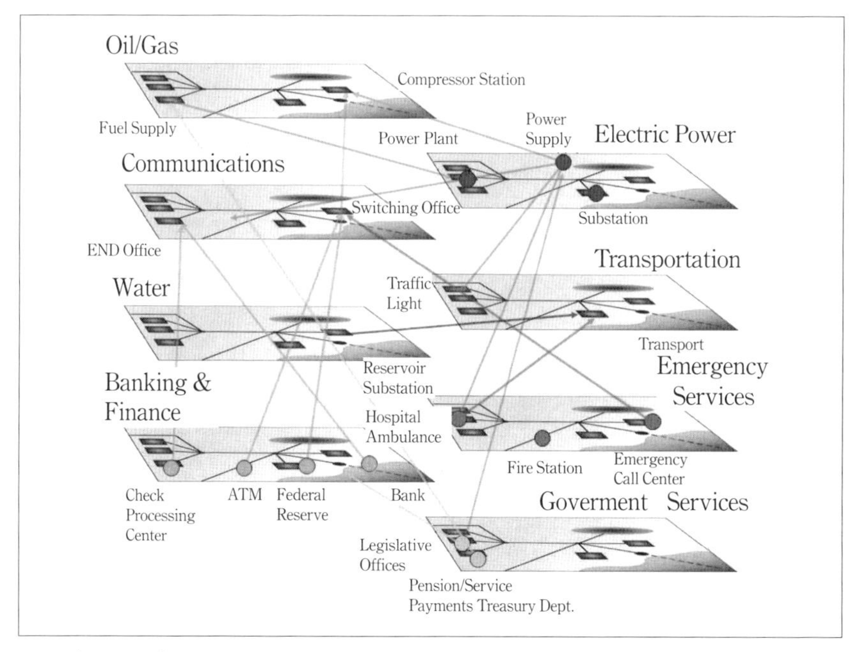


〔図 3.3.4〕社会インフラシステムのセクタ間の相互依存関係例 [3-3-6]

これらの相互依存関係について、評価するためにはモデル化などが必要であるが、現状精密に検討されたモデルは見当たらないが、EMC commission の報告書 [3-3-7] では、スマートグリッドの電力システムと通信システムの相互関係が強いモデルを図 3.3.5 のようなモデルとして規定し、そのシミュレーション結果を図 3.3.6 のように、相互依存関係が大きい場合と小さい場合で復旧時間の差を検討している。このモデルは現在の特定のシステムの実際の動作を表現するものではないが、以下にその特徴を示す。

スマートグリッドの重要な要素は、公衆データネットワーク（PDN: Public Data Network）に依存することである。従来、送電網は、送電網を監視し制御するために、独自の通信システムを持ち、電力と電気通信システムの相互依存性は本質的にゼロであった。米国では現在、電力網は、電気通信の約 15% を PDN に依存しており、近い将来、この数値は 50% に増加すると見込まれている。図 3.3.5 は、この進化するネットワークに期待される相互依存性を示している。PDN は、配電ネットワークによって給電されるネットワークに依存しており、発電機および、そ

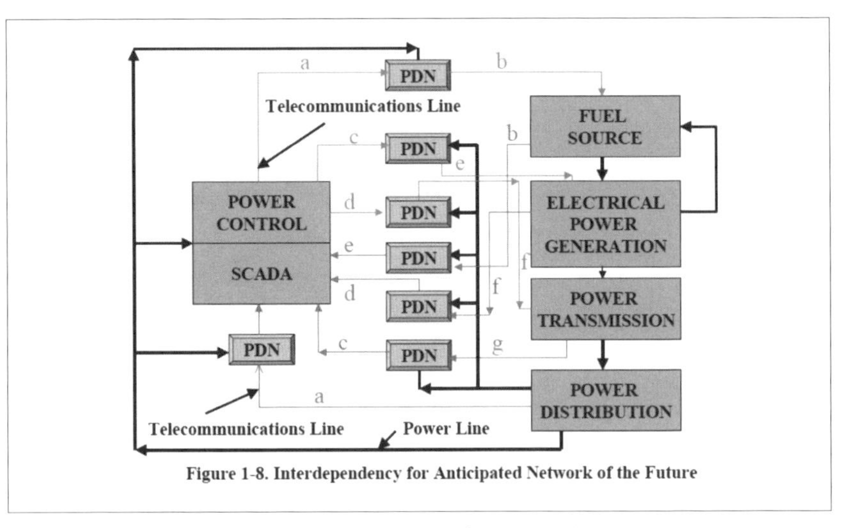


〔図 3.3.5〕電力と通信の相互依存関係モデル例 [3-3-6]

のネットワークは、SCADA（Supervisory Control And Data Acquisition）システムによって制御されている。電力網の制御機能を実行するためにモニタリングを電気通信に依存している。

図3.3.6は、HEMP発生後からの復旧までの時間をモデルシミュレーションした結果である。横軸に時間（日数）、左軸は輻輳制御の可能性を減らす通信の復旧度合を示し、右軸は、電力システムの復旧の度合を示している。回復プロセスを4段階にとらえている。電力が一時的に使えなくなった後、初期の30分では通信が徐々に遅くなり、4時間後までは通信量が一定と仮定、通信システムのバックアップ電源が切れ始める24時間後から通信システム、電力システムの相互依存により、どちらも利用できない状況になる。これまでに、それぞれの要素となる機器の故障などを調査する必要があり、独立したインフラストラクチャを調べる復旧分析と比較して、インフラストラクチャの相互依存性のために

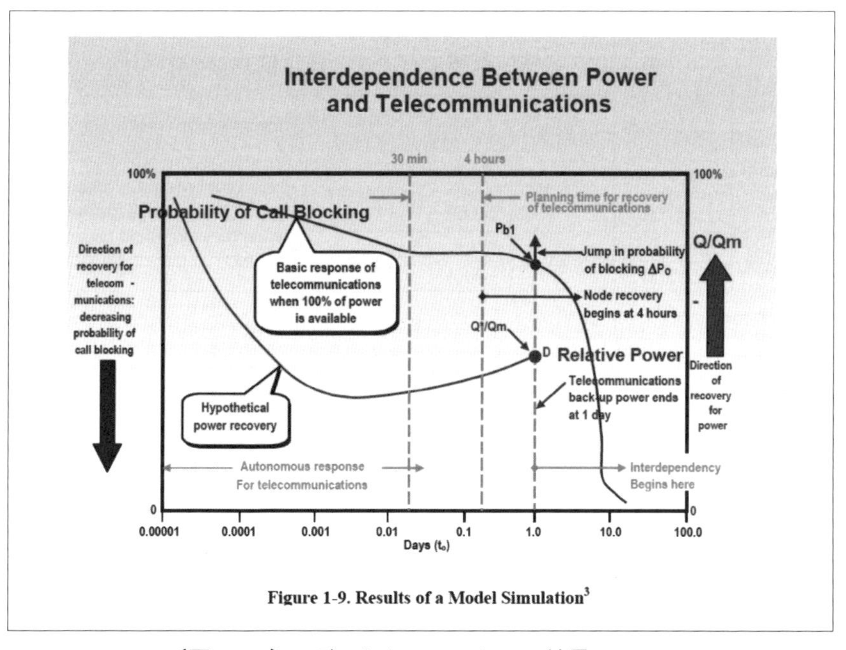

Figure 1-9. Results of a Model Simulation[3]

〔図3.3.6〕モデルシミュレーション結果 [3-3-6]

回復時間が大幅に延長されると予測している。

なお、報告書では、他のシステムでも同様の検討を行っている。

### ３．３．４　対策方法

電力システムや一般的な機器では、IEC TC77 SC77B で、試験法がまとめられ、対策基準を IEC61000-6-6 で示している。また ITU-T SG5 では通信機器やデータセンタでの HEMP の影響、対策方法を K.78, K.115 の勧告としてまとめている。3.3.2 節で紹介した設置環境のクラス分けに従って、必要な機器の試験レベルが規定されている。

また、ITU-T では、既存の通信機器への対策として、図 3.3.7 に示すようなフローチャートにより対策の検討の進め方を示し、表 3.3.3 のように過電圧防護デバイスの例を示している [3-3-24]。なお、米国では、現在 EMPactAMERICA[3-3-26] という組織が、州法により対策を進める活動を行っている模様であり、Arizona、Florida、Georgia、Maine、Oklahoma、Virginia の 6 州の議会で検討が開始されている状況である。

〔表 3.3.3〕過電圧防護デバイスの仕様例 [3-3-24]

<table>
<tr><th></th><th>Waveform</th><th>Restriction voltage</th><th>Peak current</th><th>Recommended element</th><th>Recommended operating voltage</th></tr>
<tr><td rowspan="2">Telecommunication port</td><td>Combination</td><td rowspan="2">500 V</td><td>5 kA</td><td rowspan="2">Arrester</td><td rowspan="4">1.6 × or more of the voltage used by the equipment.270 V or more when the equipment used is a commercial power supply.</td></tr>
<tr><td>10/700</td><td>500 A</td></tr>
<tr><td rowspan="2">Power port</td><td>Combination</td><td rowspan="2">4 kV</td><td>5 kA</td><td rowspan="2">Varistor</td></tr>
<tr><td>10/700</td><td>500 A</td></tr>
</table>

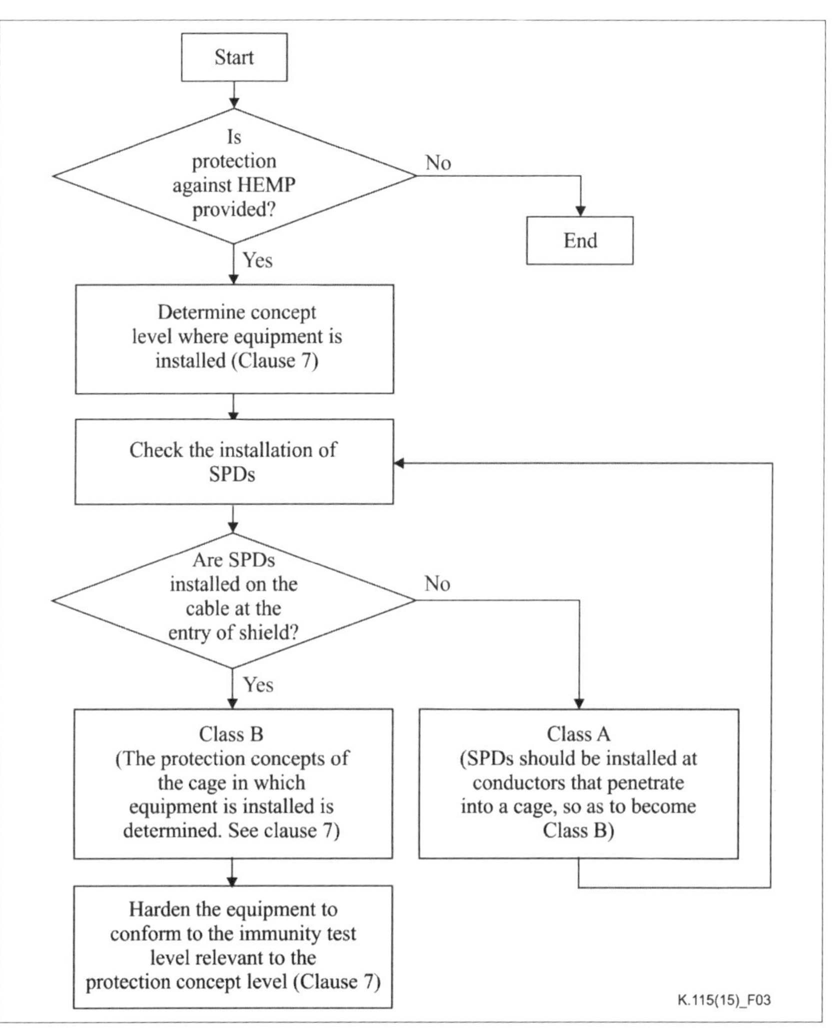


〔図 3.3.7〕既存の機器への HEMP 対策の検討フロー [3-3-24]

**【参考文献】**

[3-3-1] Carl E. Baum, “Reminiscences of High-Power Electromagnetics” , IEEE Trans. on EMC, Vol.49, No.2 (2007)

[3-3-2] Charies N. Vittitoe, “Did High-Altitude EMP Cause the Hawaiian Streetlight Incident?”, System Design and Assessment Notes Note 31 (1989), http://ece-research.unm.edu/summa/notes/SDAN/0031.pdf

[3-3-3] 富永哲欣、小林隆一、関口秀紀、瀬戸信二、“電磁波セキュリティに関連する標準化の取り組み”、NTT技術ジャーナル、Vol.20、No.8、pp.16-20 (2008)

[3-3-4] 電気学会、電磁波と情報セキュリティ対策技術、オーム社 (2011)

[3-3-5] William A. Radasky, Richard Hoad, “An overview of the impacts of three high power electromagnetic (HPEM) threats on Smart Grids” , Proc. of 2012 International Symposium on Electromagnetic Compatibility (EMC EUROPE) (2012)

[3-3-6] Clay Wilson, High Altitude Electromagnetic Pulse (HEPM) and High Power Microwave (HPM) Devices : Threat Assessments, CRS Report for Congress (2008) , https://www.fas.org/sgp/crs/natsec/RL32544.pdf

[3-3-7] John S. Foster, Jr. et al., “Report of the Commission to Assess the Threat to the United States from Electromagnetic Pulse (EMP) Attack” , Commission to Assess the Threat to the United States from Electromagnetic Pulse (EMP) Attack (2008) , http://www.empcommission.org/docs/A2473-EMP_Commission-7MB.pdf

[3-3-8] D. V. Giri, and William D. Prather, “High-Altitude Electromagnetic Pulse (HEMP) Risetime Evolution of Technology and Standards Exclusively for E1 Environment” , IEEE Trans. in EMC, Vol.55, No.3, pp.484-491 (2013)

[3-3-9] IEC TR 61000-1-3 Ed. 1.0 (2002) : Electromagnetic Compatibility (EMC) - Part 1-3: General - The Effects of High-Altitude EMP (HEMP) on Civil Equipment and Systems, INTERNATIONAL ELECTROTECHNICAL COMMISSION (IEC) (2002)

[3-3-10] IEC 61000-2-9 Ed.1.0 (1996) : Electromagnetic Compatibility (EMC)

- Part 2: Environment - Section 9: Description of HEMP Environment - Radiated Disturbance Basic EMC Publication, INTERNATIONAL ELECTROTECHNICAL COMMISSION (IEC) (1996)
[3-3-11] IEC 61000-2-10 Ed.1.0 (1998) : Electromagnetic Compatibility (EMC) - Part 2-10: Environment - Description of HEMP Environment - Conducted Disturbance, INTERNATIONAL ELECTROTECHNICAL COMMISSION (IEC) (1998)
[3-3-12] IEC 61000-2-11 Ed.1.0 (1999) : Electromagnetic Compatibility (EMC) - Part 2-11: Environment - Classification of HEMP Environments, INTERNATIONAL ELECTROTECHNICAL COMMISSION (IEC) (1999)
[3-3-13] IEC 61000-4-23 Ed.2.0 (2016) : Electromagnetic Compatibility (EMC) - Part 4-23: Testing and Measurement Techniques - Test Methods for Protective Devices for HEMP and Other Radiated Disturbances, INTERNATIONAL ELECTROTECHNICAL COMMISSION (IEC) (2016)
[3-3-14] IEC 61000-4-24 Ed.2.0 (2015) : Electromagnetic Compatibility (EMC) - Part 4: Testing and Measurement Techniques - Section 24: Test Methods for Protective Devices for HEMP Conducted Disturbance, INTERNATIONAL ELECTROTECHNICAL COMMISSION (IEC) (2015)
[3-3-15] IEC 61000-4-25 Ed.1.0 (2001) : Electromagnetic Compatibility (EMC) - Part 4-25: Testing and Measurement Techniques - HEMP Immunity Test Methods for Equipment and Systems, INTERNATIONAL ELECTROTECHNICAL COMMISSION (IEC) (2001)
[3-3-16] IEC 61000-4-32 Ed.1.0 (2002) : Electromagnetic compatibility (EMC) Part 4-32: Testing and measurement techniques High-altitude electromagnetic pulse (HEMP) simulator compendium, INTERNATIONAL ELECTROTECHNICAL COMMISSION (IEC) (2002)
[3-3-17] IEC 61000-5-3 Ed.1.0 (1999) : Electromagnetic Compatibility (EMC) - Part 5-3: Installation and Mitigation Guidelines - HEMP Protection Concepts, INTERNATIONAL ELECTROTECHNICAL COMMISSION (IEC) (1999)

[3-3-18] IEC 61000-5-4 Ed.1.0（1996）: Electromagnetic Compatibility（EMC）- Part 5: Installation and Mitigation Guidelines - Section 4: Immunity to HEMP - Specifications for Protective Devices Against HEMP Radiated Disturbance - Basic EMC Publication, INTERNATIONAL ELECTROTECHNICAL COMMISSION（IEC）（1996）
[3-3-19] IEC 61000-5-5 Ed.1.0（1996）: Electromagnetic Compatibility（EMC）Part 5: Installation and Mitigation Guidelines Section 5: Specification of Protective Devices for HEMP Conducted Disturbance - Basic EMC Publication, INTERNATIONAL ELECTROTECHNICAL COMMISSION（IEC）（1996）
[3-3-20] IEC 61000-5-7 Ed.1.0（2001）: Electromagnetic compatibility（EMC）Part 5-7: Installation and mitigation guidelines Degrees of protection provided by enclosures against electromagnetic disturbances（EM code）, INTERNATIONAL ELECTROTECHNICAL COMMISSION（IEC）（2001）
[3-3-21] IEC 61000-6-6 Ed.1.0（2003）: Electromagnetic compatibility（EMC）Part 6-6: Generic standards HEMP immunity for indoor equipment, INTERNATIONAL ELECTROTECHNICAL COMMISSION（IEC）（2003）
[3-3-22] ITU-T K.78（06/2016）: High altitude electromagnetic pulse immunity guide for telecommunication centres, International Telecommunication Union - Telecommunication Standardization Sector（ITU-T）（2016）
[3-3-23] ITU-T K.87（06/2016）: Guide for the application of electromagnetic security requirements - Overview, International Telecommunication Union - Telecommunication Standardization Sector（ITU-T）（2016）
[3-3-24] ITU-T K.115（11/2015）: Mitigation methods against electromagnetic security threats, International Telecommunication Union - Telecommunication Standardization Sector（ITU-T）（2015）
[3-3-25] NTT TR189001 Ed.2.1: 通信装置の過電圧耐力に関する テクニカルリクワイヤメント 第2.1版、日本電信電話株式会社（NTT）（2015）、http://www.ntt.co.jp/ontime/img/pdf/oveTR189001ed2.1_20150410J.pdf
[3-3-26]EMPactAMERICA、http://empactamerica.org/

## 3．4　雷・静電気

### 3．4．1　雷現象 [3-4-1]

20 世紀初め頃から雷電流の波高値や波形に関する観測が行われ、夏季に発生する雷（夏季雷）に関するデータの蓄積がなされてきた。一方、特に冬季に日本海沿岸で発生する雷（冬季雷）に関する観測が 1970 年代後半に開始された。

熱雷（夏季雷）に代表される雷雲は次のように生成されることが知られている。上昇気流によって水蒸気を含む空気が上昇し、気温が –20℃程度の高度まで達すると水蒸気が氷結することによって、雲の中に氷晶（氷の粒）が生成される。生成された氷晶が正負に帯電し、電荷が上下の層に分かれて蓄積されることによって雷雲が形成される。図 3.4.1 に示すように、落雷による雷放電過程は、放電が開始する位置、つまりリーダと呼ばれる導電性のチャネルが雲から対地に向って進展するか、対地から雲に向って進展するか、とリーダに帯電される電荷の極性、つまり正であるか負であるか、によって大まかに 4 つのパターンに分類される。例えば、下向き放電で開始する負極性雷の放電の進展過程では、(i) ステップトリーダ、(ii) リターンストローク、(iii) ダートリーダ、(iv) リターンストロークといった一連の現象によって形成され、この一連の雷放電活動は 1 フラッシュと呼ばれる。また、1 フラッシュ間に繰り返されるリーダとリターンストロークからなるプロセスはストロークと呼ばれ、複数回のストロークが発生する雷は多重雷と呼ばれる（図 3.4.2 参照）。なお、夏季雷のほとんどは下向きの負極性であり、典型的な負

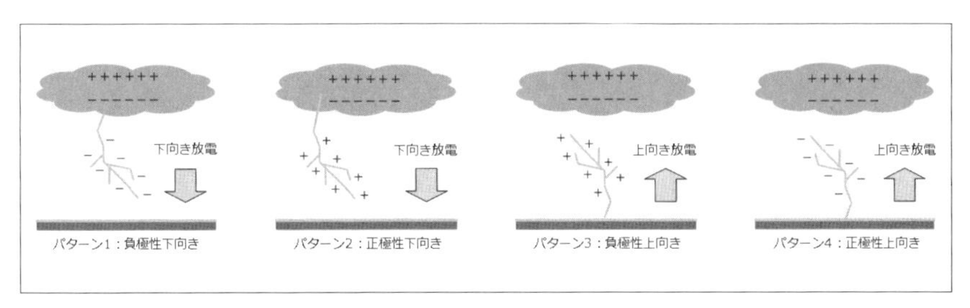


〔図 3.4.1〕落雷の放電パターン

極性雷では1フラッシュに3～5回のストロークを伴うとされている[3-4-3]。多重雷の観測例として、東京スカイツリーへの多重雷（8回）が発生した際の放電様相と雷撃電流の観測結果を図3.4.3に示す。一方、冬季雷は正極性が多く、上向きの雷、エネルギーが大きいなどの特徴がある。雷雲の電荷は気温が−10℃から−20℃の間で発生するが、冬季雷では大気温度が低いため、雷電荷は夏季雷に比べて低い高度で発生するといわれている。このように電荷の中心が低いため、構造物近傍の電界強度が強くなり、夏季には上向き雷が発生しないような高さの構造物においても上向きのリーダが発生することになる。冬季に観測された日本海沿岸地域の風車への雷撃様相（上向き雷）を図3.4.4に示す。

落雷に伴って大電流（雷撃電流）が発生するため、電力設備などを雷から保護するための耐雷設計においては、雷撃電流の波高値を把握することが重要となる。雷撃電流波高値の累積分布は、夏季雷を主対象として、国内外で様々な近似式が提案されてきた。国内では送電線において磁鋼片による雷電流値の観測が行われ、この結果から得られた次の近似式が送電線・発変電所・配電線の耐雷設計ガイドブック[3-4-1], [3-4-6], [3-4-7]で推奨曲線として使用されている（図3.4.5参照）。この近似式と国外で提案された式との相違は小さく、日本海沿岸の冬季雷を対象とした観測結果との比較から、冬季雷に対しても上記の近似式が適用されている。

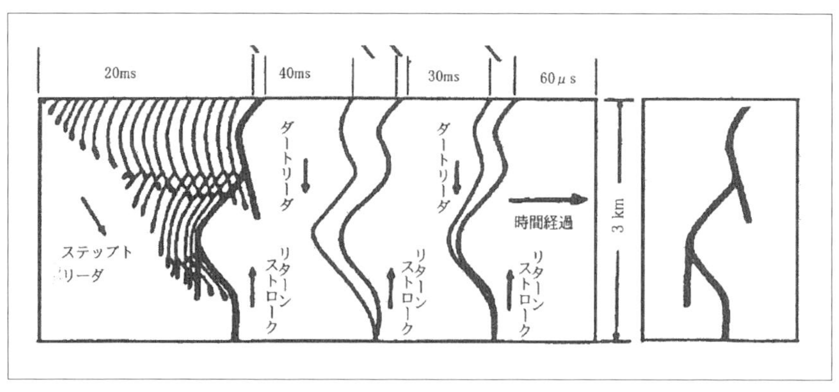


〔図3.4.2〕雷放電の進展過程（下向き放電の負極性雷）[3-4-2]

$$f(\mathrm{i}) = 1 - \frac{1}{\sqrt{2\pi}\sigma_{logI}} \int_{-\infty}^{x} \exp \frac{-(\mathrm{x} - \log \mu)^2}{2\sigma_{logI}^2} dx$$

$$x = \log i, \mu = 26\mathrm{KA}, \sigma_{logI} = 0.325 \qquad \cdots\cdots\cdots\cdots\cdots\cdots (3.4.1)$$

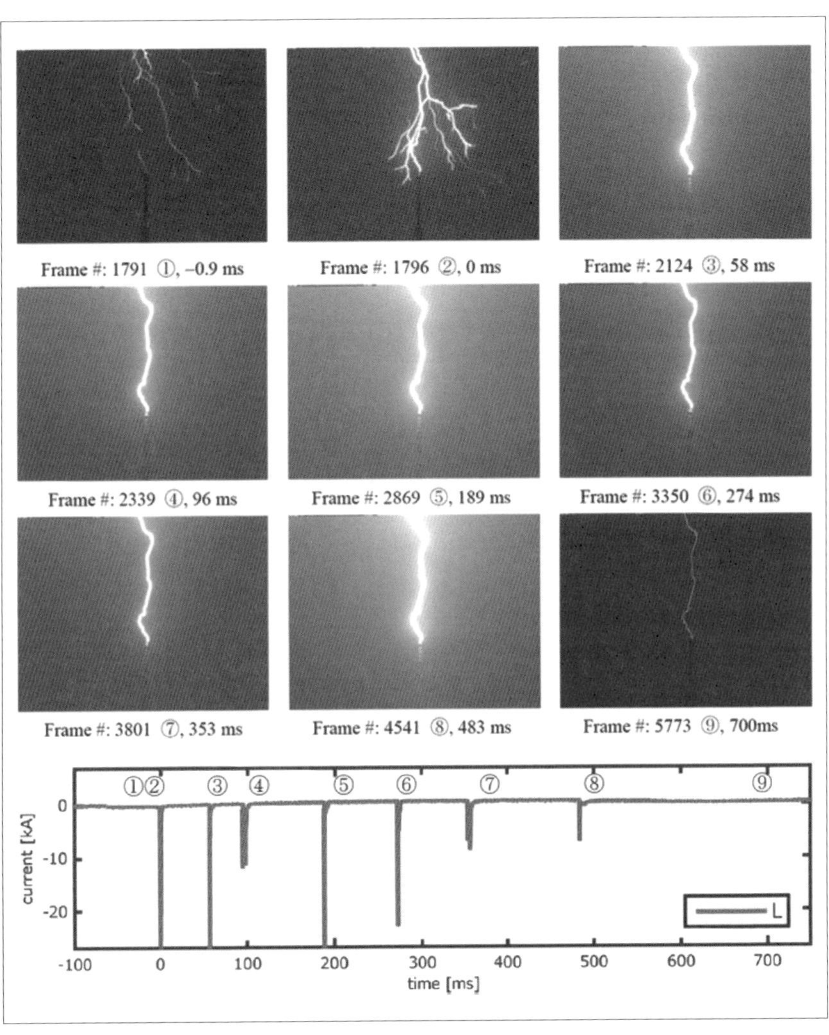


〔図 3.4.3〕東京スカイツリーへの多重雷の観測例 [3-4-4]

なお､上式では大きな電流値あるいは小さな電流値まで計算できるが､図の範囲を超えた部分まで適用を推奨されているわけではないことに注意する必要がある。雷撃電流以外にも波頭長、波尾長、電荷量など耐雷設計においては重要なパラメータとなる [3-4-3], [3-4-9]。

雷撃電流の波高値などの波形に関するパラメータとともに、雷撃頻度（落雷回数）も合理的な耐雷設計のための重要な情報であり、古くから、大地雷撃密度（落雷回数 /$km^2$/ 年）の値は、年間雷雨日数分布図（IKL マップ、Isokeraunic Level Map：雷鳴や雷光を人が感知することで得た雷雨日数に基づいて作成）から推定されてきた。これは昭和 29 年度から昭和 38 年度の 10 年間の統計結果であり、気象庁と共同で 353 地点の観測結果を元に作成されたものである。一方、1980 年代から各電力会社において落雷位置標定システムとして LLP（Lightning Location and Protection）、LPATS（Lightning Position and Tracking System）が導入されてきた。

(a) LLP システム

LLP システム（図 3.4.6（a）参照）では、大地雷撃によって発生する電磁波の磁界成分を直交ループアンテナで受信し、各ループアンテナで受信した磁界波形（それぞれの波高値）から電磁波の到来方向を推定

〔図 3.4.4〕風車ブレードへの雷撃 [3-4-5]

し、複数の観測地点で推定した到来方向から交会法によって落雷位置を推定する。なお、最近では、受信した電界成分の到達時間差（TOA : Time of Arrival）によって落雷位置を標定し、磁界成分を用いた推定結果と組み合わせることで標定精度の向上が図られた IMPACT の導入が進められている。

(b) LPATS システム

LPATS システム（図 3.4.6 (b) 参照）では、大地雷撃に伴う電磁波の電界成分を複数地点に設置した電界センサで受信して、各電界センサで

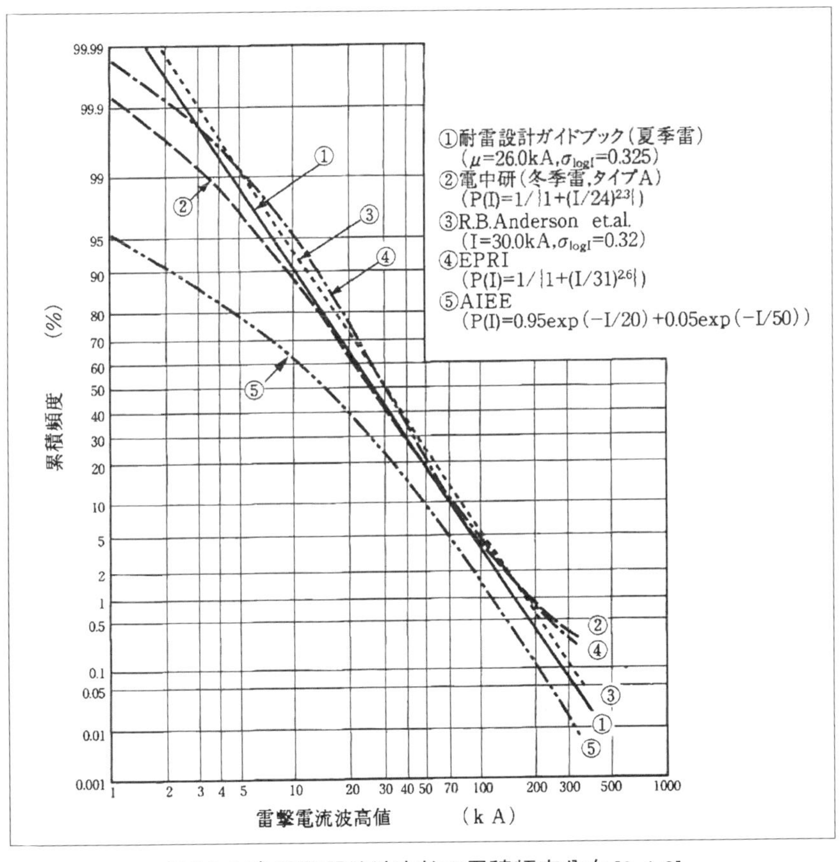


〔図 3.4.5〕雷撃電流波高値の累積頻度分布 [3-4-8]

観測した電界波形から電磁波の到達時間差を推定し、複数の得られた到達時間差と電界センサの位置情報に基づいて落雷位置を標定する。

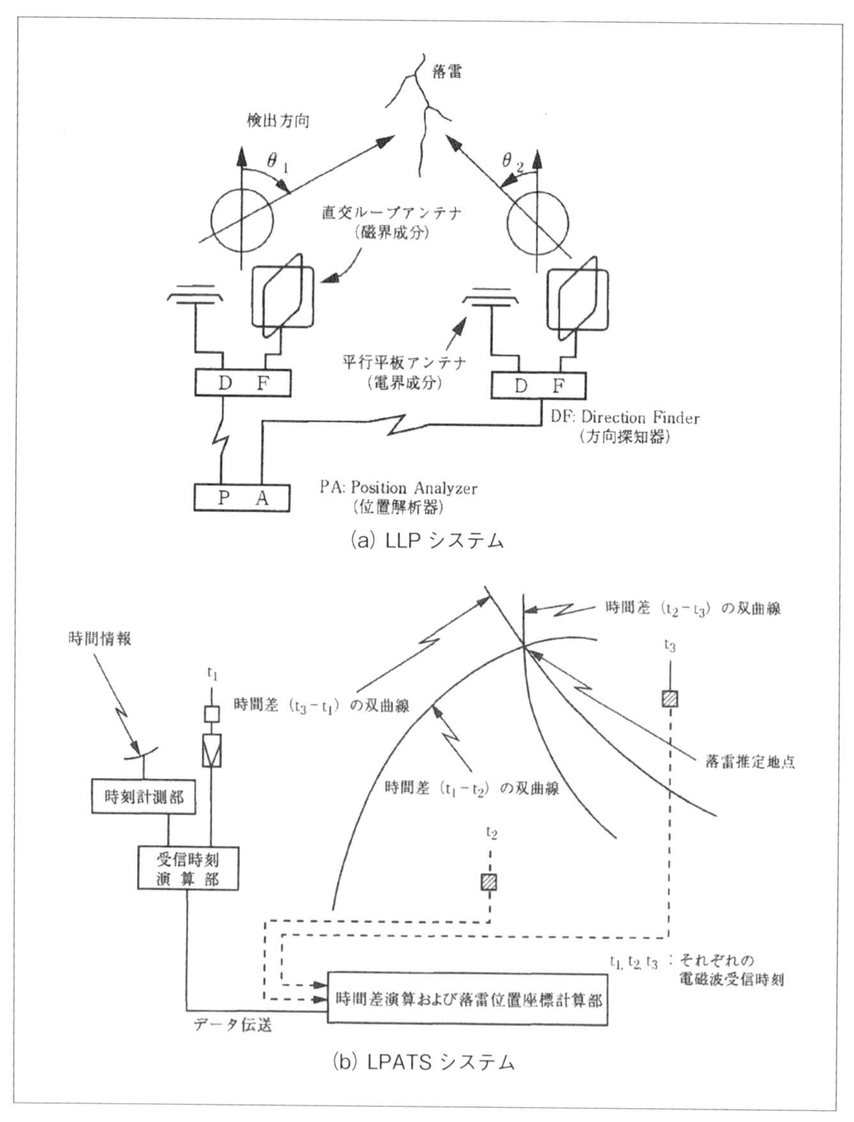


〔図 3.4.6〕落雷位置標定システム [3-4-1]

大地雷撃の判定には受信波形のゼロクロス時間や波高値などが利用される。また、受信した電磁界波形から雷撃電流の波高値が推定され、雷撃電流と電磁界の波高値の間に成り立つ換算係数は、アメリカで実施されたロケット誘雷の測定結果に基づいている。

図3.4.7は、1992年から1996年までに測定された5カ年のフラッシュ数マップである。関東北部、岐阜、琵琶湖周辺ならびに九州ではほかに比べて大きなフラッシュ数となっており、主に夏季雷によるものである。一方、東北、北陸ならびに中国の日本海沿岸地帯の一部でも大きなフラッシュ数が観測されているが、この地域は冬季雷多発地区となっている。

### 3.4.1.1　発変電所の低圧制御回路における雷現象[3-4-10] - [3-4-13]

発変電所の低圧制御回路は、電力系統を監視、制御し、電力の安定供給や電力機器の保護において重要な役割を担っている。近年、発変電所の低圧制御回路（保護装置、制御装置、計測装置など）に、ディジタル型の電子機器が導入されるようになっており、制御回路で発生する異常電圧や電磁妨害に対する耐性が低くなっている。このため、従来のアナログ型の機器に比べて、サージ性の異常電圧によって回路の損傷や誤動作が発生する可能性が高くなっている[3-4-10]。図3.4.8に示すように、

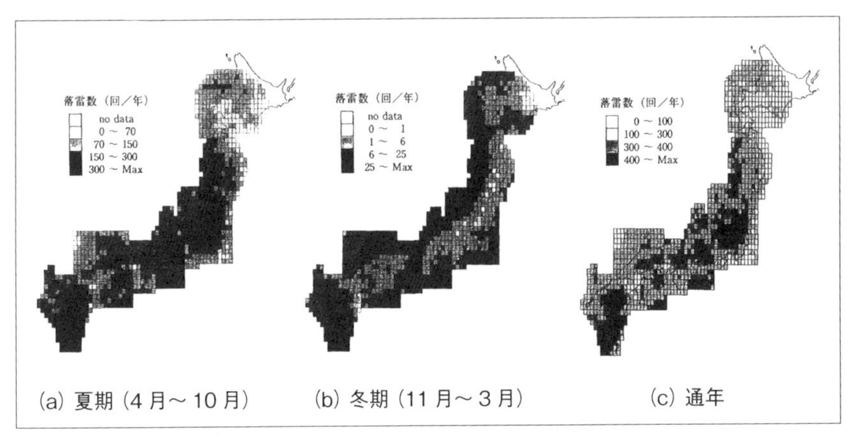


〔図3.4.7〕1992年から1996年までに測定された5カ年のフラッシュ数マップ[3-4-1]

1999年までの約10年間において、発電所、開閉所などの電力設備に設置される盤構造の装置（保護装置、制御装置、計測装置、通信装置など）で発生したサージ障害についての調査結果が報告されているが[3-4-10]、収集した307件の障害事例のうち、雷サージが原因となる障害は約7割を占める。また、雷はエネルギーが大きいため、障害のほとんどが永久故障に至っている。

(1) 低圧制御回路に対する雷サージの侵入経路

発変電所に対する雷サージの侵入経路としては次のものが考えられる（図3.4.9参照）。

(a) 発変電所近傍の鉄塔に雷撃を生じた場合に逆フラッシオーバを生じ、雷サージが主回路に侵入する場合（①）
(b) 遮蔽失敗により主回路に直撃雷が生じた場合（②）
(c) 遮蔽失敗により送電線に直撃雷が生じ、雷サージが送電線を伝搬して発変電所に侵入する場合（③）
(d) 鉄塔に雷撃を生じた場合に架空地線に分流した雷サージが伝搬して発変電所に侵入する場合（④）
(e) 引留鉄構、鉄構、通信鉄塔などに直撃雷が生じた場合（⑤）

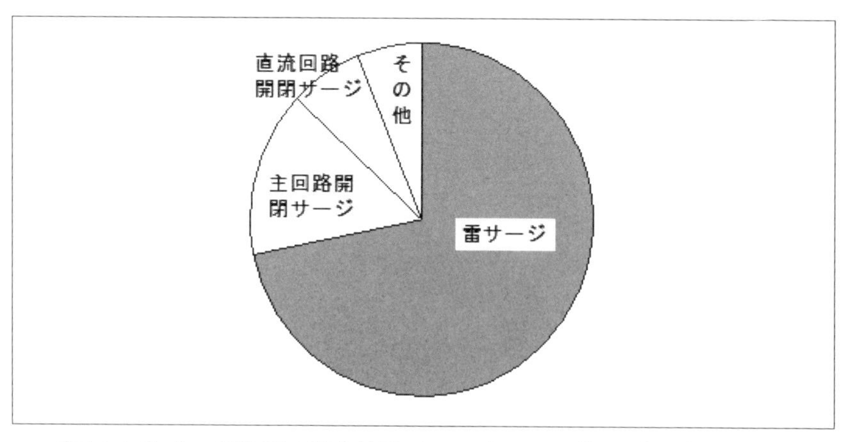


〔図3.4.8〕サージ障害の調査結果（1999年までの約10年間）[3-4-11]

さらに、主回路に侵入した雷サージ（①、②、③）が避雷器の制限電圧を超えた場合は、避雷器を介して接地メッシュ電極に侵入する。また④や⑤によって鉄構を伝搬する雷サージも当然接地メッシュ電極に侵入することになる（⑤、⑥）

発変電所に侵入した雷サージが制御ケーブルに過電圧サージを発生させる過程としては、(i) 制御ケーブルに対する直接的な静電誘導・電磁誘導、(ii) 電圧・電流監視用に設置された計器用変成器を介した間接的な静電誘導・電磁誘導、の２つが考えられる。各過程のケース例を模式的に表した様子を図 3.4.10、図 3.4.11 に示す。図 3.4.10、図 3.4.11 の各ケースの移行過程について説明する。

(i) 制御ケーブルに対する直接的な静電誘導・電磁誘導（図 3.4.10 参照）

①接地メッシュ電極に侵入した雷サージによる電磁誘導および雷サージによって遠方点に対して大地電位が上昇することによる静電誘導

②主回路に侵入した雷サージによる電磁誘導・静電誘導

③酸化亜鉛素子から成る避雷器が動作することによって急峻な立ち上がりを有する電流が流れ、電流が放射した電磁界によって過電圧が

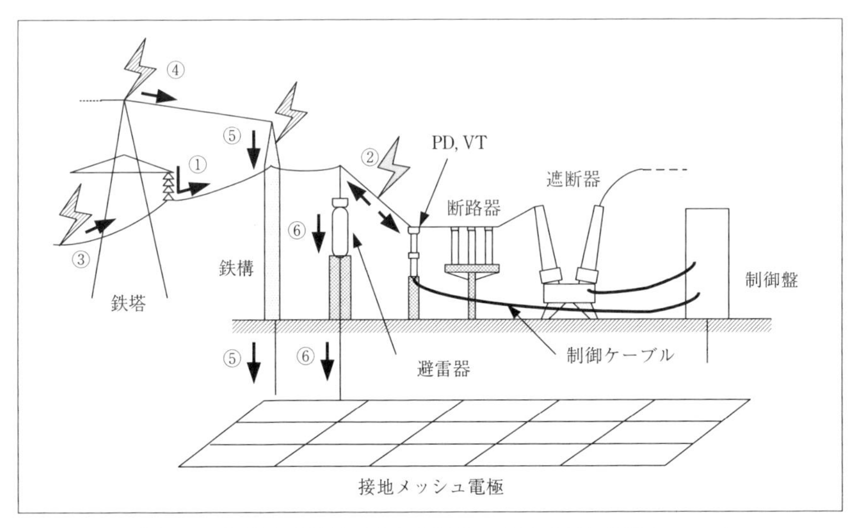


〔図 3.4.9〕発変電所に対する雷サージの侵入経路 [3-4-11]

誘導される。

④変電所近傍に生じた雷撃が放射する電磁界によって過電圧が誘導される。

(ii) 計器用変成器を介しての電磁誘導・静電誘導（図 3.4.11 参照）

①PD、②VT、③CT の 1 次側と 2 次側の電磁的および静電的な結合により、主回路に侵入した雷サージの影響が 2 次側に移行し、制御ケーブルに過電圧サージを発生させる。

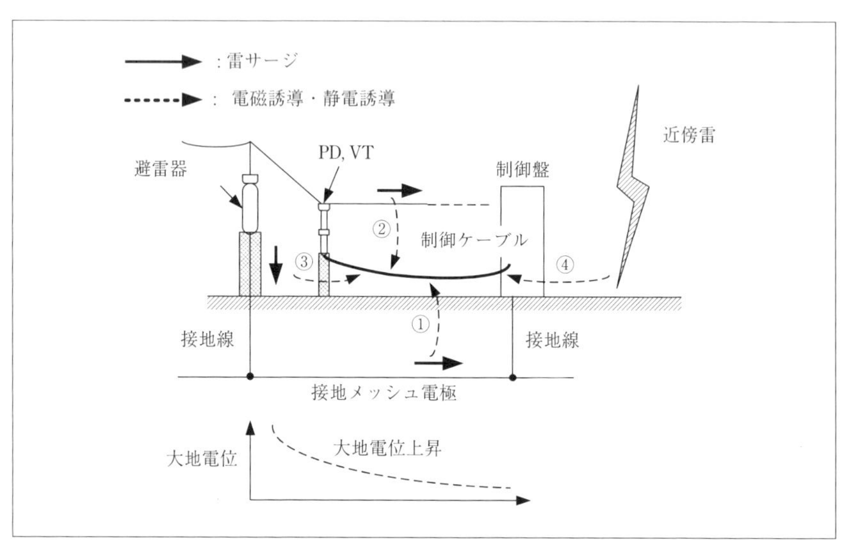


〔図 3.4.10〕雷サージにより直接的に制御ケーブルに発生する誘導電圧 [3-4-11]

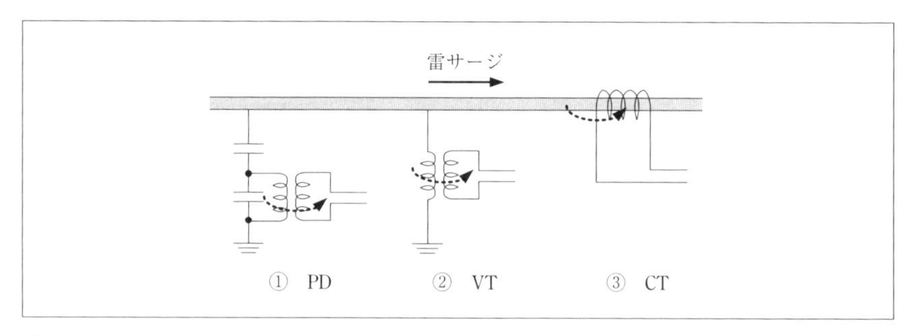


〔図 3.4.11〕雷サージにより間接的に制御ケーブルに発生する誘導電圧 [3-4-11]

(2) 低圧制御回路における雷サージ対策例

上記で述べたようにして発変電所に侵入した雷サージによって制御ケーブルに誘導電圧が発生し、これらの誘導電圧が制御盤まで伝搬することにより制御回路が誤動作や焼損に至ることがある。

雷サージから低圧制御回路を保護するために以下のような様々な対策が実施されている。

(a) 接地網の格子間隔を小さくして、接地網の過渡電位上昇の均一化を図ることで静電的な誘導を低減する、あるいは雷サージ電流を分散させることで電磁誘導的な誘導を低減する、あるいは、金属シース付の制御線（CVV-S）を布設する、などによって、制御線に誘導されるサージを低減する。

(b) 制御装置では、信号入力部においてサージ吸収コンデンサを設置してサージを低減する。

(c) 電源装置では、ラインフィルタやシールドトランスによって電源側からのノイズを低減する。

(3) 低圧制御回路の耐電圧・耐ノイズレベル

発変電所の低圧制御回路の耐電圧・耐ノイズレベルを規定する規格としてJEC-0103「低圧制御回路試験電圧標準」[3-4-14]がある。本規格では、耐電圧試験として、商用周波耐電圧試験、雷インパルス耐電圧試験を、イミュニティ試験として、減衰振動波イミュニティ試験、電気的ファストトランジェント／バーストイミュニティ試験、サージイミュニティ試験、方形波インパルスイミュニティ試験について定めている。低圧制御回路の代表的な構成として図3.4.12の回路（回路区分は表3.4.1のとおり）を示すととともに、それぞれの回路区分で必要とされる耐電圧・耐ノイズレベルを表3.4.2のように規定している。

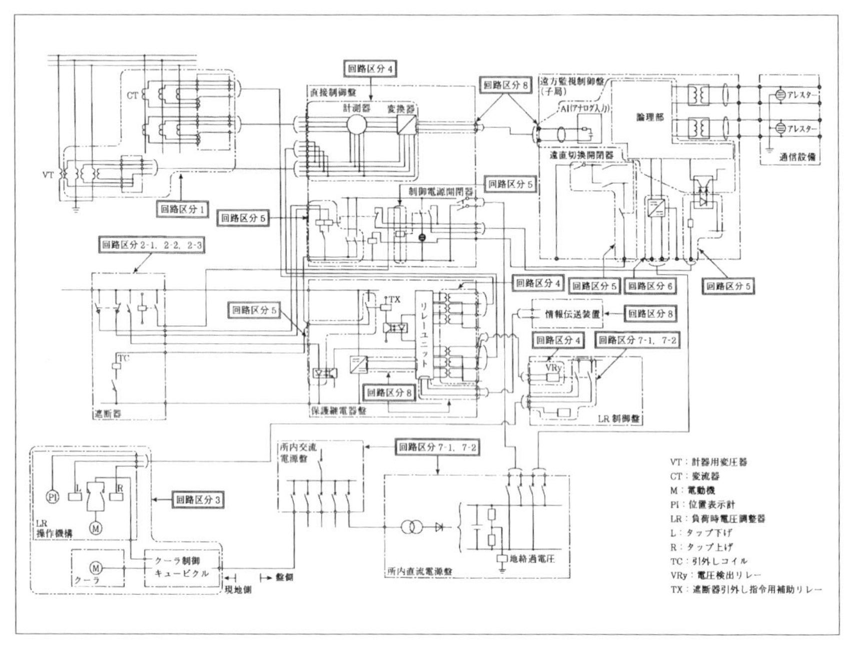


〔図 3.4.12〕発変電所低圧制御回路の代表的な回路構成 [3-4-14]

〔表 3.4.1〕発変電所低圧制御回路の回路区分 [3-4-14]

| 回路区分 | 対象回路 |
|---|---|
| 1 | 主回路に使用する計器用変成器の二次回路・三次回路（本体側） |
| 2 | 主回路に使用する遮断器・断路器などの操作回路・制御回路 |
| 2-1 | 特に絶縁の強さを重視する回路（電気事業用など） |
| 2-2 | 特に絶縁の強さを重視する回路（電気事業用など）のうち、外来サージの移行経路においてサージ抑制対策が施されている回路(1)。または過大な雷サージが侵入するおそれのない回路(2) |
| 2-3 | 一般産業用電力設備の回路 |
| 3 | 主機付属の補機の直流 100 ～ 200V 回路・交流 100 ～ 400V 回路 |
| 4 | 直接制御盤・保護継電器盤・遠方監視制御盤（子局）ならびにその他制御調整装置の計器用変成器の二次回路・三次回路（負担側） |
| 5 | 直接制御盤・保護継電器盤・遠方監視制御盤（子局）などの直流 100 ～ 200V 回路・交流 100 ～ 400V 回路のうち、侵入サージレベルが比較的高い回路（遮断器・断路器などの制御回路ならびに表示・警報などの回路） |
| 6 | 直接制御盤・保護継電器盤・遠方監視制御盤（子局）などの直流 100 ～ 200V 回路・交流 100 ～ 400V 回路のうち、侵入サージレベルが回路区分 5 よりも低い回路（盤内直流・交流母線・盤内シーケンス・盤間わたりなどの回路） |
| 7 | 回路区分 5・回路区分 6 以外の装置の直流 100 ～ 200V 回路・交流 100 ～ 400V 回路 |
| 7-1 | 特に絶縁の強さを重視する回路（電気事業用など） |
| 7-2 | 一般産業用電力設備の回路 |
| 8 | 直流 60V 以下・交流 60V 以下の回路で侵入サージレベルの低いもの(3) |

注(1) たとえば、回路に接続される制御ケーブルが遮へい付であって、かつ、接続抵抗値が十分低い接地網に遮へい層の両端が接地された回路。
(2) たとえば、地下式変電所。
(3) 直流 60V 以下・交流 60V 以下の回路であっても、侵入サージレベルが高いと考えられる回路は回路区分 5・回路区分 6 または回路区分 7 を準用する。

備考 1. 回路区分 2-2 の適用については、使用者が指定する。
2. 発電所の主変圧器より発電機側の主機を保護・制御する目的の回路区分 5・回路区分 6 の装置で、一般に侵入サージレベルが低いものは回路区分 7 に含む。また、給電所・集中制御所などに設置される装置の直流 100 ～ 200V 回路・交流 100 ～ 400V 回路も回路区分 7 に含む。

〔表 3.4.2〕発変電所低圧制御回路の回路区分ごとの試験電圧 [3-4-14]

（単位：kV）

| 回路区分 | 試験電圧 | | | | | | | | | | | | | |
|---|---|---|---|---|---|---|---|---|---|---|---|---|---|---|
| | 商用周波耐電圧試験 | | 雷インパルス耐電圧試験 | | | | 減衰振動波イミュニティ試験 | | EFT/B イミュニティ試験 | | サージイミュニティ試験 | | 方形波インパルスイミュニティ試験 | |
| | 対地 | 電気回路相互間 | 対地 | 電気回路相互間 | 接点極間およびコイル端子間 計器用変成器回路 | 接点極間およびコイル端子間 直流回路交流回路 | 対地 | 電気回路端子間 | 対地 入出力信号回路(7) | 対地 電源回路(6) | 対地 | 電気回路端子間 | 対地 | 電気回路端子間 |
| 1 | 2 | 2 | 7 | 4.5 | 4.5 | | | | | | | | | |
| 2-1 | 2 | − | 7 | 3 | | 3 | | | | | | | | |
| 2.2 | 2 | − | 5 | 3 | | 3 | | | | (8) | | | | |
| 2-3 | 1.5 | − | 5 | 3 | | 3 | | | | | | | | |
| 3 | 2 | − | 3 | 3 | | 3 | | | | | | | | |
| 4 | 2 | 2 | 4 | 4.5 | 3(5) | | 2.5 | − | 1 | | 2 | 1 | 1 | − |
| 5 | 2 | − | 4 | 3(4) | | 3(4) | 2.5 | 2.5 | 1 | 2 | 2 | 1 | 1 | 1 |
| 6 | 2 | − | 4 | − | | − | − | − | 0.5 | 1 | − | − | − | − |
| 7-1 | 2 | − | − | − | | − | − | − | 0.5 | 1 | − | − | − | − |
| 7-2 | 1.5 | − | − | − | | − | | | 0.5 | 1 | − | − | − | − |
| 8 | − | − | − | − | | | | − | − | − | − | − | − | − |

注(4)　遠方監視制御盤（子局）の補助リレーなど試験電圧に耐えない器具を使用する場合については、当事者間の協議により適切な対策を講じた上で試験を行う。
(5)　変流器の二次回路・三次回路（負担側）端子間の雷インパルス耐電圧試験は、附属書 1 の 1.2 項にある。
(6)　電源回路とは供試装置の電源回路端子である。
(7)　入出力信号回路とは供試装置の入出力信号回路端子・通信回路端子および制御回路端子である。
(8)　サージによる誤動作が懸念される電子機器がある場合、試験を適用する。試験電圧値は当事者間の協議による。

備考 1.　各回路区分相互間の商用周波耐電圧試験については規定しない（参考 1 参照）。
2.　試験電圧値の記載のない区分“−”は、試験電圧を規定しない。実施する場合は、個々の機器規格、または当事者間の協議による（参考 1 参照）。
3.　電源回路相互間、接点極間ならびにコイル端子間の雷インパルス耐電圧試験は、器具単体で行う試験に適用する。なお、ここでいう器具とは、装置を構成する部品として使用されるもの。または一定の機能を有する単体をさす。
4.　イミュニティ試験はディジタル形・アナログ静止形の装置・器具に適用する。
5.　閉鎖形配電盤は、一般に回路区分 1 ～ 8 に相当するさまざまな性格の回路部分が集合した形で収納されているので、これらの回路区分ごとにその回路の性格に応じた区分番号の試験電圧を適用するものとする。

### 3.4.1.2　雷サージに関連する試験規格

前節で述べたように、JEC-0103「低圧制御回路試験電圧標準」では、雷サージに関連する試験として、雷インパルス耐電圧試験、サージイミュニティ試験について試験レベルを定めている。なお、雷インパルス耐電圧試験は、ディジタル型保護継電装置に適用される電力用規格 B-402「ディジタル形保護リレーおよび保護リレー装置」[3-4-15]、サージイミュニティ試験は JEC-2501「保護継電器の電磁両立性試験」[3-4-16] においても採用されている。以下では、上記の低圧制御回路、ディジタル型保護継電装置に関連する規格で採用されている雷インパルス耐電圧試験、サージイミュニティ試験の概要について述べる。

(1) 雷インパルス耐電圧試験 [3-4-14], [3-4-17]

試験波形は標準雷インパルス波形としている。標準雷インパルス波形とは、図 3.4.13 に示す波形において規約波頭長、規約波尾長をそれぞれ 1.2μs、50μs としたものである。試験電圧の印加箇所は一括対地、電気回路相互間などとし、図 3.4.14 に示す回路を用いて供試装置に雷インパルス電圧を印加する（※ JEC-0103 では、サージ吸収素子を有する器具な

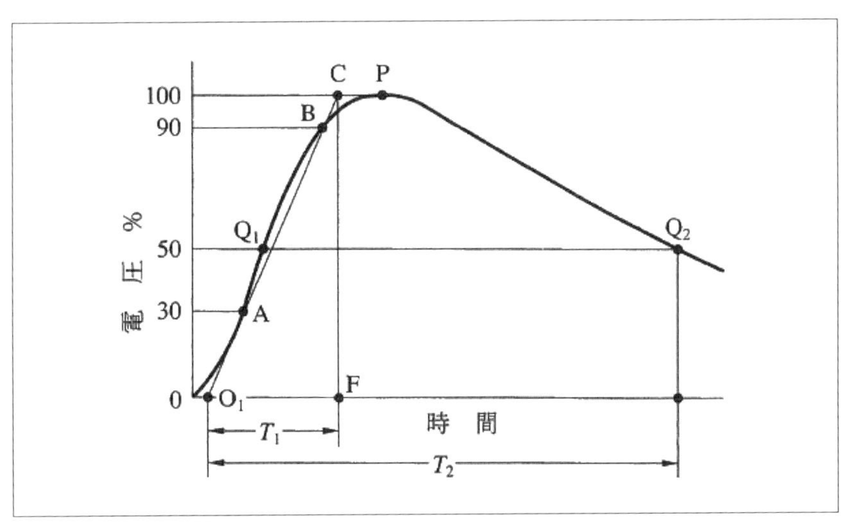


〔図 3.4.13〕雷インパルス電圧波形 [3-4-17]

ど、供試装置のサージインピーダンスが著しく低い場合に使用する印加回路についても言及している)。外部絶縁を対象とした試験の際の大気状態（気温、気圧、湿度）が標準大気状態と異なる場合には、絶縁破壊電圧や試験電圧の補正が行われる。

(2) サージイミュニティ試験 [3-4-18]

本試験は、IEC 61000-4-5 で定められるイミュニティ試験であり、スイッチングや雷に起因する過渡現象などによって発生する単極性のサージを対象とする。本試験では、開回路と短絡回路を規定し、図 3-4-15 に示すように開回路時のサージ電圧の波頭長、波尾長をそれぞれ 1.2μs、50μs に、短絡回路時のサージ電流の波頭長、波尾長をそれぞれ 8μs、20μs に定めている。試験時における電圧および電流の波形は、SPD 動作時など、供試体の入力インピーダンスの変化の影響を受けるため、前述した電圧、電流波形を一つの回路で模擬することを目的として、試験波形発生器にはコンビネーション波形発生器（回路例を図 3.4.16 に示す）が使用される。コンビネーション波形発生器のピーク開回路出力電圧は 0.5kV ～ 4.0kV、ピーク閉回路出力電流は 0.25kA ～ 2.0kA である。JEC-0103 では、試験電圧の印加箇所は計器用変成器などの回路対地、回路端子間としており、例えば、計器用変成器の回路端子間に印加する際

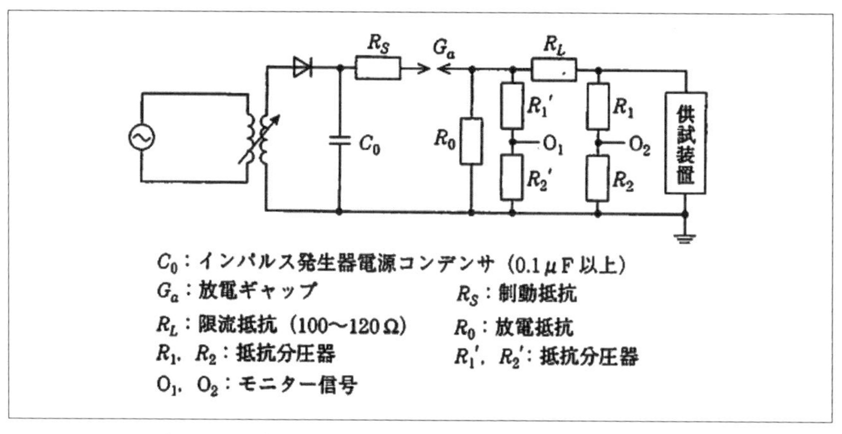


〔図 3.4.14〕雷インパルス耐電圧試験回路 [3-4-14]

には図 3.4.17 に示すような試験回路となる。なお、IEC 61000-4-5 では、上記の電圧、電流波形に加えて、波頭長、波尾長がそれぞれ 10μs、

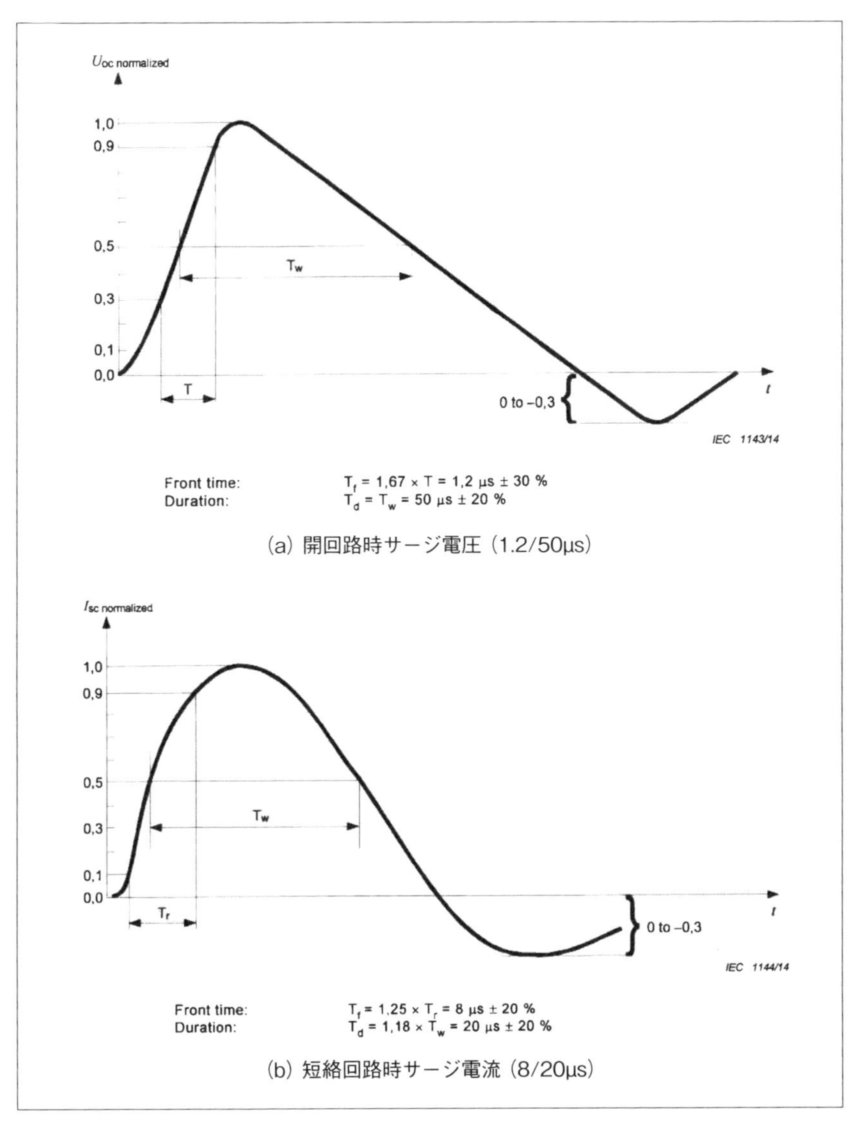


(a) 開回路時サージ電圧（1.2/50μs）

(b) 短絡回路時サージ電流（8/20μs）

〔図 3.4.15〕IEC 61000-4-5 で定められるサージイミュニティ試験波形 [3-4-18]

700μsの開回路時サージ電圧（図3.4.18 (a) 参照）および、波頭長、波尾長がそれぞれ5μs、320μsの短絡回路時サージ電流（図3.4.18 (b) 参照）についても定めており、10/700μsおよび5/320μsコンビネーション波形発生器（ピーク開回路出力電圧：0.5kV～4.0kV、ピーク閉回路出力電流：12.5A～100A）の等価回路を図3.4.19に示す。10/700μs開回路電圧および5/320μs短絡回路電流は、通信線を対象としていることから、JEC-0103では本波形によるイミュニティ試験を定めていない。

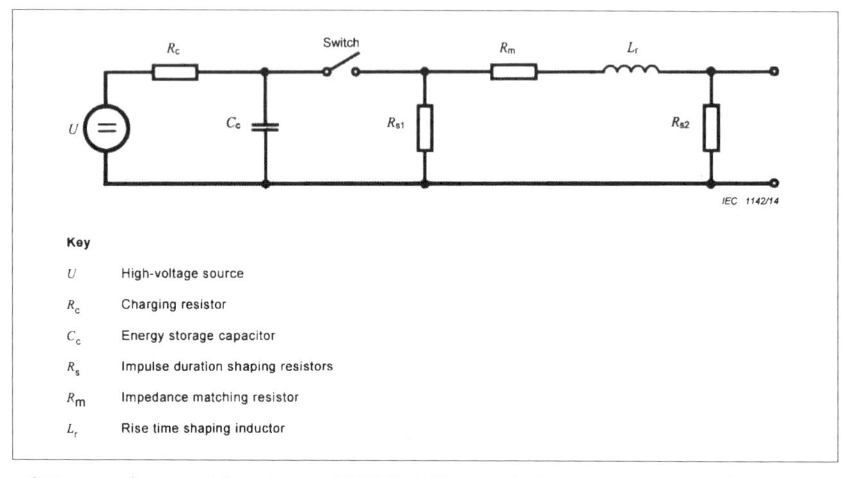


〔図3.4.16〕コンビネーション波形発生器の回路（1.2/50μs、8/20μs）[3-4-18]

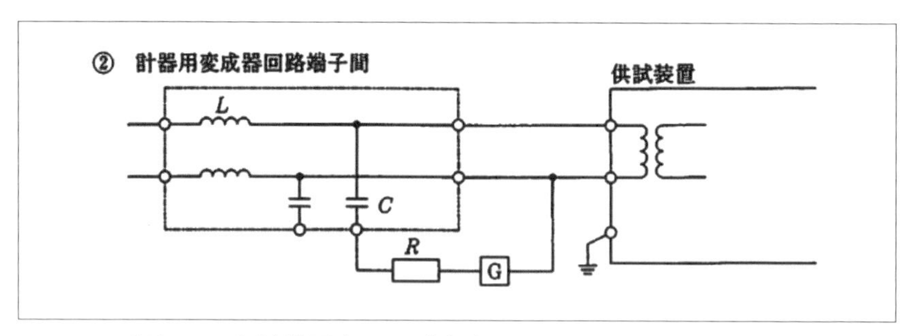


〔図3.4.17〕試験回路および試験電圧・電流の印加方法の例
（計器用変成器の回路端子間）[3-4-14]

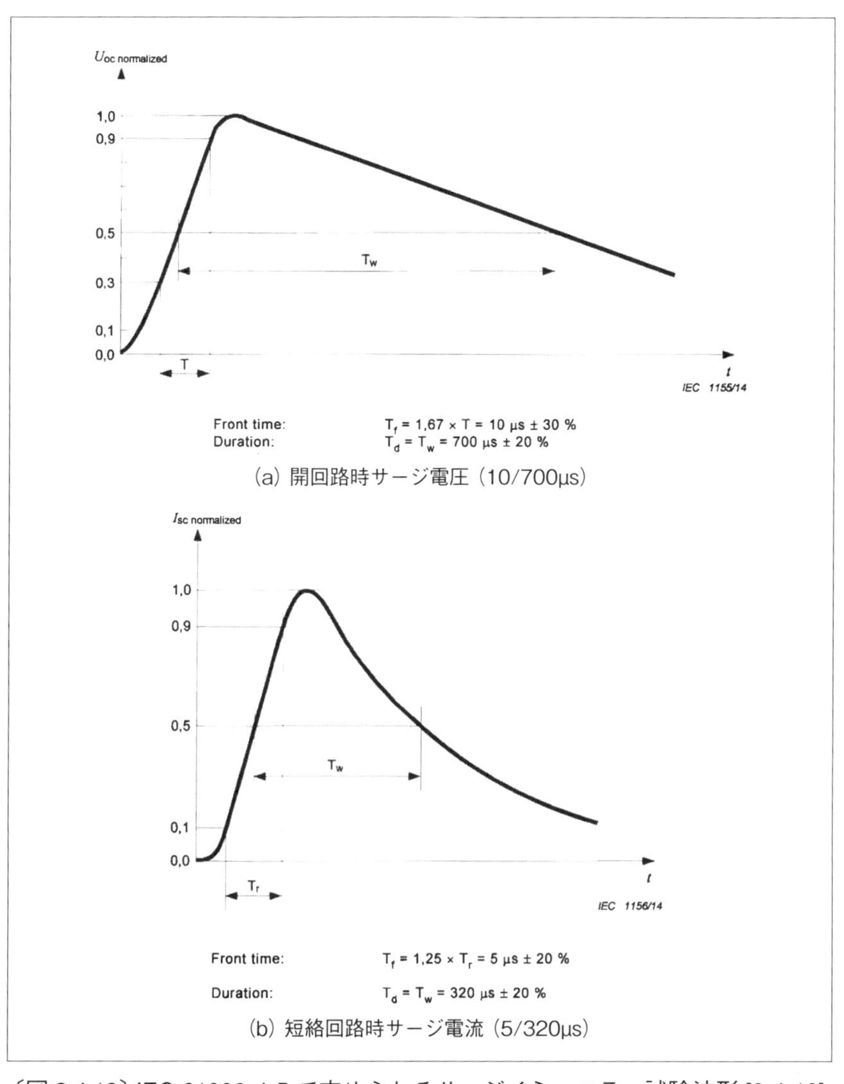


〔図 3.4.18〕IEC 61000-4-5 で定められるサージイミュニティ試験波形 [3-4-18]

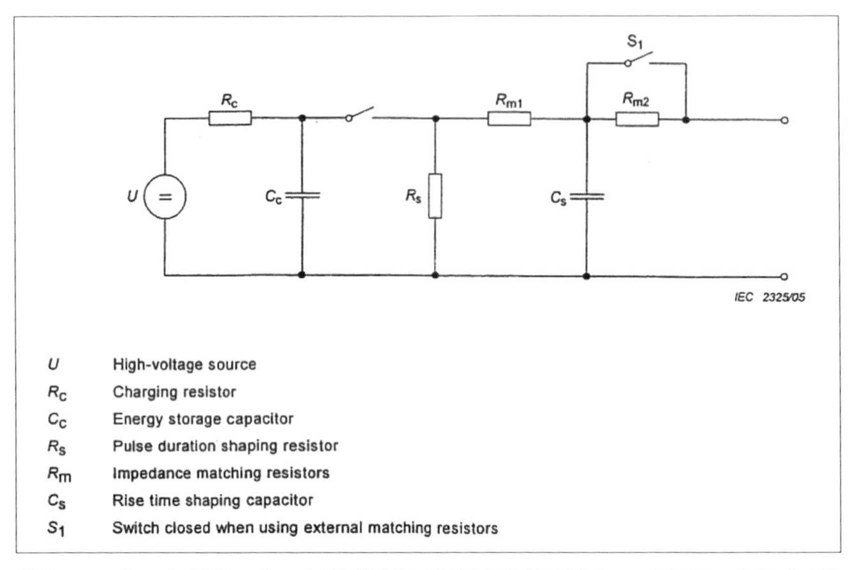


〔図 3.4.19〕コンビネーション波形発生器の回路（10/700μs、5/320μs）[3-4-18]

### 3．4．2　静電気現象

「静電気とは、電荷の空間的な移動がわずかであって、それによる磁界の効果が電界の効果に比べて無視できるような電気」と規定される[3-4-19]。その規定から理解できる通り、電荷（帯電した物体も含む）が移動していたとしても、主に電界の効果で作用する現象であれば静電気として取り扱うことができる。例えば図 3.4.20 に表すように、帯電した

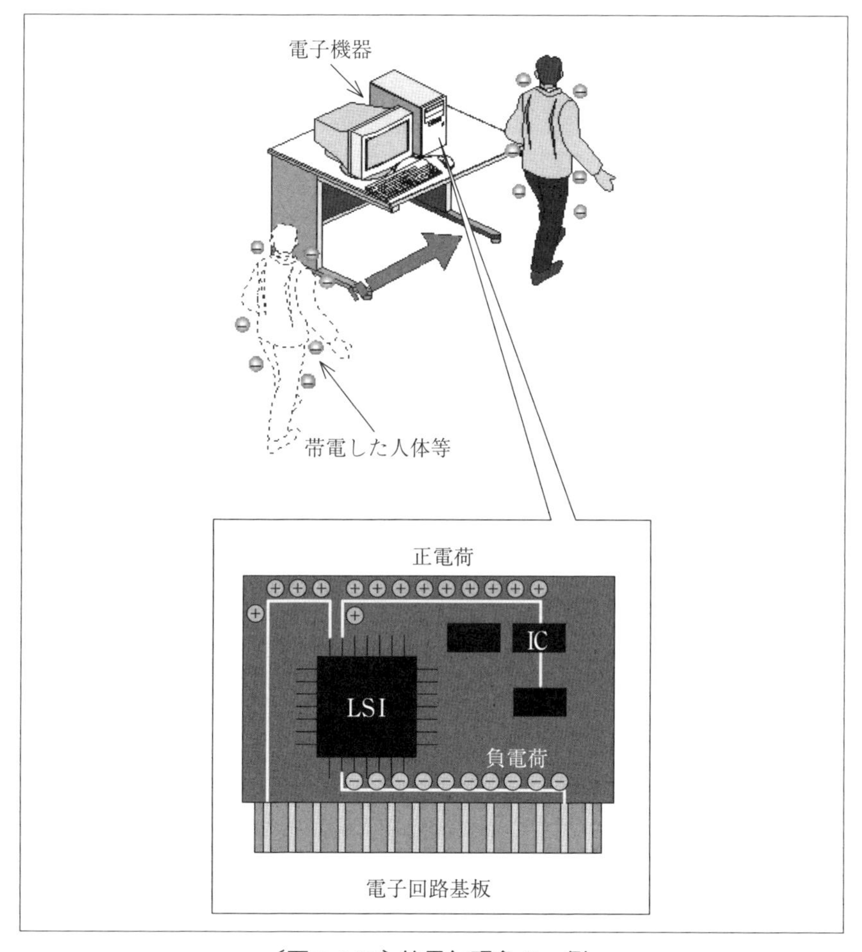


〔図 3.4.20〕静電気現象の一例

人体が電子機器の近くを移動したとき、静電誘導が原因で電子機器内に誘導電圧が発生し、その誘導電圧が原因で電子機器が誤動作や故障が起きたとすれば、その現象も静電気現象の一つである [3-4-20] - [3-4-23]。

一般に静電気は摩擦により、正電荷あるいは負電荷が物体の表面に現れることで生じる現象である。二つの物体を摩擦したとき、それらの物体が帯電する極性を知るために表 3.4.3 の帯電列が参考になる。

また、摩擦以外にも以下の原因で発生する [3-4-19], [3-4-24]。

(1) 接触・分離

二つの固体（誘電体）が接触・摩擦・衝突・はく離（図 3.4.21 参照）などするとき、接触面を挟んで電荷の移動が起こり、それらの固体の表面に静電気が生じる。

〔表 3.4.3〕帯電列の例 [3-4-19]

| +：正極性に帯電しやすい |
| --- |
| ガラス |
| 頭髪 |
| ナイロン |
| 羊毛 |
| レーヨン |
| 絹布 |
| アセテート人絹 |
| オーロン絹混紡 |
| パルプ、ろ紙 |
| 黒ゴム |
| テリレン |
| ビニロン |
| サラン |
| ダクロン |
| カーバイド |
| ポリエチレン |
| カネカロン |
| セルロイド |
| 塩化ビニル |
| テフロン |
| －：負極性に帯電しやすい |

(2) 界面運動

石油類や有機溶剤など絶縁性液体を配管輸送（図 3.4.22 参照）、フィルタによるろ過、かくはんなどする際は、固液界面・液液界面などの界面の相対運動によって静電気が発生する。

(3) 破裂・分裂

固体が破砕するときの破砕帯電では、破砕面の摩擦などに伴って生じた電荷分離、あるいはもともと不均衡電荷が存在した物体の破砕により、破砕後の物体に静電気が発生する。

(4) 誘導帯電（静電誘導）

帯電した物体の近くに絶縁された（浮遊電位）の導体があると、帯電した物体が原因で起こる静電誘導によりその導体の電位が上昇する（図 3.4.20 参照）。これは静電気が発生したのと同じである。

(5) 噴霧

液体がノズル等から高圧で噴霧されると、空気は絶縁物とみなされる

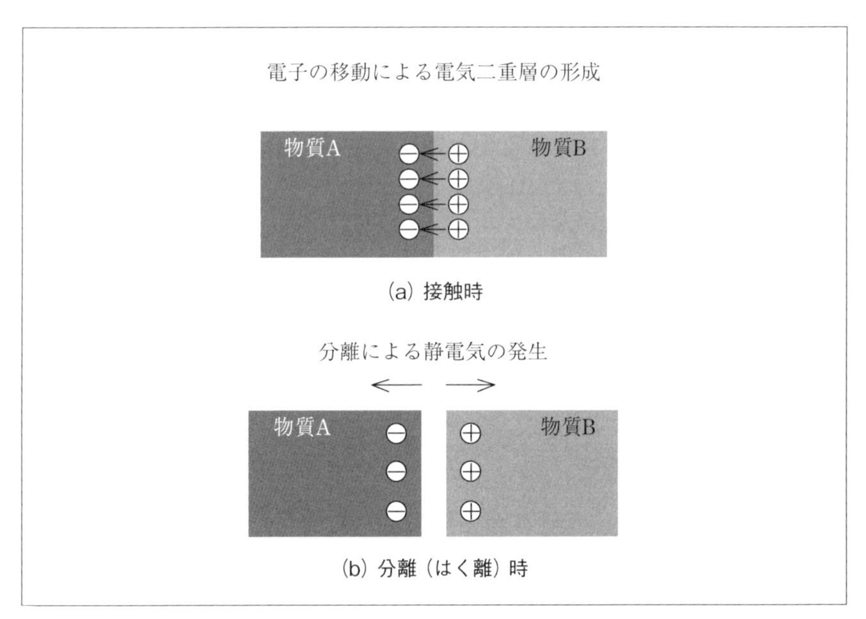


〔図 3.4.21〕接触と分離（はく離）による静電気の発生

ため、液体は帯電したまま飛散（図 3.4.23 参照）する。

(6) かく拌、沈降・浮上

液体中に二相系（液・固相、液・気相または液・液相）があると、相

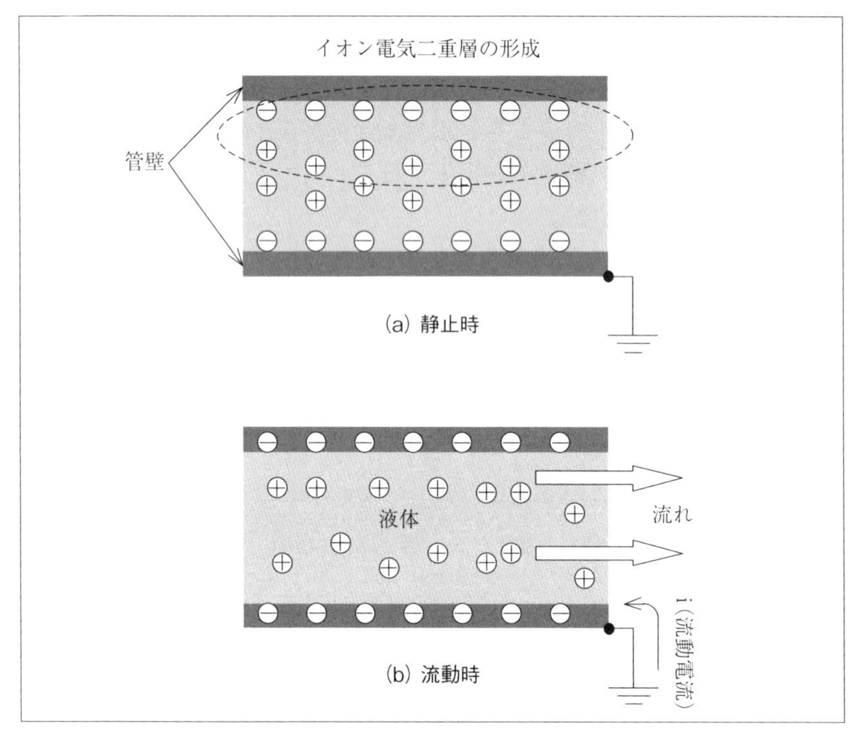


〔図 3.4.22〕流動帯電による静電気の発生

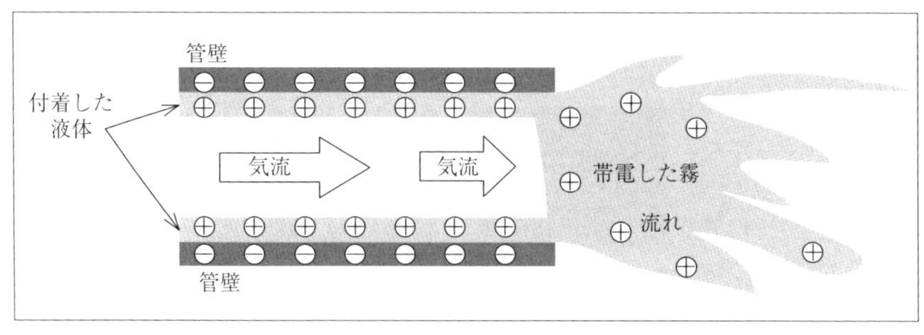


〔図 3.4.23〕液体の高圧噴霧による静電気の発生

の界面で電気二重層が形成され、かく拌あるいはその後の沈降・浮上等、相間の相対的な運動によって静電気が発生する。

(7) 気流

気体は相変化を伴わない物理的な操作（加熱・冷却、圧縮・膨張、流動等）では帯電しないが、微粉体や液滴が含まれると、管内の流動やノズル等からの排出のときに静電気が発生する。

(8) 電荷付着

高電圧放電装置等の電荷発生源があると、近くの物体に向かって空間電荷が付着し、その物体が帯電する。

### 3.4.2.1　静電気が起因する電子デバイス障害

電子機器は、マイクロ・ナノエレクトロニクス化により、その電子デバイスの低電圧化が現在も進んでおり静電気による誤動作や故障が今後も無視できない。特にMOS（metal-oxide-semiconductor）デバイスは入力ゲートに薄いゲート酸化膜（絶縁膜）が用いられており、帯電した人体などがそのデバイスに接近・接触するだけでそのデバイスが破壊されることが知られている。このように静電気により電子デバイスが破壊する原因として、以下の直接ESD（electrostatic discharge）と間接ESDが挙げられる。

(1) 直接ESD

帯電した人体などが電子デバイスと接触する瞬間、インパルス性の電流が電子デバイスに流れ、その電流が原因でデバイスに損傷を与えることを指す。

(2) 間接ESD

電子デバイスの近くで生じる放電が原因で電磁ノイズが発生し、その電磁ノイズが原因で電子回路にノイズが侵入することにより電子デバイスの誤動作が引き起こされることを指す。

静電気による電子デバイスの破壊は、表3.4.4のモデルがある。電子デバイスの静電気耐性を検討するために、その表の試験モデルが一般に用いられる。

### 3.4.2.2　静電気に関連する試験規格

静電気放電に関連する IEC61000 シリーズのイミュニティ関連の主要な規格を表 3.4.5 に示す。なお、静電気耐性試験については、雷防護規格などにも記載されていることに留意されたい。例えば ITU-T K.20、ITU-T K.21 に記載されている。

### 3.4.2.3　静電気が起因する電子デバイス障害対策

静電気が原因で起こる電子機器の誤動作や故障を防止するには、例えば以下のような対策が挙げられる。

(1) 非導電性（例えばプラスチック）の筐体を用いず、導電性が高く開口部のほとんどない筐体を使用する [4-3-25]。

(2) 多層基板の使用など電子回路基板の静電気耐性を向上させる [4-3-20]。

〔表 3.4.4〕静電気による電子デバイスの破壊モデル [3-4-19]

| |
|---|
| A. 外部の帯電物体から電子デバイスの端子に静電気放電するモデル。 |
| A1. 人体帯電モデル（HBM：human body model） |
| 帯電した人体から電子デバイスへ静電気放電するモデル |
| A2. マシンモデル（MM：machine model） |
| 帯電した治具などの金属筐体から電子デバイスへ静電気放電するモデル |
| B. 静電気により電子デバイスの電位が上昇し、そのデバイスの端子から外部導体へ静電気放電するモデル |
| B1. デバイス帯電モデル（CDM：charged device model） |
| 電子デバイスの金属部や導体に静電気帯電したモデル |
| B2. パッケージ帯電モデル（CPM：charged package model） |
| 電子デバイスの封止樹脂が摩擦工程などで静電気帯電したモデル |
| B3. 帯電体誘導モデル（EBIM：electrified body induced model） |
| 近くの帯電した絶縁体あるいは導体による静電誘導により電子デバイスが誘導帯電するモデル |
| B3-1. ボード帯電モデル |
| 近くの帯電物体が電子デバイス搭載の電子回路基板（PCB）のとき |
| B3-2. チップ帯電モデル |
| 近くの帯電物体がチップ梱包の絶縁体フィルムのとき |
| C. 電子デバイス周囲の電界の変化により電子デバイス内部に生じる過渡電圧、渦電流に起因するモデル |
| C1. 電界誘導モデル（FIM：field induced model） |
| 外部電界の変化により電子デバイス内部に誘導電界が発生するモデル（例えば図 3.4.20） |

(3) コモンモードチョークを使用する。
(4) 接地電位や標準電位の電位変動を抑制するなど。
　以上のような対策を講じることにより、静電気が原因で起こる電子機器の誤動作や故障を防止することが可能になる。

〔表 3.4.5〕IEC61000 シリーズのイミュニティ関連の主要な規格

| 規格分類 | 規格番号 | 規格名称 |
|---|---|---|
| IEC 61000-4<br>基本規格<br>(試験法と測定法) | IEC TR61000-4-1:2016 | IEC 61000-4 シリーズの概要<br>【Electromagnetic compatibility (EMC) - Part 4-1: Testing and measurement techniques - Overview of IEC 61000-4 series】 |
| | IEC 61000-4-2:2008 | 静電気放電イミュニティ試験<br>【Electromagnetic compatibility (EMC) - Part 4-2: Testing and measurement techniques - Electrostatic discharge immunity test】 |
| | IEC 61000-4-3:2006<br>+AMD1:2007<br>+AMD2:2010 CSV<br>Consolidated version | 放射無線周波（RF）電磁界イミュニティ試験<br>【Electromagnetic compatibility (EMC) - Part 4-3: Testing and measurement techniques - Radiated, radio-frequency, electromagnetic field immunity test】 |
| | IEC 61000-4-4:2012 | 電気的ファストトランジェント／バースト・イミュニティ試験法<br>【Electromagnetic compatibility (EMC) - Part 4-4: Testing and measurement techniques - Electrical fast transient/burst immunity test】 |
| | IEC 61000-4-5:2014 | サージイミュニティ試験法<br>【Electromagnetic compatibility (EMC) - Part 4-5: Testing and measurement techniques - Surge immunity test】 |
| | IEC 61000-4-6:2013 | 無線周波（RF）電磁界による誘導伝導妨害に対するイミュニティ<br>【Electromagnetic compatibility (EMC) - Part 4-6: Testing and measurement techniques - Immunity to conducted disturbances, induced by radio-frequency fields】 |
| | IEC 61000-4-8:2009 | 電源周波数磁界イミュニティ試験法<br>【Electromagnetic compatibility (EMC) - Part 4-8: Testing and measurement techniques - Power frequency magnetic field immunity test】 |
| | IEC 61000-4-9:2016 | インパルス磁界イミュニティ試験法<br>【Electromagnetic compatibility (EMC) - Part 4-9: Testing and measurement techniques - Impulse magnetic field immunity test】 |

| 規格分類 | 規格番号 | 規格名称 |
|---|---|---|
| IEC 61000-4<br>基本規格<br>（試験法と測定法） | IEC 61000-4-10:2016 | 減衰振動波磁界イミュニティ試験法<br>【Electromagnetic compatibility（EMC）- Part 4-10: Testing and measurement techniques - Damped oscillatory magnetic field immunity test】 |
| | IEC 61000-4-11:2004 | 電圧ディップ、短時間停電等のイミュニティ試験法<br>【Electromagnetic compatibility（EMC）- Part 4-11: Testing and measurement techniques - Voltage dips, short interruptions and voltage variations immunity tests】 |
| | IEC 61000-4-12:2006 | リング波イミュニティ試験法<br>【Electromagnetic compatibility（EMC）- Part 4-12: Testing and measurement techniques - Ring wave immunity test】 |
| | IEC 61000-4-18:2006 | 減衰振動波イミュニティ試験法<br>【Electromagnetic compatibility（EMC）- Part 4-18: Testing and measurement techniques - Damped oscillatory wave immunity test】 |
| | IEC 61000-4-20:2010 | TEM（横方向電磁波）導波管によるエミッション・イミュニティ試験法<br>【Electromagnetic compatibility（EMC）- Part 4-20: Testing and measurement techniques - Emission and immunity testing in transverse electromagnetic（TEM）waveguides】 |
| | IEC 61000-4-22:2010 | 全電波無響室（FAR）における放射エミッション及びイミュニティ<br>【Electromagnetic compatibility（EMC）- Part 4-22: Testing and measurement techniques - Radiated emissions and immunity measurements in fully anechoic rooms（FARs）】 |
| IEC 61000-6<br>共通規格 | IEC 61000-6-1:2016 | 住宅、商業及び軽工業環境におけるイミュニティ<br>【Electromagnetic compatibility（EMC）- Part 6-1: Generic standards - Immunity standard for residential, commercial and light-industrial environments】 |

**【参考文献】**

[3-4-1] 耐雷設計委員会 送電分科会、送電線耐雷設計ガイド、電力中央研究所　総合報告、No.T72 (2003)

[3-4-2] 電気学会、放電ハンドブック（第1編）、電気学会、第4部　第2章雷現象 (1988)

[3-4-3] CIGRE WG C4.407 (2013) : Lightning parameters for engineering applications, Conseil International des Grands Reseaux Electriques (CIGRE) (2013)

[3-4-4] 三木貫他、"東京スカイツリーにおける雷観測（その2）－2014年の観測結果および落雷発生時の気象分析結果"、電力中央研究所　研究報告、No.H14015 (2015)

[3-4-5] 三木恵他、"日本海沿岸地域の冬季における風車への雷放電特性"、電力中央研究所　研究報告、No.H9005 (2010)

[3-4-6] 雷リスク調査研究委員会 発変電雷リスク分科会、発変電所及び地中送電線の耐雷設計ガイド（2011年改訂版）、電力中央研究所　総合報告、No.H06 (2012)

[3-4-7] 耐雷設計委員会 送電分科会、配電線耐雷設計ガイド、電力中央研究所　総合報告、No.T69 (2002)

[3-4-8] 耐雷設計基準委員会、送電線耐雷設計ガイドブック、電力中央研究所　研究報告、No.175031 (1976)

[3-4-9] 電気学会、電力設備のための雷パラメータの選定法、電気学会技術報告、No.1033 (2005)

[3-4-10] 電気協同研究会、保護制御システムのサージ対策技術、電気協同研究、Vol.57、No.3 (2002)

[3-4-11] 山崎健一、立松明芳、宮島清富、本山英器、"発変電所低圧・制御回路のサージ対策技術に関する研究課題"、電力中央研究所　調査報告、No. H07001 (2007)

[3-4-12] 電気学会、低圧・制御回路のサージ現象、電気学会技術報告、No.1115 (2008)

[3-4-13] 電気学会、発変電設備の低圧・制御回路における絶縁協調・

EMC 技術、電気学会技術報告、No.1234 (2011)
[3-4-14] 電気学会規格調査会、JEC-0103 (2005)：低圧制御回路試験電圧標準、電気書院 (2005)
[3-4-15] 電気事業連合会、電力用規格 B-402 (2016)：ディジタル形保護リレーおよび保護リレー装置、日本電気協会 (2016)
[3-4-16] 電気学会規格調査会、JEC-2501 (2010)：保護継電器の電磁両立性試験、電気書院 (2010)
[3-4-17] 電気学会規格調査会、JEC-0202 (1994)：インパルス電圧・電流試験一般、電気書院 (1994)
[3-4-18] IEC61000-4-5 Ed.3.1 (2017) : Electromagnetic compatibility (EMC) - Part 4-5: Testing and measurement techniques - Surge immunity test, INTERNATIONAL ELECTROTECHNICAL COMMISSION (IEC) (2017)
[3-4-19] 静電気学会、新版 静電気ハンドブック、オーム社 (1998)
[3-4-20] 市川紀充、"帯電物体の移動により金属筐体内部に生じる静電誘導電圧－金属筐体内の導体部分の面積比と誘導電圧の関係－"、電気学会論文誌 C、Vol.125、No.7、pp.1030-1036 (2005)
[3-4-21] N. Ichikawa, "Electrostatically induced potential difference between conductive objects contained in a partially opened metal box" , J. Electrostatics, Vol.65, Iss.7, pp.414-422 (2007)
[3-4-22] 市川紀充、"非接地金属筐体内の導体に生じる静電誘導電圧"、電気設備学会誌、Vol.30、No.7、pp.599-606 (2010)
[3-4-23] N. Ichikawa, "Measuring of electrostatically induced voltage and its polarity in partially opened metal box by means of neon lamp and photomultiplier tube" , J. Electrostatics, Vol.68, Iss.4, pp.315-320 (2010)
[3-4-24] 山隈瑞樹、"静電気に起因する爆発・火災の発生機構に関する実験的研究"、茨木大学　博士論文 (2006)
[3-4-25] 市川紀充、"金属筐体開口部に取り付けたシールド導体による静電誘導電圧の低減効果"、電気設備学会誌、Vol.31、No.10、pp.813-820 (2011)

## ３．５　磁気嵐

スマートグリッドにおける電磁気の三大脅威の1つとして、電力網（特に高電圧配電網）に対して障害を与える強烈な磁気嵐（Extreme Geomagnetic Storms）が挙げられている[3-5-1]-[3-5-3]。この強烈な磁気嵐は100年に1回程度発生する磁気嵐の強さと定義され、発生時には非常に広範囲の地域で停電が引き起こされることが懸念されている[3-5-4], [3-5-5]。このため、アメリカ国立標準技術研究所（NIST: National Institute of Standards and Technology）においてスマートグリッドシステム全体の技術標準整備を支援するスマートグリッド相互運用性パネル（SGIP：Smart Grid Interoperability Panel）では、電磁環境両立性（EMC: Electromagnetic Compatibility）とスマートグリッドの相互運用性に関するワーキンググループ（EMII WG: Electromagnetic Interoperability Issues Working Group）を設立し、技術的ガイドラインを発行している[3-5-6]。本ガイドラインでは、強烈な磁気嵐に起因する電磁環境は後期高高度電磁パルス環境（late-time（E3）HEMP environments）と強い類似性（空間的強度分布および時間変化）があることを指摘しており、その防護方法はE3 HEMPの防護方法と同様である（注：防護装置の防護レベルは異なる）と説明している。

本章では、太陽活動によって引き起こされる磁気嵐が電力網に及ぼす影響とその対応・対策について概説する。

### ３．５．１　磁気嵐の概要 [3-5-6]-[3-5-9]

太陽の活動には約11年の周期があり、太陽表面に現れる黒点相対数や太陽から放出される光や放射線量等もこの周期に依存して変化する。この太陽活動において太陽表面の黒点付近のコロナ（約数100万Kの電気的に解離した高温プラズマ大気層）で発生する数分～数時間持続する爆発現象は太陽フレアと呼ばれ、X線やガンマ線等の電磁波や太陽エネルギー粒子（SEP: Solar Energetic Particle）を伴う太陽風を惑星間空間へ放出する（図3.5.1（a）、（b）参照）。また、コロナからはコロナ質量放出（CME: Coronal Mass Ejection）と呼ばれるプラズマ（電離高温ガス）の塊が放出される場合があり、その質量は約$10^{15}$ [g]、速度は約30～3000 km/s、エネ

ルギーは約 $10^{22}$ ～ $10^{26}$ J にもなる。このCMEがコロナから地球方向に放出し、強い南向き磁場を伴う太陽風と共に地球磁気圏に衝突した場合、SEPが地球磁気圏の磁場に補足され、地球の赤道面に沿って東から西へ向かう電流（赤道環電流またはリングカレント）を形成する。このリングカレントは定常の地球磁場（地磁気）を擾乱する磁気嵐と呼ばれる現象を引き起こす（図 3.5.2 (a)、(b) 参照）。

また、地球の高緯度地域で観測されるオーロラは、地球磁気圏の夜側にあるプラズマシート（図 3.5.2 (a) 参照）中のプラズマが磁力線に沿って電離層に降下する際に大気中の粒子と衝突・励起し、その粒子が元の基底状態に戻る際に発光する現象であると考えられており、爆発的なオーロラ活動（オーロラサブストーム）の際には超高層大気中に数十万～数千万Aの非常に大きな電流（オーロラジェット電流：図 3.5.3 参照）を流し、地磁気を擾乱させる極磁気嵐と呼ばれる現象を引き起こす場合がある [3-5-8], [3-5-9]。

アメリカ合衆国商務省の機関の一つであるアメリカ海洋大気庁（NOAA: National Oceanic and Atmospheric Administration）では、磁気嵐のスケール（レベル）を表 3.5.1 のように定めている [3-5-15]。同表内の Kp 指数は、サブオーロラ帯（オーロラが頻繁に見られる領域の少し赤道側）にある 13 箇所の観測所での 3 時間毎の地磁気擾乱の振幅を対数的に 28 段階（静穏な順に 0, 0+, 1−, 1, 1+, 2−, ... , 9−, 9）で表現したものであり、

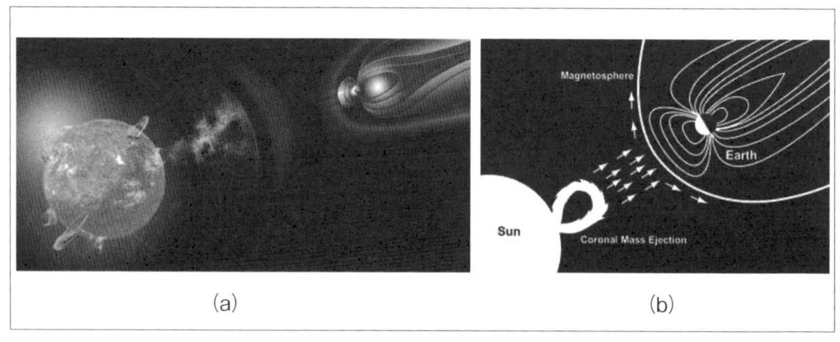


〔図 3.5.1〕太陽フレアと CME と地球磁気圏 [3-5-10], [3-5-11]

地磁気擾乱の程度を表す指数として比較的広く使われている。

表 3.5.1 では、各スケールの磁気嵐が発生した場合に、各装置・システムへ及ぼす影響が記載されており、電力網（電力システム）への影響は、次のように考えられている。

G5：広範囲の電圧制御問題、保護システム問題が発生。いくつかの送電網の完全崩壊・停電の発生。変圧器の損傷の発生。

G4：広範囲の電圧制御問題。いくつかの電力網保護システムの誤動作の発生。

G3：電圧補正の必要性発生。保護装置の誤警報発生。

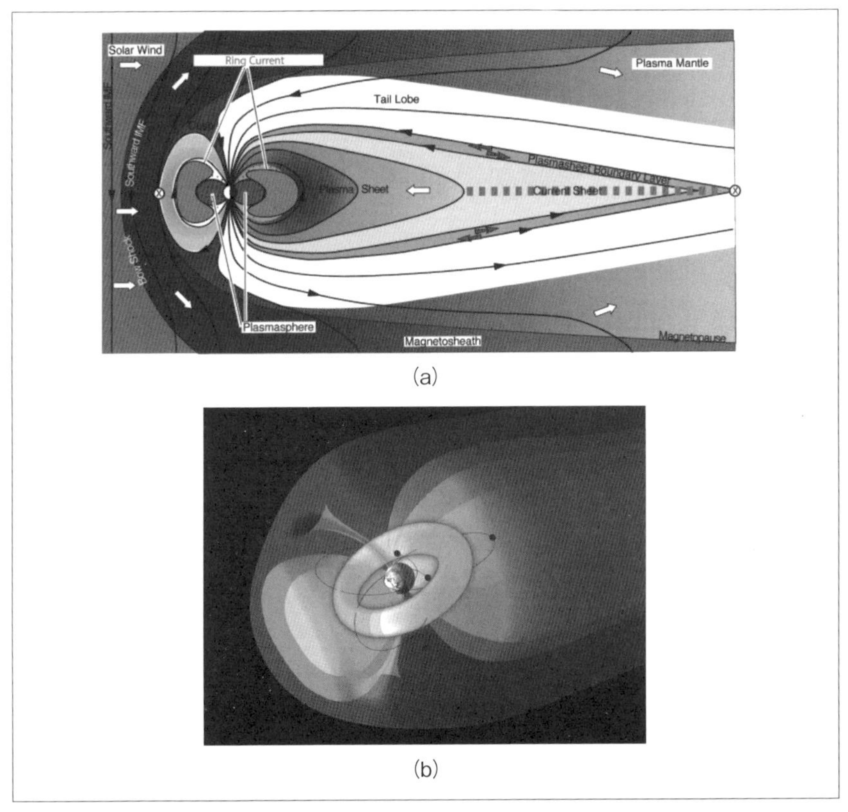


〔図 3.5.2〕リングカレント [3-5-12], [3-5-13]

G2：高緯度電源システムの異常電圧警報発生。長時間の磁気嵐による変圧器の損傷発生

G1：電力網の弱変動発生

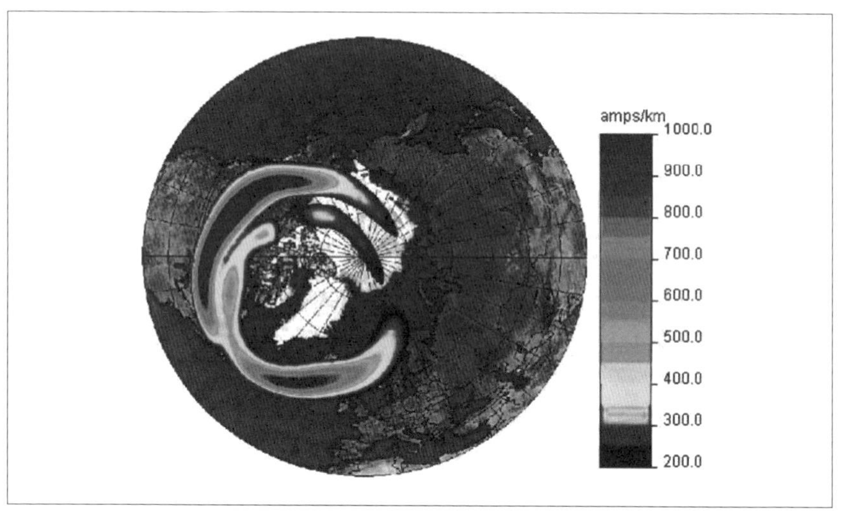


〔図 3.5.3〕オーロラジェット電流の例 [3-5-14]

〔表 3.5.1〕磁気嵐のスケール、影響、物理的指数、発生頻度 [3-5-15]

| Category | | Effect | Physical measure | Average Frequency (1 cycle = 11 years) |
|---|---|---|---|---|
| Scale | Descriptor | Duration of event will influence severity of effects | | |
| **Geomagnetic Storms** | | | Kp values* determined every 3 hours | Number of storm events when Kp level was met; (number of storm days) |
| **G 5** | Extreme | Power systems: widespread voltage control problems and protective system problems can occur, some grid systems may experience complete collapse or blackouts. Transformers may experience damage.<br>Spacecraft operations: may experience extensive surface charging, problems with orientation, uplink/downlink and tracking satellites.<br>Other systems: pipeline currents can reach hundreds of amps, HF (high frequency) radio propagation may be impossible in many areas for one to two days, satellite navigation may be degraded for days, low-frequency radio navigation can be out for hours, and aurora has been seen as low as Florida and southern Texas (typically 40° geomagnetic lat.).** | Kp=9 | 4 per cycle<br>(4 days per cycle) |
| **G 4** | Severe | Power systems: possible widespread voltage control problems and some protective systems will mistakenly trip out key assets from the grid.<br>Spacecraft operations: may experience surface charging and tracking problems, corrections may be needed for orientation problems.<br>Other systems: induced pipeline currents affect preventive measures, HF radio propagation sporadic, satellite navigation degraded for hours, low-frequency radio navigation disrupted, and aurora has been seen as low as Alabama and northern California (typically 45° geomagnetic lat.).** | Kp=8 | 100 per cycle<br>(60 days per cycle) |
| **G 3** | Strong | Power systems: voltage corrections may be required, false alarms triggered on some protection devices.<br>Spacecraft operations: surface charging may occur on satellite components, drag may increase on low-Earth-orbit satellites, and corrections may be needed for orientation problems.<br>Other systems: intermittent satellite navigation and low-frequency radio navigation problems may occur, HF radio may be intermittent, and aurora has been seen as low as Illinois and Oregon (typically 50° geomagnetic lat.).** | Kp=7 | 200 per cycle<br>(130 days per cycle) |
| **G 2** | Moderate | Power systems: high-latitude power systems may experience voltage alarms, long-duration storms may cause transformer damage.<br>Spacecraft operations: corrective actions to orientation may be required by ground control; possible changes in drag affect orbit predictions.<br>Other systems: HF radio propagation can fade at higher latitudes, and aurora has been seen as low as New York and Idaho (typically 55° geomagnetic lat.).** | Kp=6 | 600 per cycle<br>(360 days per cycle) |
| **G 1** | Minor | Power systems: weak power grid fluctuations can occur.<br>Spacecraft operations: minor impact on satellite operations possible.<br>Other systems: migratory animals are affected at this and higher levels; aurora is commonly visible at high latitudes (northern Michigan and Maine).** | Kp=5 | 1700 per cycle<br>(900 days per cycle) |

* Based on this measure, but other physical measures are also considered

** For specific locations around the globe, use geomagnetic latitude to determine likely sightings (see www.swpc.noaa.gov/Aurora)

### 3．5．2　電力網における磁気嵐の影響

#### 3.5.2.1　地磁気誘導電流（GIC: Geomagnetically-Induced Currents）[3-5-8], [3-5-9], [3-5-16]-[3-5-19]

通常、電力網（特に高電圧配電網）では、保安や絶縁の軽減のため変電所の変圧器をＹ型結線とし、その中性点を接地する方式（中性点接地方式）を採用する場合が多い。この中性点接地方式は、地絡時に中性点を介して電流を流すことにより地絡継電器や漏電遮断器等の保護継電器を確実に動作させて事故区間を早期に開放させる特徴を有すると共に、健全層の電圧上昇を抑制し電線路・電力機器の絶縁を軽減することができる。また、落雷等によるサージ電流に起因する電線路の異常電圧発生を防止することができる。

一方、リングカレントによる地磁気擾乱に伴い地表面に電位差を生じた場合は、通常、低・中緯度地域において数時間～数日掛けて地磁気の水平成分が数十～数百 nT の範囲で減少する。また、オーロラジェット電流による極磁気嵐に伴い地表面に電位差を生じた場合は、高緯度地域において数十分～数時間の間に地磁気の水平成分を数百～千数百 nT の範囲で変動させる。地磁気が変動すると地表面に電位差を発生し、図3.5.4 に示すように、Ｙ型結線変圧器の中性点から電力網（特に高電圧配

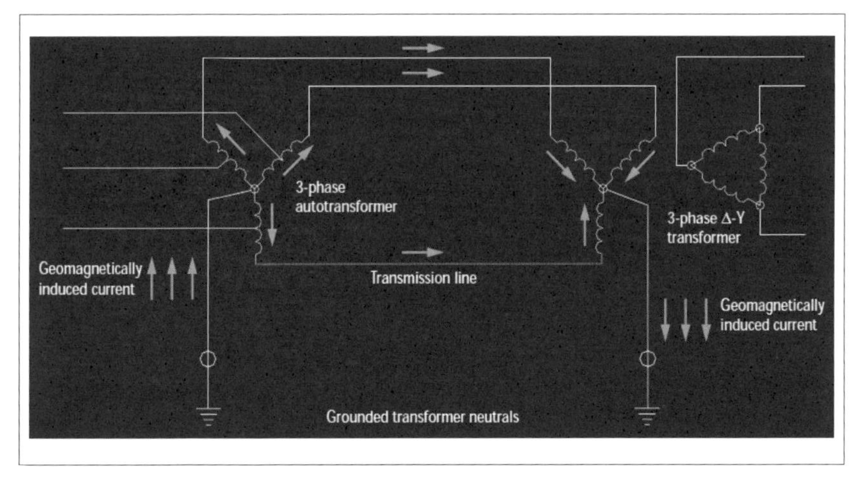


〔図 3.5.4〕GIC の発生原理 [3-5-19]

電網）に電流が侵入する場合がある。この地磁気により電力網（特に高電圧配電網）に誘導される電流を地磁気誘導電流（GIC: Geomagnetically-Induced Currents）と呼ぶ。GICは準直流電流であり、電力網における変圧器の鉄心に磁気飽和を引き起こし、鉄心加熱、無効電力消費の増加、高調波を発生させる。鉄心過熱は巻線間の絶縁を劣化させ短絡事故に繋がる場合があり、無効電力消費の増加は電圧低下を発生させる。また、高調波の発生は保護リレーの誤動作等を引き起こす場合がある。このため、強烈な磁気嵐に伴うGICの発生時に電力網（特に高電圧配電網）内の変電所変圧器が損傷し、広範囲の地域で大停電が発生することが懸念されている[3-5-4]-[3-5-6], [3-5-15]。

#### ３.５.２.２　磁気嵐によるGIC発生地域

リングカレントに起因する磁気嵐は、通常、低・中緯度において数時間～数日掛けて地磁気が減少する現象であり、磁気嵐の大きさによっては大きなGICが流れる場合がある[3-5-20]。しかし、低緯度地域では磁気嵐による地磁気変動が高緯度地域の1/10程度以下となるため、GICによる停電の可能性は低いと考えられている[4]。

一方、図3.5.5に示すような北米や北欧等の比較的高緯度地域（60度以上）では、磁気嵐に起因するGICの発生による電力網内の設備障害がいくつか報告されている[3-5-4]-[3-5-7]。このような高緯度地域におけるGICの主な原因はオーロラサブストームに伴うオーロラジェット電流に起因する極磁気嵐である[3-5-21]。比較的高緯度地域において観測されるオーロラは、厳密には、両極点近傍ではほとんど観測されず、図3.5.6に示すように、地球の磁極（地磁気極または磁軸極）を取り巻く楕円状の領域（オーロラ帯）に発生する[3-5-22]。また、この地磁気極は年々移動することが知られている。

#### ３.５.２.３　磁気嵐による電力網への障害例 [3-5-4]-[3-5-7], [3-5-19], [3-5-23]

1989年3月6日の巨大太陽フレアおよび1989年3月9日の太陽フレアの発生に伴ってCMEが発生し、1989年3月13日に北米は巨大な磁気嵐に見舞われた（図3.5.7参照）。カナダ・ケベック州では、ハイドロ・ケベック電力公社の電力網にGICが発生し、州全域の大規模・長時間（約

9～12時間）停電により約600万人に被害をもたらした（図3.5.8（a）参照）。この停電により、米国東部地域の発電所や変電所も次々と停止し、

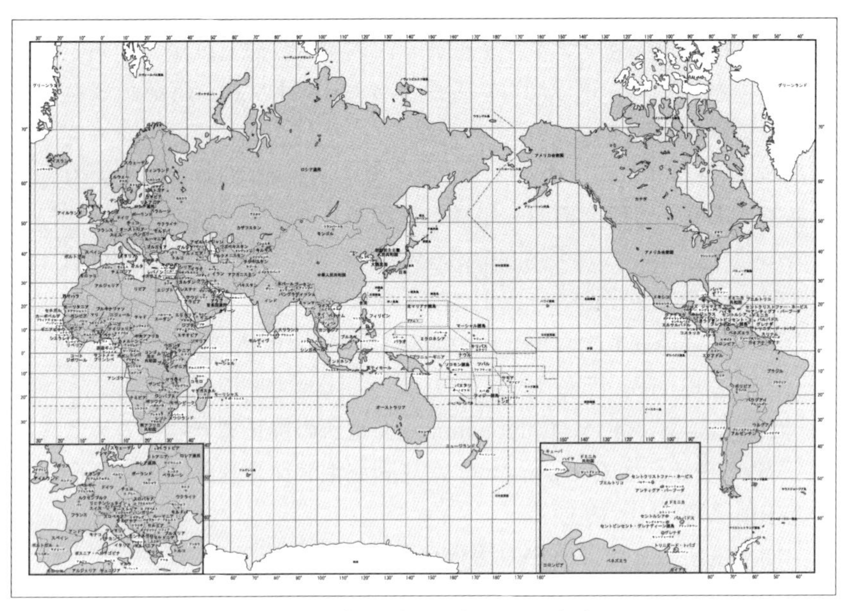

〔図3.5.5〕緯度60度以上の地域

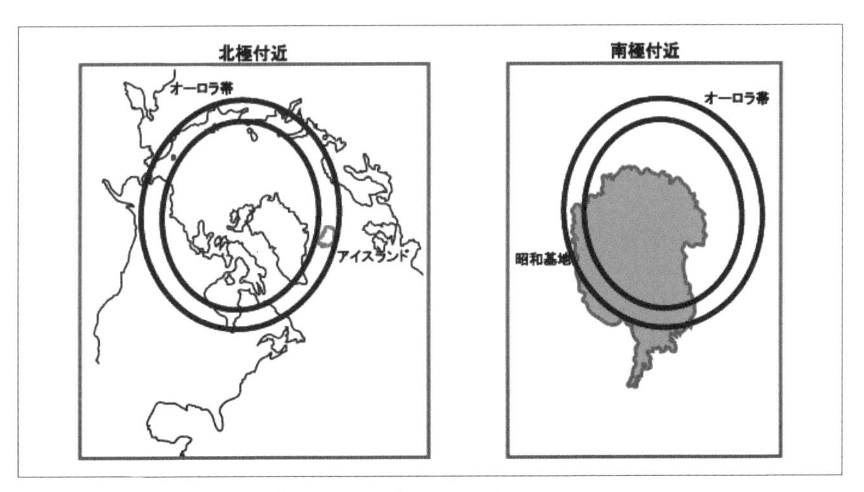


〔図3.5.6〕オーロラ帯[3-5-22]

その影響はアメリカ東北部の州にまで及んだ（図 3.5.8（b）参照）。

また、この日は、低緯度のアメリカ・フロリダ州やキューバにおいても壮大なオーロラが観測されており、ケベック州近辺のオーロラサブストームに伴うオーロラジェット電流に起因する極磁気嵐が大停電の原因と考えられている。図 3.5.9 は 1989 年 3 月 13 日の人工衛星からのオーロラ撮影画像を示す。

この 1989 年 3 月のカナダ・ケベック州の大停電は 20 世紀最大の磁気嵐災害であり，各研究機関・組織から数多くの研究・調査・報告が行われている [3-5-4]-[3-5-7], [3-5-19], [3-5-23]。この中で，文献 [3-5-23] では、図 3.5.10 を用いて、1989 年 3 月 13 日のハイドロ・ケベック電力公社の電力網の停電事故を次のように説明している。

①午前 2 時 44 分 17 秒：

GIC の発生に伴い、Chibougamau 変電所の静止型無効電力補償装置（SVC: Static Var Compensator）が高調波電流保護装置により停止。

②午前 2 時 44 分 19 秒：

同変電所の 2 代目の SVC も停止。

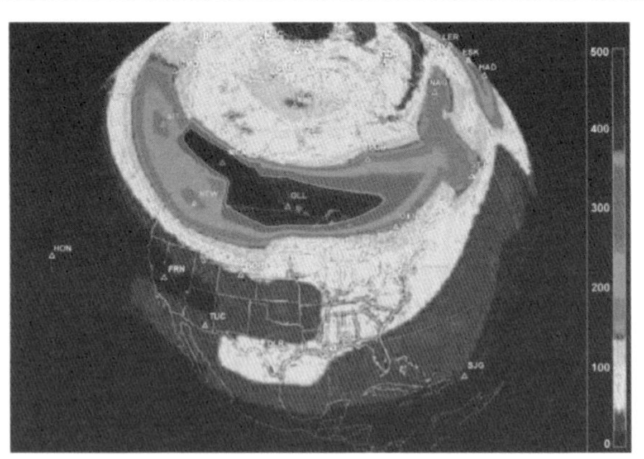


Geomagnetic field disturbance conditions, dB/dt (nT/min) over North America at time 7:45 UT on March 13, 1989
Source: Metatech Corporation, Applied Power Solutions

〔図 3.5.7〕1989 年 3 月 13 日 AM7:45 の地磁気観測結果 [3-5-6]

③午前2時44分46秒：

150km離れたAlbanelとNemiskau発電所において、さらに4台のSVCが停止。

④午前2時45分16秒：

Chibougamauの南にあるLa Veyrendrye工業地域で1台のSVCが停止。これに伴い、735 kV系統の電圧調整機能が喪失となり、一連の送電

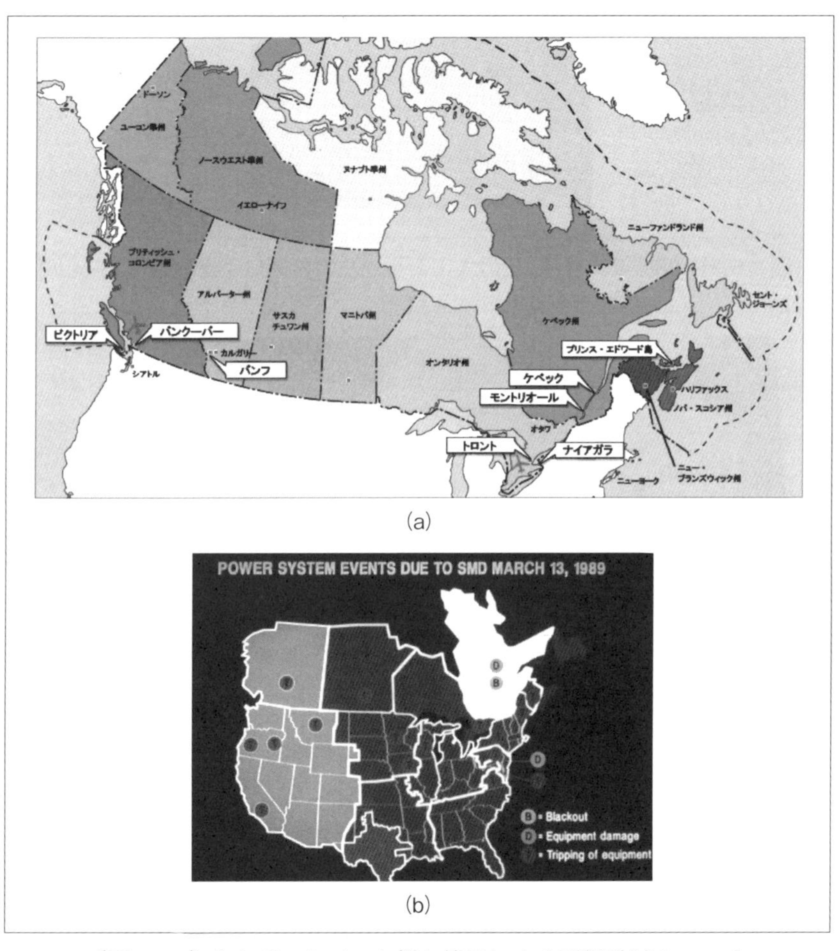


〔図3.5.8〕カナダ・ケベック州と停電による影響地域 [3-5-24]

線が開放され、1 分以内に、北部の La Grande 水力発電工業地域からの送電が南部中心の負荷から切断された。これらにより、多くの場所で線

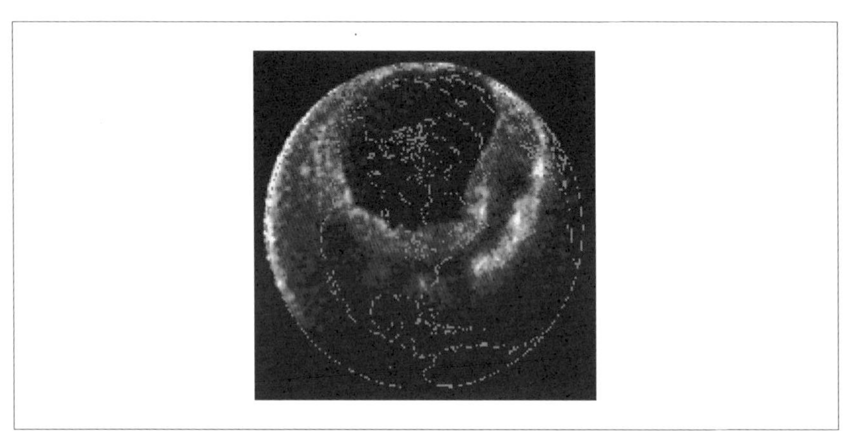

〔図 3.5.9〕1989 年 3 月 13 日の人工衛星からのオーロラ撮影画像 [3-5-25]

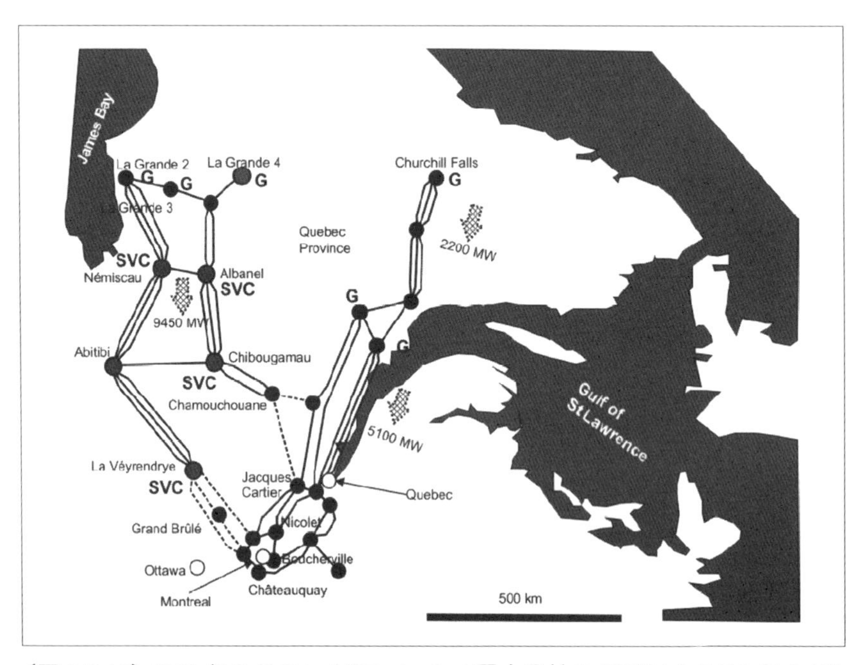


〔図 3.5.10〕1989 年 3 月のハイドロ・ケベック電力公社の 735kV システム [5-3-23]

間容量の過電圧が発生し、いくつかの設備が損傷を受けたことが報告されている。図 3.5.11 (a) は損傷を受けた 1200 MVA 三相変圧器の 1 相の外観、同図 (b) は変圧器内の銅コイルの損傷外観、同図 (c) は溶解・座屈したコイルの外観を各々示す。

また、北米電力業界が各地に電力を安定供給することを目的に設立した北米電力信頼度協議会 (NERC: North American Electric Reliability Corporation) は、近年、地磁気擾乱 (GMD: Geomagnetic Disturbance) イベントに対するシステム評価基準を策定している [3-5-27]。この GMD イベント基準では、GMD による脆弱性評価のため GIC の計算のために用いる地球電場 (geo-electric field) 値を定義している。図 3.5.12 は、1989 年 3 月 13 日～14 日に掛けてカナダ天然資源省 (NRCan: Natural Resources Canada) のオタワ地磁気観測所において観測された地球磁場測定記録を元に計算されたケベック州地域の地球電場波形を示す。同図から、ハイドロ・ケベック電力公社の電力網に GIC を発生させた地球電場の最大強度は、約 8V/km (サンプリングレート：10s) であると計算されている (他の数多くの研究論文においても 1 ～ 10V/km であったと推定されている)。この数十～百数十秒における地球電場強度の増加は、後期高高度電磁パルス環境 (late-time (E3) HEMP environments) にお

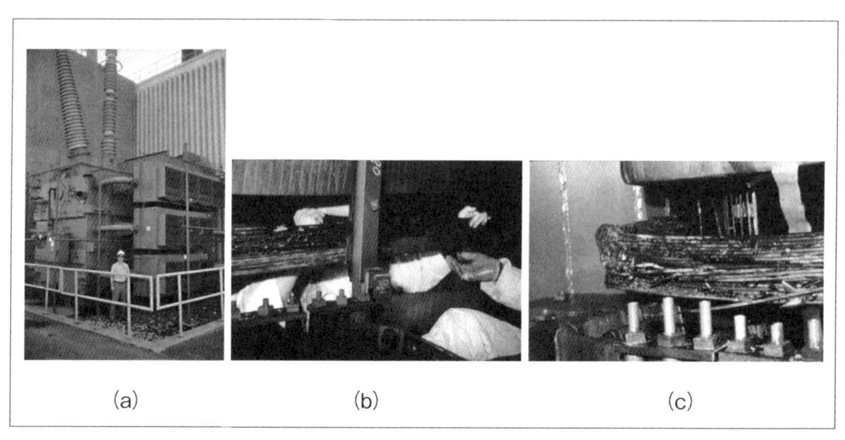

〔図 3.5.11〕GIC による損傷を受けた変圧器 [3-5-26]

ける電界強度の増加と類似性（空間的強度分布および時間変化）を持つと考えられている（図 3.5.13 参照）[3-5-6], [3-5-28], [3-5-29]。

## ３．５．３　磁気嵐による電力網 GIC 対策と対応

### ３．５．３．１　変圧器における対策

図 3.5.4 に示したように、GIC は Y 型結線変圧器の中性点から電力網（特に高電圧配電網）に侵入する。このため、中性点の GIC を抑制または遮断する対策として、図 3.5.14 に示すような直流電流逆流防止システム

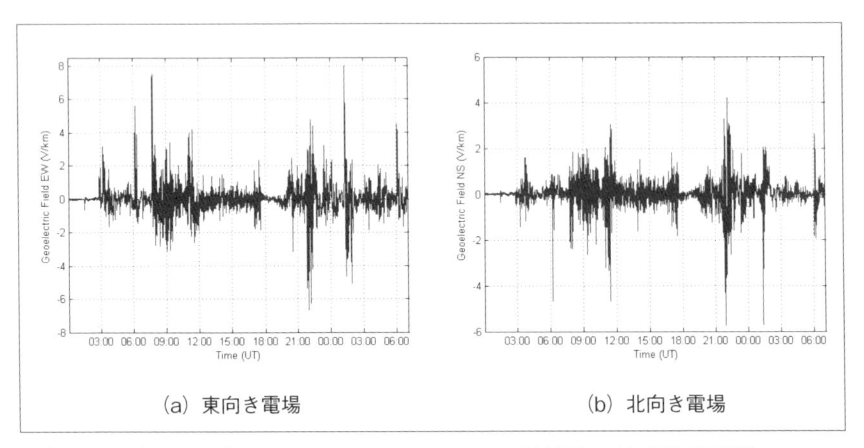


(a) 東向き電場　　(b) 北向き電場

〔図3.5.12〕 1989年3月13日～14日のケベック州地域の地球電場波形[3-5-27]

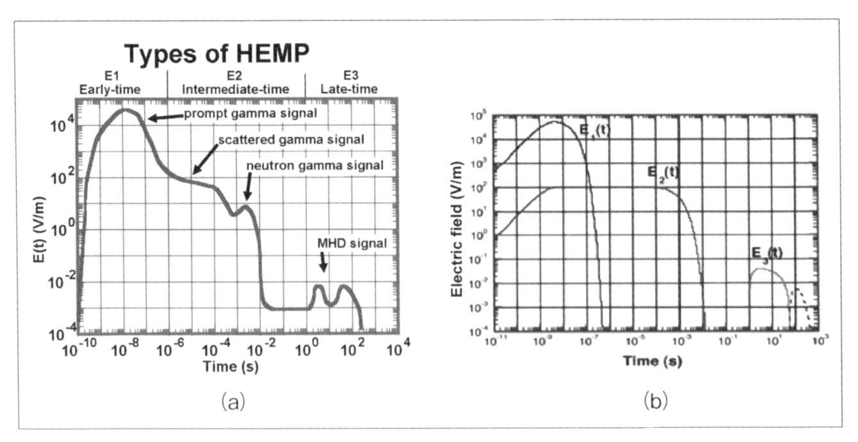


(a)　　(b)

〔図 3.5.13〕HEMP の時系列電界強度 [3-5-28], [3-5-29]

が提案されている[3-5-30]。本システムは、Y型結線研圧器の接地中性線に逆流防止素子（Blocking device）としてキャパシタを取り付けたGIC対策手段であると考えられる。

また、変圧器の中性点にバイパス回路付き抵抗器の挿入や送電線への直列コンデンサの挿入等の対策手段も考えられる[3-5-17]。一方、変圧器のGIC耐性を向上させるために、鉄心と巻線の間隔を適切にする、部分過熱を起こす部分の材質について磁性体から非磁性（ステンレス鋼等）に取り替える等の新設計による対応もある[3-5-17]。

なお、電圧器の磁気飽和に起因する高調波の発生に伴う保護リレーの誤動作は、ディジタル保護リレーを採用することにより防止することができると考えられている[3-5-17]。図3.5.15はディジタル保護リレーの構成を示す。同図において、①電圧・電流アナログ値はA/D変換器によってディジタル値に変換され、②ディジタルフィルタ演算部において直流および高調波成分を除去し、③リレー演算及び動作判定部および④シーケンス演算部を介して、リレーの動作を決定する。このため、ハイドロ・ケベック電力公社の事例のような高調波電流保護装置の不要動作

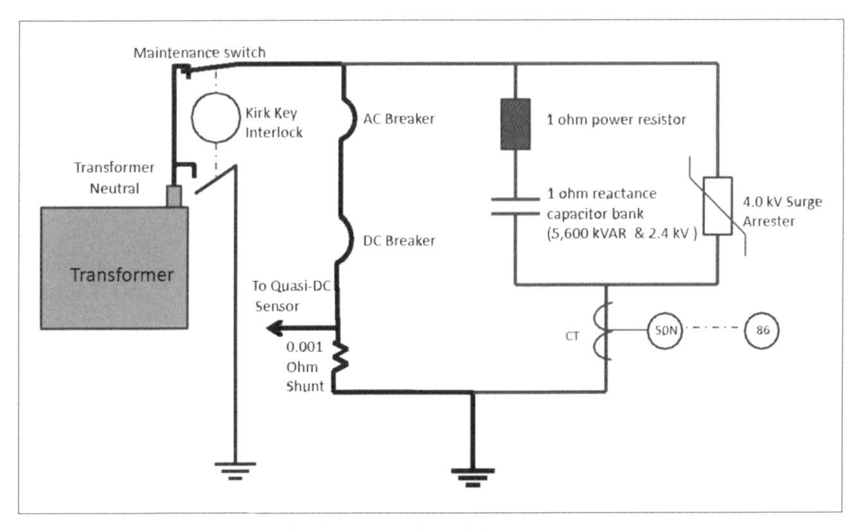


〔図3.5.14〕直流電流逆流防止システム[3-5-30]

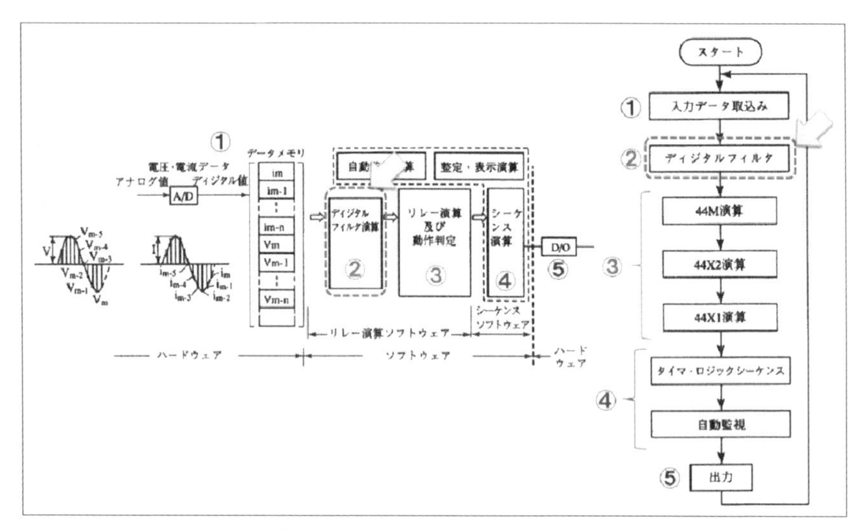


〔図 3.5.15〕ディジタル保護リレーの構成 [3-5-17]

によるSVCの停止はないと考えられる。

### 3.5.3.2　宇宙天気予報による対応

前述したように、磁気嵐はCMEが強い南向き磁場を伴う太陽風と共に地球磁気圏に衝突した際に発生する可能性が高い。このため、観測衛星を用いて太陽フレアやCMEを常時監視し、磁気嵐を予測する試みが行われている [3-5-31]。観測衛星には、1995年に打ち上げられた太陽・太陽圏観測衛星SOHO（Solar and Heliospheric Observatory）、1997年に打ち上げられた太陽探査機ACE（Advanced Composition Explorer）、2010年に打ち上げられた太陽観測衛星SDO（Solar Dynamics Observatory）、2015年に打ち上げられた実用宇宙天気観測衛星DSCOVR（Deep Space Climate Observatory）等がある。太陽探査機ACE（図3.5.16参照）は電力網や通信に影響を及ぼす磁気嵐を到達の数十分～1時間程度前に予測することができ、NOAAの宇宙天気予報センターや情報通信研究機構（NICT: National Institute of Information and Communications Technology）の宇宙天気情報センター等で磁気嵐警戒情報を発信している [3-5-32], [3-5-33]。

電力網への障害は社会基盤活動に大きな影響を与えるため、磁気嵐警

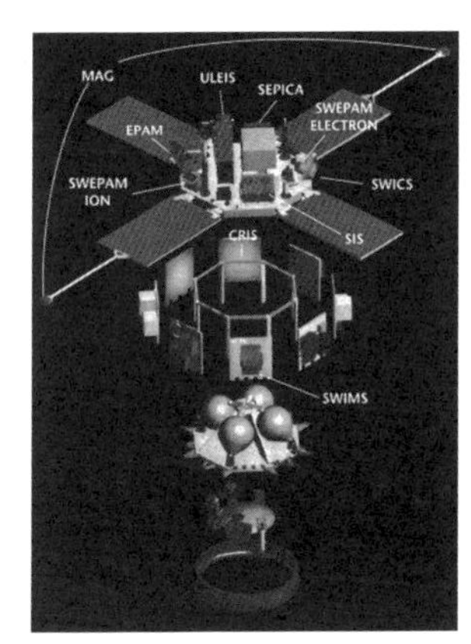


MAG: Magnetometer

SWEPAM : Solar Wind El ectron, Proton and Alpha Monitor

EPAM : Electron, Proton, and Alpha -particle Monitor

ULEIS : Ultra -Low Energy Isotope Spectrometer

SEPICA : Solar Energetic Particle Ionic Charge Analyzer

SWICS : Solar Wind Ion Composition Spectrometer

SIS : Solar Isotope Spectrometer

CRIS : Cosmic Ray Isotope Spectrometer

SWIMS : So lar Wind Ion Mass Spectrometer

〔図 3.5.16〕太陽探査機 ACE と搭載装置 [3-5-34]

戒情報等を有効利用し、停電等の被害を最小限にするシステム作りが期待される。

### 3.5.3.3 日本の状況

平成 26 年度、経済産業省は、太陽フレア発生から地磁気誘導電流発生に至るメカニズム関して各分野の専門家の協力による最新知見調査と、日本の電力システムに及ぼす影響について欧米の検討も参考にした最新知見調査に加え、現行の技術基準の課題有無及び技術基準以外の自主保安も含む保安の在り方の必要性について調査を行い、平成 27 年 3 月に一般財団法人エネルギー総合工学研究所からその報告書が提出されている [3-5-17]。

本報告書の中で日本の電力システムに及ぼす影響について、

・過去に経験のある GIC に対して、変圧器は部分過熱に対する耐量がある。

・日本において GIC による変圧器の事故は発生していない。

・変圧器の耐量を上げるには、設計面である程度可能であるが限界があるため、現状以上の要求に対しては、GIC を抑制または遮断する対策が必要となる。

・GICによる変圧器鉄心の飽和現象に伴い発生する高調波については、日本のディジタルリレーはディジタルフィルタにより高調波成分や直流成分を除去するため、リレーの不要動作による影響はない。

と結論付けられている。

また、経済産業省　産業構造審議会　保安分科会　電力安全小委員会　電気設備自然災害等対策ワーキンググループ　第3回配布資料　資料2「電気設備の耐性評価および復旧迅速化対策の検討結果（一部）について」の資料2（3）内VI「太陽フレアに伴う磁気嵐」において、太陽フレアに伴う磁気嵐が発生した際の日本の電気設備への影響の評価がまとめられている[3-5-35]。結論としては、「日本においては、そもそも太陽フレアに伴う磁気嵐による影響が限定的。仮に影響を受けるとしても、設備の部分的かつ一時的な影響の可能性に止まり著しい（広範囲かつ長期間）供給支障発生の可能性が極めて低い。」となっている。

**【参考文献】**

[3-5-1] William A. Radasky, "Protection of Commercial Installations from the "Triple Threat" of HEMP, IEMI, and Severe Geomagnetic Storms", Interference Technology EMC Directory and Design Guide, pp.90-94 (2009)

[3-5-2] William A. Radasky, "EMCとスマートグリッド", Interference Technology, No.34, pp.21-26 (2012)

[3-5-3] William A. Radasky, "電磁気の「三大脅威」と重要な社会基盤の復旧", Interference Technology, No.43, pp.27-29 (2014)

[3-5-4] A. Pulkkinen, E. Bernabeu, J. Eichner, C. Beggan, and A.W.P. Thomson, "Generation of 100-year geomagnetically induced current scenarios", Space Weather, Vol.10, Iss.4, pp.1-19 (2012)

[3-5-5] J. Kappenman, Geomagnetic storms and their impacts on the U.S. power grid, Metatech, Meta-R-319 (2010)

[3-5-6] EMII WG/ Galene Koepke (chair), "Electromagnetic Compatibility and Smart Grid Interoperability Issues", SGIP Electromagnetic Interoperability Issues Working Group, SMART GRID INTEROPERABILITY PANEL, SGIP

Document Number: 2012-005, Version 1.0 (2012)
[3-5-7] "太陽 - 地球系の気候と天気"、名古屋大学　太陽地球環境研究所 STEL Newsletter、No.28、pp.1-12 (2002)
[3-5-8] 長妻努、"地磁気嵐"、通信総合研究所季報、Vol.48、No.3、pp.123-136 (2002)
[3-5-9] 小原隆博、"磁気圏プラズマ"、J. Plasma Fusion Res.、Vol.82、No.11、pp.756-761 (2006)
[3-5-10] https://www.nasa.gov/mission_pages/sunearth/news/storms-on-sun.html (2016.12.6 確認)
[3-5-11] http://spaceplace.nasa.gov/spaceweather/en/ (2016.12.6 確認)
[3-5-12] http://www.igpp.ucla.edu/public/THEMIS/SCI/Pubs/Nuggets/PS_ring_current/ Penetration of plasma sheet.HTML (2016.12.6 確認)
[3-5-13] http://wami.usu.edu/htm/wami-project (2016.12.6 確認)
[3-5-14] http://www.metatechcorp.com/aps/Press_Release.html (2016.12.6 確認)
[3-5-15] NOAA Space Weather Scales, Space Weather Prediction Center, National Oceanic and Atmospheric Administration (NOAA),
[3-5-16] 亘慎一ほか、"地磁気誘導電流 (GIC) が電力網に与える影響"、情報通信研究機構研究報告、第 55 巻、Nos.1-4、pp.109-117 (2009)
[3-5-17] "平成 26 年度　電気設備技術基準関連規格等調査役務請負報告書", 一般財団法人エネルギー総合工学研究所 (2015)
[3-5-18] 大里賢一ほか、"地磁気誘導電流測定装置の開発"、日新電機技報、Vol.55、No.2、pp.37-42 (2010)
[3-5-19] Tom S. Molinski et al., "Shielding Grids from Solar Storms", IEEE Spectrum, Vol.37, Iss.11, pp.55-60 (2000)
[3-5-20] J. G. Kappenman, "Space weather and the vulnerability of electric power grids, in Effects of Space Weather on Technology Infrastructure (Edited by I.A. Daglis)", NATO Science Series, Kluwer Academic Publishers, pp.257-299 (2004)
[3-5-21] J. G. Kappenman, "An overview of the impulsive geomagnetic field

disturbances and power grid impacts associated with the violent Sun-Earth connection events of 29-31 October 2003 and a comparative evaluation with other contemporary storms" , Space Weather, Vol.3, Iss.8, pp.1-21（2005）
[3-5-22] "アイスランドと昭和基地" 国立極地研究所、情報・システム研究機構、http://polaris.nipr.ac.jp/~nsato/IandS/obs-point.html
[3-5-23] H. Kirkham, Y.V. Makarov, J.E. Dagle, J.G. DeSteese, M.A. Elizondo, and R. Diao, "Geomagnetic Storms and Long-Term Impacts on Power Systems" , PNNL-21033, Pacific Northwest National Laboratory（2001）
[3-5-24] http://ds9.ssl.berkeley.edu/solarweek/WEDNESDAY/spaceweather.html（2016.12.6 確認）
[3-5-25] http://www.solarstorms.org/SS1989.html（2016.12.6 確認）
[3-5-26] http://solarscience.msfc.nasa.gov/suntime/slshow6.stm（2016.12.6 確認）
[3-5-27] "Benchmark Geomagnetic Disturbance Event Description" , North American Electric Reliability Corporation（NERC）Geomagnetic Disturbances（GMD）Mitigation Standard Drafting Team（2014）
[3-5-28] J. Gilbert, J. Kappenman, W. Radasky, E. Savage, "The Late-Time（E3）High-Altitude Electromagnetic Pulse（HEMP）and its Impact on the US Power Grid" , Metatech, Meta-R-321（2010）
[3-5-29] IEC 61000-2-9 Ed.1.0（1996）: Electromagnetic Compatibility（EMC）- Part 2: Environment - Section 9: Description of HEMP Environment - Radiated Disturbance Basic EMC Publication, INTERNATIONAL ELECTROTECHNICAL COMMISSION（IEC）（1996）
[3-5-30] J.G. Kappenman, S.R. Norr, G.A. Sweezy, D.L. Carlson, V.D. Albertson, J.E. Harder, B.L. Damsky, "GIC mitigation: a neutral blocking/bypass device to prevent the flow of GIC in power systems" , IEEE Trans. on Power Delivery, Vol.6, No.3, pp.1271-1281（1991）
[3-5-31] 亘慎一、"宇宙環境擾乱による障害と宇宙天気予報"、プラズマ核融合学会誌、Vol.82、No.11、pp.739-744（2006）
[3-5-32] 宇宙天気情報センター、情報通信研究機構、http://swc.nict.go.jp/

contents/index.php
[3-5-33] Space Weather Prediction Center, National Oceanic and Atmospheric Administration (NAOO), http://www.swpc.noaa.gov/
[3-5-34] http://www.srl.caltech.edu/ACE/ace_mission.html (2016.12.6 確認)
[3-5-35] "太陽フレアに伴う磁気嵐"、経済産業省　産業構造審議会　保安分科会　電力安全小委員会　電気設備自然災害等対策ワーキンググループ　第3回配布資料　資料2電気設備の耐性評価および復旧迅速化対策の検討結果(一部)について、資料2(3)(2015)
http://www.meti.go.jp/committee/sankoushin/hoan/denryoku_anzen/denki_setsubi_wg/003_haifu.html (2016.12.6 確認)

# 第四章

## 建屋対策

前章では、レーダ送信機等によるIEMI要求、対策の観点から電磁的セキュリティの空間妨害電磁波および伝導妨害電磁波による一般的な電磁妨害に対する電磁的セキュリティ要求や対策について述べた。

建物敷地レベル、建物レベル、居室レベルで電磁波を減衰させることができれば、全ての機器に十分な対策を施さなくとも、電磁波による脅威は軽減できる。一般的なオフィスには、パーソナルコンピュータが無数にあり、重要なデータを保管するサーバールームなどもある。また、無線IP[注)1]電話や構内PHS[注)3]などの無線電話システム、無線LAN[注)4]、ワイヤレスマイクなど電磁波を利用したシステムも多くある。オフィス以外の施設でも、データセンタには汎用コンピュータやデータ通信機器が、病院には医療用精密機器が、工場にはコンピュータ制御された製造ラインやロボットなどがあり、電磁波の影響を受けると多大な被害をもたらす可能性があり、十分な対策検討が必要である。

本節では、電磁波の脅威に曝される機器や、電磁波を漏えいする機器などが設置される建物レベルでの対策である電磁シールドについて、図4.1.1に示すように企画・計画段階から設計、施工、検査の各段階での留意点などを取り上げる。なお、本文中の建築用語については脚柱に解説した。

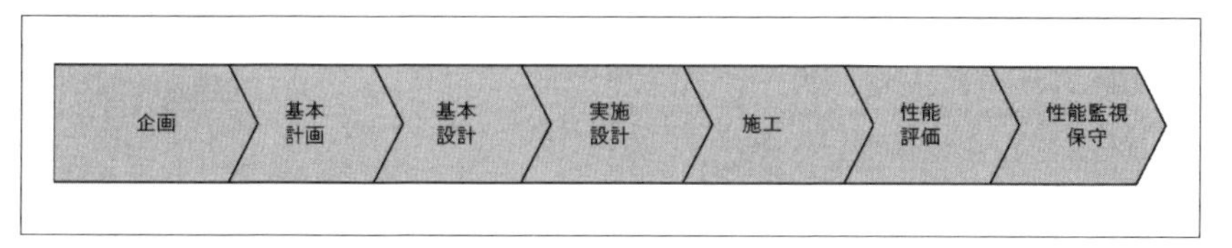


〔図4.1.1〕電磁波シールド工事に関するフロー

---

注)1 携帯電話網（3G回線）のデータ通信機能を使い、ディジタルデータや音声をVoIP（Voice over Internet Protocol[注)2]を用いて伝送する移動体通信サービスのこと。

注)2 VoIP（Voice over Internet Protocol）とは、音声を各種符号化方式で符号化及び圧縮し、パケットに変換したものをIP（Internet Protocol）ネットワークでリアルタイム伝送する技術のこと。

注)3 PHS（Personal Handy-phone System）とは、小型の電話機を携帯し、移動先で長距離間通信を行うシステムのこと。

注)4 無線LAN（Wireless LAN）とは、無線通信を利用し、データの送受信を行うLANシステムのこと。

## 4．1　企画

建物に対する対策として電磁シールドをする際に、何を目的として電磁シールドをするかを明確にする必要がある。外部からの電磁波による攻撃対策、外部から電磁波を利用したネットワークへの侵入対策、建物内部で発せられる電磁波からの情報漏えい防止対策など、目的を明確にすることにより、対象とする周波数や強度に対応した電磁シールド性能を決定することができる。

### 4．1．1　電磁シールド目的の明確化

#### 4.1.1.1　外来電磁波の侵入防止

主として外来電磁波から建物内で使用する機器の誤作動を目的とする。一般的な情報機器、医療用機器、工場などの生産設備などは、通常の電磁波によって誤作動を起こさないようになっているが、世の中には規制値を超えた違法出力の電磁波も存在しているのは事実である。そのため、建物内に侵入する外来電磁波の強度を、建物レベル、居室レベルで低減することにより、誤作動の原因を軽減できる。図 4.1.2 に電磁界

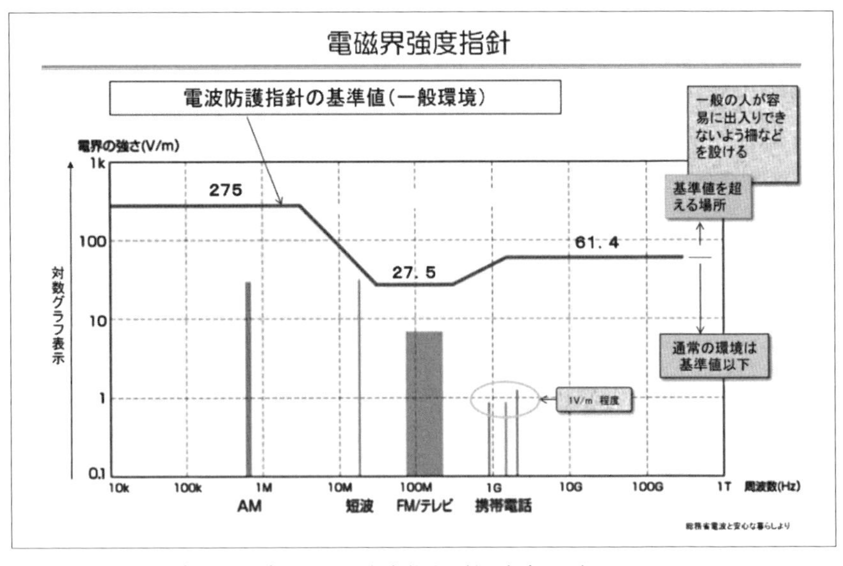


〔図 4.1.2〕電磁界強度指針（総務省 HP）[4-1-1]

強度指針（総務省 HP）を示す[4-1-1]。この指針では、周波数 10k ～ 1THz 帯における電波防護指針の基準値が示されている。

日本国内では、例えば、違法 CB 無線など強い電磁波が過去には多くの問題となったことがある。CB 無線とは、個人が個人的な用務のために行う連絡、又は個人事業者や小規模事業者などがそのビジネスのために行う連絡に使用し、かつ低コストで実現可能な近距離音声通信のための制度またはその制度に基づく無線通信システムのことである。

違法 CB 無線を例に、外来電磁波の建物の侵入防止例を図 4.1.3 に示す。コンピュータエリアに設置される汎用コンピュータの電磁的ノイズ耐性やトラックなどが往来する幹線道路からの電波の距離減衰を考慮し、電磁シールド性能を決定する。その際、違法 CB 無線では想定以上の電界強度を発するケースも考えられるため、シールド性能に余裕値を加算する必要がある。コンピュータエリアを幹線道路からなるべく遠ざけることにより電磁シールド工事のコスト低減が可能であるが、建物全体の建築計画との調整が必要となる。

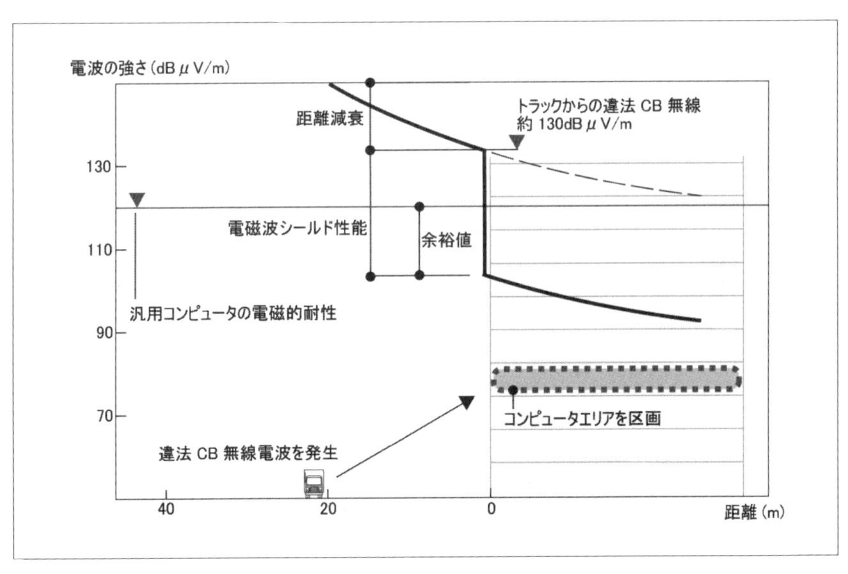


〔図 4.1.3〕外来電磁波の侵入防止例

### 4.1.1.2　内部からの電磁波漏えい防止

建物内部では、ワイヤレスマイク、無線LANなどの電磁波を使用したシステムが活用されている。近年は無線通信の暗号化技術が進展しているが、それらの電磁波が外部に漏えいすることにより、機密情報漏えいにつながる可能性がある。また、コンピュータからもキーボード入力時やコンピュータ端末からのディスプレイ信号送信時などに利用されている電気信号から微弱な電磁波が漏えいしており、その電磁波を受信・再構成することにより機密情報を盗み取ることも可能である。そのため、建物の居室から漏えいする電磁波を低減することにより、情報漏えいのリスク低減につながる。

図4.1.4にワイヤレスマイクから放射された電磁波が距離によってどの程度減衰するかを測定した結果を示す。ワイヤレスマイクの電磁波を例に、建物からの漏えい電磁波の低減例を図4.1.5に示す。ワイヤレスマイクの電界強度や役員エリアから敷地境界での電波の距離減衰を考慮して電磁シールド性能を決定する。技術的には電波を増幅してワイヤレ

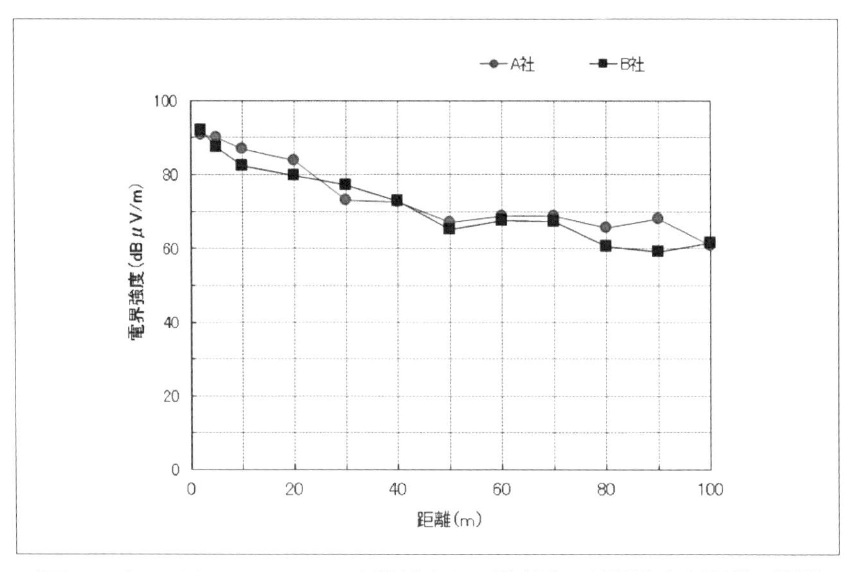


〔図4.1.4〕ワイヤレスマイクから放射される電磁波の受信強度と距離の関係

スマイクの可聴レベルを下げることも可能であるため、電磁シールド性能決定の際は余裕値を考慮することが重要である。

### 4.1.1.3　無線システムの有効利用

セキュリティ対策とは異なるが、建物への電磁シールド適用の目的の一つとして無線システムの有効活用がある。これは、同一建物内もしくは隣接建物で使用される無線LANなどの電磁波が相互に干渉しないように、建物単位、フロア単位で電磁シールドを施すことにより、限られた電磁波を有効に活用することができる。図4.1.6に無線LAN利用状況解析結果を示す。

オフィス街で無線LANの利用状況を測定した結果を示す。近年の無線LANの普及により、我々の廻りには多数の無線LAN電波が飛び交っている。周辺の建物で無線LANシステムを大規模に導入している場合、電磁シールドによる対策が有効になる。

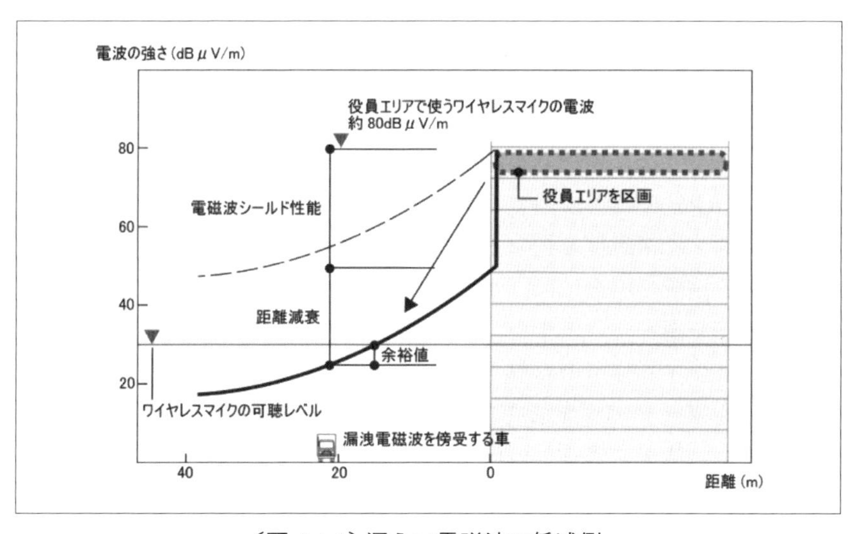


〔図4.1.5〕漏えい電磁波の低減例

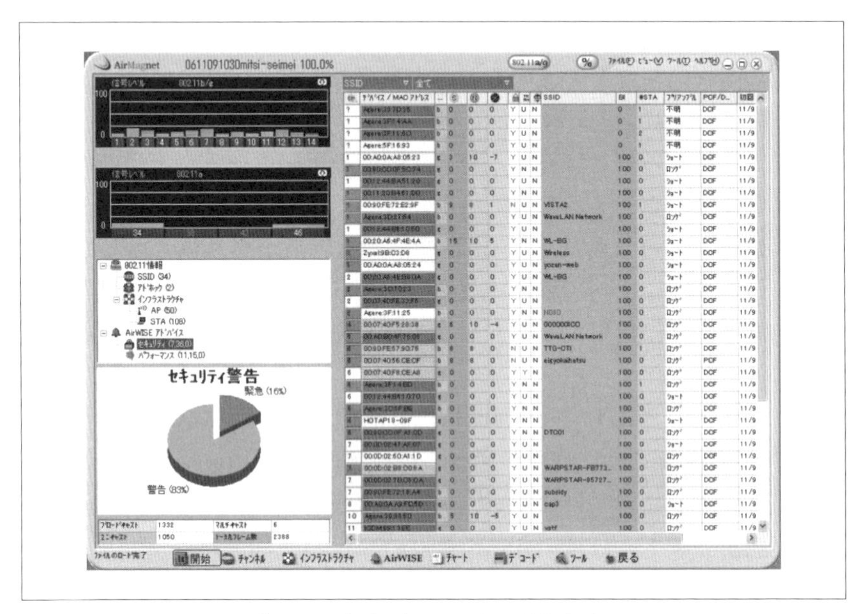


〔図 4.1.6〕無線 LAN 利用状況解析

## 4．1．2　設置機器に関する調査

電磁シールドなど建物での対策を行う際に必要となるのが、計画施設に設置する予定の機器に関する情報である。誤作動対策を行う場合、機器の電磁的ノイズ耐性を把握する必要がある。例えば、データセンタ機能を有する施設の場合には、サーバ類やネットワーク機器類のイミュニティレベルを調査する。また、オフィスの会議室やホール・劇場等ではワイヤレスマイク使用の有無やその機器の最低受信感度やノイズ混信レベルなどを事前に調査する必要がある。オフィスなどでは無線 LAN 設置の有無や設置する場合には使用する周波数帯などを調査する必要がある。特に、無線 LAN 設置に関しては、計画施設のセキュリティポリシーとも関連するため、施主との事前打合せが重要になってくる。表 4.1.1 に、施設種別に求められる電磁波シールドの機能をまとめる。

〔表 4.1.1〕施設に求められる電磁シールド機能例

| 施設種別 | 必要とされる主な機能 |
|---|---|
| オフィス | ・コンピュータ、ネットワーク機器等の誤作動防止<br>・無線 LAN の干渉防止<br>・機密情報の漏えい防止 |
| データセンタ | ・サーバコンピュータ、ネットワーク機器等の誤作動防止<br>・機密情報の漏えい防止 |
| 生産施設 | ・FA 機器[注)6]の誤作動防止<br>・FA 機器から発せられる電磁波の漏えい防止 |
| 医療施設 | ・ME 機器[注)7]の誤作動防止<br>・精密測定機器へのノイズ混入防止<br>・治療用機器から発生する電磁波の漏えい防止 |
| 放送施設 | ・各種システムの誤作動防止<br>・音響、映像機器へのノイズ混入防止<br>・ワイヤレスマイクの混信防止 |
| 劇場・ホール | ・各種システムの誤作動防止<br>・ワイヤレスマイクの混信防止<br>・携帯電話の着信制御 |

[注)6] FA（Factory Automation）機器とは、工場における生産工程の自動化に必要な機器のこと。
[注)7] ME（Medical Electronics）機器とは、電子医療機器のこと。

## 【参考文献】

[4-1-1] 総務省 HP、http://www.soumu.go.jp/soutsu/tokai/denpa/jintai/#jin03
（2017.02.01 確認）

## 4.2　基本計画

企画段階で、建物種別や建物内に設置予定の設備などから、セキュリティ対策として何を対象にするかを明確にした後、基本計画では、実際の計画敷地でどのような対応ができるかを検討することになる。そのために、計画敷地での環境計測の実施、計画敷地での建物レイアウトや建物内の居室レイアウトなどを検討し、電磁波シールドによる対策が必要なエリアおよびその電磁シールド性能を決定する。図 4.2.1 に基本計画時のフローを示す。施設種別や立地条件、コストにより異なるが、セキュリティレベルが高い建物では 60 ～ 80dB 程度、情報通信機器の誤作動防止が目的の建物では 30 ～ 40dB 程度、無線システムの混信防止では 10 ～ 20dB 程度の電磁シールド性能が一般的である。

### 4.2.1　電磁環境計測

外来電磁波による誤作動を主たる目的とする場合、計画敷地での電磁環境計測が必須である。特に、車載無線等の非定常的な電磁波の観測を行うために、当該周波数帯の 24 時間連続計測等、長時間の計測が必要となる。図 4.1.2 に示したように、CB 無線の電磁波はかなり強く、CB 無線搭載のトラック等が多く通行する幹線道路沿いでは特に注意が必要である。

### 4.2.2　建物配置

外来電磁波による機器の誤動作への対策をする場合、環境計測を行った後、到来する電磁波の強さや方向を考慮に入れ、計画敷地内のどの位置に建物を配置するかを検討する。また、漏えい電磁波による情報漏えいを防止する場合、無線システムの設置個所から敷地境界までの距離から、どの程度電磁波が減衰するかを考慮に入れて敷地内での建物配置を検討することが望ましい。

ただし、敷地内での建物配置は電磁環境以外の条件から決まることが多いため、敷地境界からの距離（敷地境界までの距離）による電磁波強度の減衰量をシミュレーションすることになる（図 4.1.3、図 4.1.5 参照）。ただし、幹線道路や敷地境界に隣接した場所で電磁シールド対策を行う場合、電磁シールド工事のコストが上昇するため、一定の配慮は必要である。その他、建物配置の他、建物内部のシールドレベルエリアの配置検討に際しては、図 4.2.2 のように外周廊下や空調機械室等の緩衝空間を配置することも有用である。

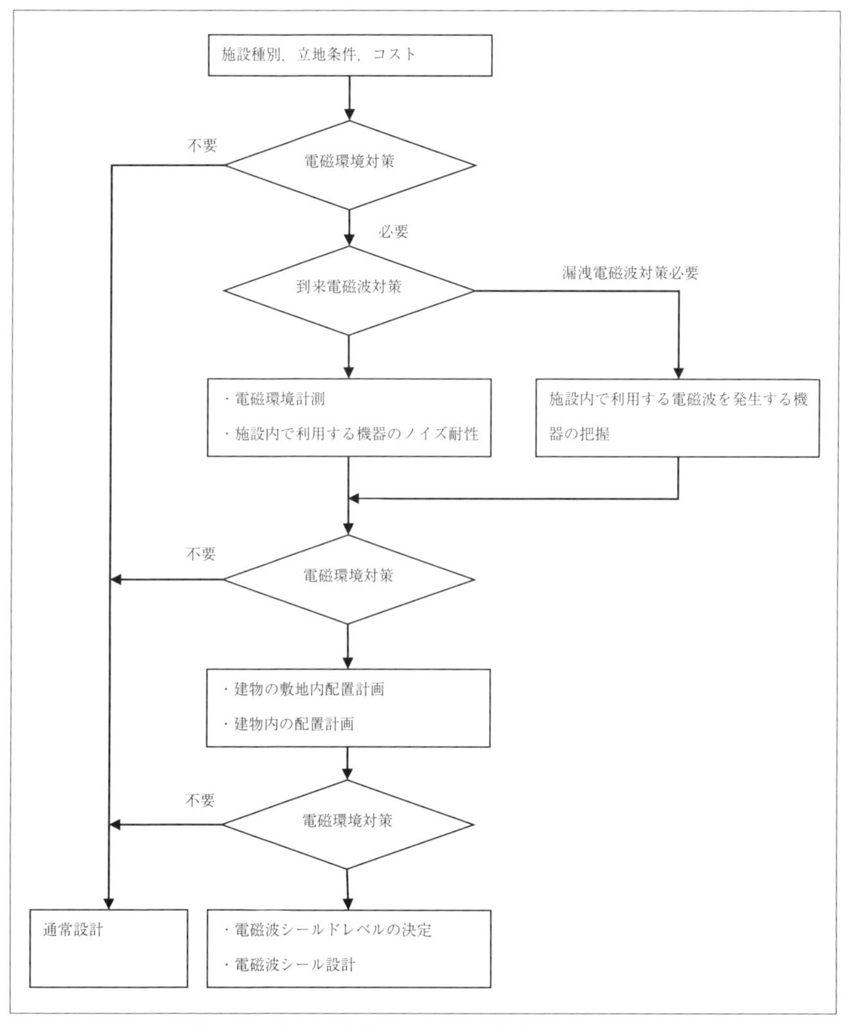


〔図 4.2.1〕電磁波シールドの基本計画フロー

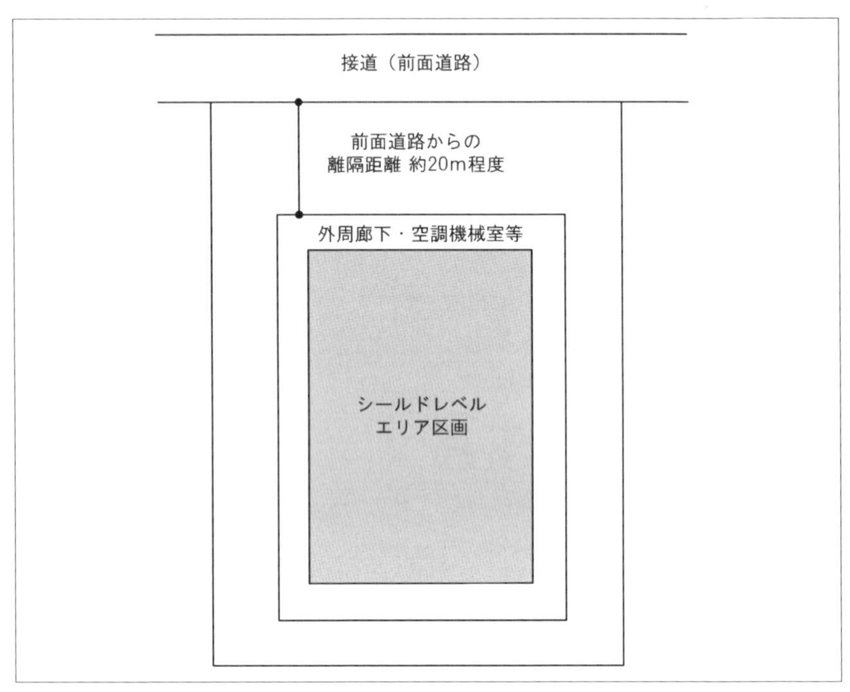


〔図 4.2.2〕建物配置の検討事例

## 4．2．3　電磁波シールド性能の決定

建物配置を決定した後、居室レイアウト、電磁波シールド対策が必要なエリア、必要な電磁波シールド性能を決定することになる。各種目的別の電磁波シールドの要求レベル例を表 4.2.1 に示す。同表の示すように、対象とする目的に応じて、電磁波シールド性能レベルには差があり、情報通信機器の混信防止 15 ～ 20dB 程度に対し、情報漏えい防止や検査機器の誤作動防止対策には 60dB 以上のシールド性能が必要であることがわかる。また、必要な電磁波シールド性能を確保するために、電磁シールド層をどこに構成するか、窓の有無等を決定する必要がある。

表 4.2.2 にシールド層の構成による比較を示す。同図 (a) はフロアの天井下面、フロア上面、外壁に面した窓ガラス内側でシールド層を構成

〔表 4.2.1〕目的別の電磁波シールドの要求レベル例

| 電磁波シールド性能 (dB) | 主たる目的 |
|---|---|
| 15 ～ 20 | ・情報通信機器の混信防止<br>・無線システムの有効利用<br>・ワイヤレスマイクロホンの混信防止 |
| 30 | ・情報機器の誤作動防止<br>・情報漏えいの防止<br>・ワイヤレスマイクロホンの混信防止 |
| 40 | ・情報漏えいの防止 (重要施設) |
| 60 ～ 100 | ・情報漏えいの防止 (最重要施設)<br>・検査機器のの混信防止 (計測室など) |

〔表 4.2.2〕電磁波シールドの方法による比較

| 電磁シールド平面計画例 | | | |
|---|---|---|---|
| 検討パターン | (a) フロア天井下面、フロア床上面と電磁波シールド窓によりシールド層を形成 | (b) スラブ下面および上面と電磁波シールド窓によりシールド層を形成 | (c) デッキプレートを利用してシールド層を形成 |
| 有効スペース | △ (天井内納まり、特に空調ダクトスペースにより天井高さが低くなる。) | ○ | ○ |
| 採光 | △ (窓面二重構造が必要) | ○ | ○ |
| リニューアル | ○ | △ 工事可能だが空調配管等の貫通部処理が複雑 | × 構造体を利用するためリニューアル工事には対応不可 |
| コスト | × 工事が複雑 | △ 複数階の電磁シールド処理が複雑 | ○ |
| 複数階対応 | △ 各階での対応が必要 | △ 各階での対応が必要 | ○ |

している。二重天井構造となり、空調ダクトスペースを確保するために天井高さが低くなる可能性が高い。また、窓部も二重構造となり、採光の面からは不利になりやすい。リニューアルで電磁波シールド性能を付加する場合や、一つの居室だけに電磁波シールド性能を付加する場合に

採用されることが多いが、工事が複雑になり、コストアップにつながる可能性がある。同図 (b) はスラブ[注)1]下面および上面と電磁波シールド窓によりシールド層を構成、同図 (c) は鉄骨造でよく用いられるデッキプレート[注)2]を利用してシールド層を構成している。

同図 (b) と (c) の違いは、建物でデッキプレートが使われるか使われないかの違いによるところが大きい。特に同図 (c) のように建物設計時点でデッキプレートが採用されている場合には、電磁波シールドの材料費を抑えられコスト低減が可能である。また、デッキプレートを利用した場合には複数階のシールド施工が容易というメリットもある。

---

[注)1] スラブとは、通常は、鉄筋コンクリート構造[注)3]の床版（しょうばん）をいい、「床スラブ」ともいう。

[注)2] デッキプレートとは、コンクリートスラブの型枠や床板として用いられる波形の薄鋼板を差し、工期短縮などの利点があるため、鉄骨造の床部分で多く用いられる。

[注)3] 鉄筋コンクリート造（RC 造）とは、圧縮に強いコンクリートと引張りに強い鉄筋を一体化させて高い強度を持つ構造のこと。耐震性・耐久性・対価性に優れている。

## 4．3　基本設計

基本計画で必要な電磁シールド性能、施工エリアを決定した後、どのような材料で電磁波シールドエリアを構成するか、必要な設備機器は何か、居住性、メンテナンス性などを検討するのが基本設計段階である。

### 4．3．1　電磁波シールドの材料選定

電磁波シールドは、導電性の材料で当該エリアを囲むことで実現できる。そのため、床、天井、窓、扉等の材料を決定する必要がある。表4.3.1に電磁波シールド用の建材例を示す。必要な電磁シールド性能、

〔表 4.3.1〕電磁波シールド用建材の例

| 天井・壁・床 | 金属 | 板金 | 銅板 |
|---|---|---|---|
| | | | アルミ板 |
| | | | 鋼板 |
| | | 金属箔 | 銅箔 |
| | | | アルミ箔 |
| | | | 鉄箔 |
| | | メッシュ | エキスパンドメタル |
| | | | ファインワイヤーメッシュ |
| | | プレート | デッキプレート |
| | | | キーストンプレート |
| | | | Fデッキ |
| | | 鋼板複層パネル | |
| | | 電磁波シールド壁紙 | |
| | 非金属 | 導電性織布 | ナイロン繊維+Cu+Ni |
| | | | ポリエステル繊維+Cu+Ni |
| | | | コーネックス繊維+Cu+Ni |
| | | | グラスファイバー+Ni |
| | | | プラスチック繊維+Ag |
| | | 導電性不織布 | カーボンシート |
| | | | 炭素繊維シート |
| | | 導電性塗料 | Ag+Cu 混合粉体系 |
| | | | Cu 粉体系 |
| | | | Ni 粉体系 |
| 窓ガラス | 複層ガラス | 高遮熱断熱 Low-E ペアガラス | |
| | | 電磁遮蔽ガラス | |
| | | 電磁波シールドガラス | |
| | | 高透明熱線反射・断熱フィルム | |
| | | 周波数選択電磁シールドフィルム | |
| 窓（サッシュ） | 市販のアルミサッシュで可（原則開閉不可の嵌め殺しタイプ） | | |
| 出入口 | スチール製ドア | | |
| | ステンレス製ドア | | |
| 空調設備ダクト | 金属メッシュ（ダクト径が大きい場合必要） | | |
| | シールドハニカム（高いシールド性能の場合必要） | | |

建材コスト、施工性等を考慮して建材の選定を行う。

電磁シールド工事では、建材単体の電磁シールド性能のみならず、建材同士の接合箇所の施工方法が重要となる。接合部の施工方法により、電磁シールド性能に大きな影響を与えるため、実験室レベルで確認しておくことが望ましい。例えば、金属板金の接合は、溶接、ハンダ加工接合、ビス接合等、接合方法はさまざまである。必要性能を確保するための接合方法とそれに必要な施工コストを把握しておく必要がある。

ダブルチャンバー方式の電波暗室（図 4.3.1）にて測定した外壁及び屋根材料として使用される金属製折板の供試体の電磁波シールド性能測定結果を図 4.3.2 に示す。本例では、10 ～ 1,000MHz の帯域において、30dB 以上のシールド効果を有することを示しており、金属製折板自体が非常に高い電磁波シールド性能を有していることを示している。建物に電磁シールドを構築する場合、様々な要因により材料単体と比較して電磁シールド性能が低下するため、多少のマージンを考慮する必要がある。本フィルムについては、2GHz までの周波数で 30dB の電磁波シールド性能を確保する場合には利用可能である。

### 4．3．2　設備機器の検討

電磁波シールドを居室やフロアに施す場合、設備計画も重要になる。なぜなら、電磁波は導電性材料となる電気配線、通信線、金属空調ダクト等の部材に乗って伝播する可能性があるからである。図 4.3.3、図

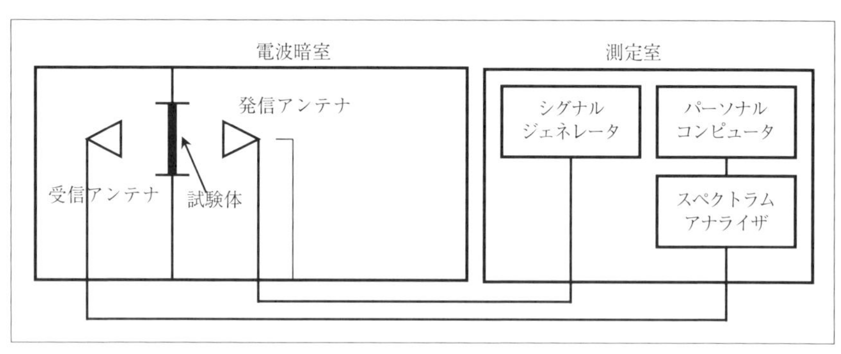


〔図 4.3.1〕ダブルチャンバー方式の電波暗室（例）

4.3.4 に電磁波シールド性能 60dB の情報機器室の平面図、立面図をそれぞれ示す。電磁波シールド層を貫通する電源、通信用ケーブル引き込み部にはノイズフィルタを、電源には絶縁トランスを挿入し、室内への電

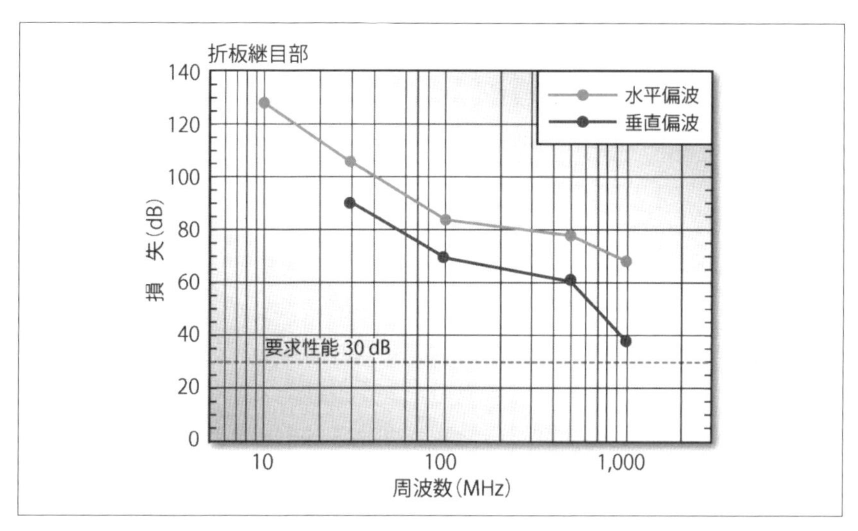


〔図 4.3.2〕材料測定結果例（金属製折板供試体のシールド性能例）

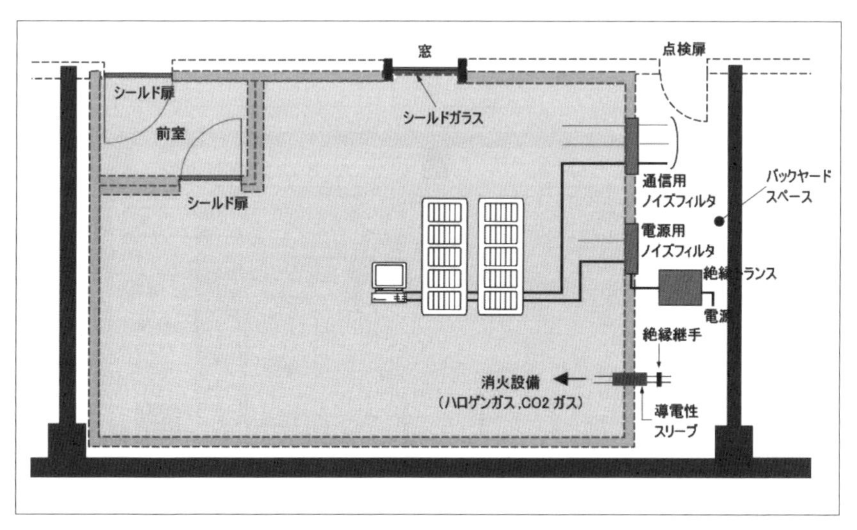


〔図 4.3.3〕電磁波シールド性能 60dB の情報機器室平面図

磁波の伝播を防ぐ。ノイズフィルタとしては、通信などに必要となる帯域のみを通過し、その他のノイズを遮断するフィルタを電磁シールド内に設置する機器に合わせて選定する。

消火設備用の配管は、対象周波数および電磁波シールド性能に対応した導電性スリーブを通す必要がある。また、空調ダクト部には、対象周波数および電磁波シールド性能、ダクト径等に応じたハニカムフィルタ等を挿入し、ダクト経由で電磁波の侵入、漏えいを防止する必要がある。また、前室のシールド扉についても、双方の扉が同時に開かないような建築的配慮を行う。

### 4．3．3　居住性とメンテナンス性

居室として利用するためには、窓部や扉部の設計が重要となる。窓部については、出来る限り眺望や採光を確保しながら電磁波シールド性能を満足する必要がある。一般に電磁シールド性能と光の透過率は相反する指標であり、高性能な電磁シールドガラスほど、光の透過率は低くなる傾向がある。扉については、居室として利用する場合はなるべく操作性の簡便なものが望ましい。しかし、必要な電磁波シールド性能が高い場合、グレモンハンドル式の扉もしくは電磁シールド用の自動ドアの採用を検討する。その他空調、照明などは、一般の建築工事と同等の検討

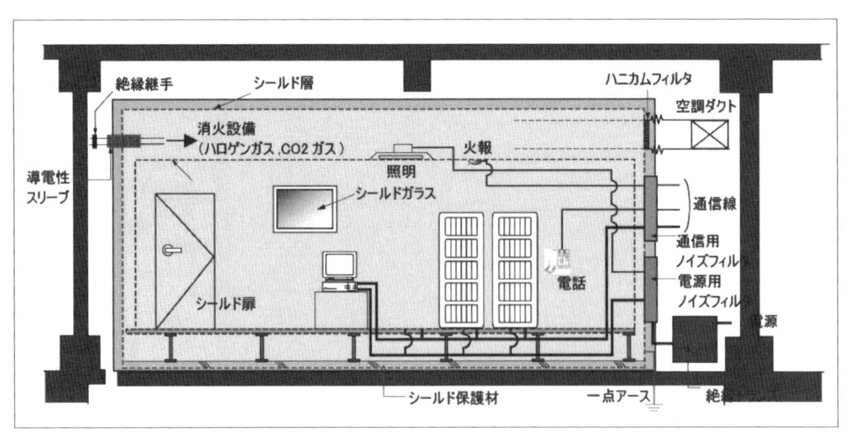


〔図 4.3.4〕電磁波シールド性能 60dB の情報機器室立面図

を行う。

メンテナンスに関しては、一般建築の設備機器のメンテナンスに加えて、電磁波シールド性能確保に必要な設備をメンテナンスがやりやすいようにバックヤード等の設置の検討も必要になる。特に扉は可動部分であるため、定期的なメンテナンスが必要となる。常時連続稼働のサーバを電磁シールド内で運用しているようなケースでは、あらかじめ前室構造を採用しておくことが望ましい。

## 4．4　実施設計

実施設計では、シールド材料間の接合方法、電磁波シールド層の貫通部処理、窓のおさまり、扉のおさまりなど、電磁波シールド性能に影響する部位の施工方法まで検討する必要がある。各部位の詳細施工法などは施工各社のノウハウであり、標準化されているものは少ない。そのため、設計図書には目標とすべきシールド性能を得るための必要な要求仕様を記載した上で下記項目等についての記載が必要となる。なお、図面上での詳細図等の記載表記は前述の施工各社による違いを加味し、表4.4.1は設計図書に記載すべき事項の参考例を示す。
その他、実施設計時の留意事項として、

1) 電磁シールド層の貫通部処理は、建物運用開始後に配線を追加するケースがあるため、発注者と合意の上、予備の配線スペースを設ける等の配慮が必要である。なお、フィルタ設置スペースは、フィルタ交換時の代替設置スペースも考慮することが望ましい。
2) また、電磁シールド性能を維持するためには定期的なメンテナンスが必要となるため、発注者に周知しておく必要がある。

〔表 4.4.1〕設計図書に記載すべき事項の参考例

| 項目 No. | 記載項目 | 記載内容 |
|---|---|---|
| 1 | 一般的な建築内装仕様 | 金属工事、塗装工事、内装工事等の仕様記載 |
| 2 | 特記事項 | 施工、製作に際し、施工者の責任において仕様書に記載する性能条件を満足する方式、仕様を選択する旨を記載する |
| 3 | シールドエリア範囲図 | ①平面図<br>②断面図<br>③建具等の位置等 |
| 4 | シールド工事に関する工事区分 | ①建築関連（床壁天井・建具）<br>②電気関連（電源線用及び通信線用フィルタ、絶縁変圧器等）<br>③機械関連（①空調･換気ダクト用ハニカムフィルタ、②空調・衛生設備用配管貫通部の処理等） |
| 5 | シールド要求条件性能 | 減衰量を性能規定ただし、重要事項であることから図面上での表記は記号化し、別途指示するなどの記載とすることも検討が必要 |
| 6 | フィルタ性能 | 電源専用及び通信線用フィルタの減衰量を規定<br>①通過域（商用電源周波数）○ dB 以下<br>②減衰量で○ dB 以上等 |
| 7 | 周波数帯域 | 対象とする減衰域を規定 |
| 8 | 性能保証条件 | 設計用地震動に対する層間変形追従性能を規定 |
| 9 | 施工法・材料等 | ①参考納まり図<br>②設計図に記載なくとも性能確保上で必要な措置を講じること<br>③シールドエリアの出入口に設ける二重シールド内装扉に設けるインターロック機構<br>④各種シールド区画貫通が必要な配管類の処理方法等 |
| 10 | 性能測定・評価に関する準拠規格 | 例：防衛庁規格<br>『NDS C0012B　電特殊内装室試験方法』による等 |
| 11 | 測定・評価の方法 | ①内装性能②フィルタ性能それぞれにおいて試験条件等 |
| 12 | 性能測定評価の内容と時期 | ①中間検査…完成検査では実施不可能な部位の性能確認、手戻り防止対策<br>②完成検査…完成後の規定性能以上が確保されていることの確認 |
| 13 | 常時性能監視装置の有無 | 機器構成等はメーカーにより異なるため、詳細は規定しない。測定用機器配置、概略システム構成等 |
| 14 | 完成引渡し後の運営管理 | 保守管理上の留意点を記載 |

## 4.5　施工

実施設計で行われた、接合部、貫通部処理、窓のおさまりなどの詳細設計に基づき施工を行う。施工時の部位ごとの注意点を表 4.5.1 にまとめる。

### 4.5.1　施工工程

一般的な電磁波シールド層は、建築の仕上げの下地に組み込まれることを前提としている。建築工事のうちのどの時期に電磁シールド工事を行うかを事前に検討する。

さらに、建築の仕上げ工事に入る前にその性能を確認することが重要である。電磁波シールド工事に不備があるままに仕上げ工事を行い、竣

〔表 4.5.1〕部位ごとの施工時留意点

| 建築部位 | 施工法のポイント |
|---|---|
| 外壁 | オフィスビルの外壁はカーテンウォール構造のものが多く採用されている。外壁の垂れ壁や腰壁の室内側に金属板や金属メッシュなどの電磁波シールド材を壁面に取り付ける。 |
| 内壁 | 鉄筋コンクリート造の間仕切り壁は、外壁同様金属板あるいは金属メッシュなどを取り付けてからその上に内装材で仕上げる。軽量鉄骨の軸組の上に石こうボードを貼る簡易仕切り壁には下地の石こうボードにアルミなどの金属箔を貼り、その上に内装材で仕上げる。 |
| 窓 | 建築の窓ガラスは一般的には単板のフロートガラスを使用する。このフロートガラスは電波（電磁波）をほとんど透過させてしまうため、窓ガラスを電磁波シールド性能を有するものに交換する必要がある。複層ガラスを使用する場合にはガラスとガラスの中間の空気層側に導電性の薄膜を真空蒸着したものを用いる。合わせガラスの場合には、ガラスとガラスとの間に電磁波シールドフィルム、導電性メッシュを挟み込んだものを用いる。 |
| 扉 | 電磁波シールド性能のレベルによって扉回りの仕様が異なる。高いシールド性能を要求される場合、扉本体は鋼製のものを使用し、扉本体を電磁波シールド材とし電磁波の漏れを防ぐものとする。また、扉本体と扉枠とのすき間から電磁波が漏れるのを防ぐために、導電性ガスケット、導電性フィンガなどを扉の四方枠に設置し、扉の四周面と接触させ導通を取るようにする。 |
| 床、天井 | 鉄骨造などで床にデッキプレートを使用しているときには、これを電磁波シールド材として兼用する場合もある。鉄骨ばり上に乗るデッキプレートとはりとのすき間を金属メッシュなどで導通処理をしないと電磁波が漏れる原因となる可能性があるので注意が必要である。デッキプレートを使用していない場合、鉄筋コンクリート床の上に電磁波シールド材を貼ることになる。 |
| 接地 | 電磁波シールド性能を十分に発揮させることと、感電防止のために電磁波シールド空間には良好な接地を行うことが必要である。無線 LAN や PHS などの無線システムなどは、内部で発生した電磁波がシールド層に入射し、シールド空間全体を振動させて、外部に電磁波を再放射するので、これを接地して大地に電磁波エネルギーを逃がす必要がある。 |

工引渡し前の確認計測で所定の性能を満たしていない場合、大きな「手戻り」が発生する。具体的には、建築の仕上げを剥がして電磁波シールド層の不備の確認およびその補修を行い、再度計測して仕上げを行うことになる。このような手戻りを防止するために、仕上げ工事前の計測は重要である。なお、この性能計測は、施工業者による自主的な計測で、一般的には「中間計測」等と呼ぶ。

この中間計測を行う場合、すべての工事を休止させる必要がある。各種建築重機は勿論、厳密には人間の移動も電磁環境に影響を与え、正確な計測を妨害するからである。この中間計測にどの程度時間を要するかについては、電磁波シールドの目的や性能レベル、範囲によって大きく異なるため、施工工程とも関連するので、事前の検討が重要となる。通常、中間計測の期間は１週間から３週間程度である。

また、中間計測段階ですべての電磁波シールド材が設置されていなければならない。扉、サッシュ工事やガラス工事の遅れに気づかないまま計測に入ることになると正確な性能確認はできなくなるため、工事工程と計測工程のすりあわせが重要である。

### ４.５.２　材料の仮置き

電磁波シールドに用いられる材料は、導電性のため、錆びや湿気に弱い。特に高性能の電磁波シールド工事を行う場合、例えば材料では人の汗等も影響する可能性があるため、材料のハンドリングや仮置き場所には十分な配慮が必要である。例えば、水分が付着したままで電磁波シールド財を施工した場合、その場所から錆びが発生し、シールド層が劣化する可能性がある。

### ４.５.３　電磁波シールド材料の接合

電磁波シールドに用いられる接合材料にも注意が必要である。電磁波シールド材の接合の際にのり付けなどが必要な場合は、その接着剤にも高い導電性を有する材料を選択する必要がある。また、一部の接着剤には金属材料や遮蔽フィルムの表面を融解させる場合がある。このように接着剤を使用する場合は、事前に材料の適正を確認しなければならない。

また、異種の金属を接合する場合、電蝕によりシールド層を総称する可能性があり、事前の検討が必要である。

### 4.5.4　材料の貫通処理

電磁波シールド材を貫通するようなアンカーやねじ、ビスなどは基本的には使用しない。しかしながら、仕上げ材料の固定や各種機器の設置のためにアンカーやビス止めが必要で、しかもこれらが電磁波シールド材を貫通するような場合には、これら貫通材料も導電性のある材料とするなどの対応が必要である。また、一般的には電磁波シールド材料を設置した後、仕上げ材料の下張りとしてプラスターボードを張った場合、下地下層に電磁波シールド層の存在に忘れてドリルで不用意に穴をあけ、所定の性能が確保されなくなる、といった事故がある。

### 4.5.5　中間計測

電磁波シールドの施工が完了した後に、要求仕様どおりの性能が得られていることを確認するために電磁波シールド性能測定を行う。先に述べたとおり、中間計測の期間は他の工事をすべて停止させることが重要である。また、中間計測を行う居室は、計測に影響を与える導電性材料を仮置きしないよう留意する。

中間計測の結果から、一部で手直しが発生する可能性があるので、時間的な余裕を見ておくことも重要である。

## 4．6　性能評価

電磁波シールドでは、竣工引渡しの前に所定の電磁波シールド性能が確保されているかを確認するために計測を行う。測定法に関するJIS規格がないため、米国電子電気学会規格IEEE-STD-299、わが国の防衛庁規格NDS C 0012B（2013）に準拠して行うことが多い。一般的に、官公庁ではNDSを採用する場合が多いが、その電磁波シールド工事の目的に応じた計測ポイント等については発注者と確認を取る必要がある。また､内部の情報漏えい防止を目的とした電磁波シールド工事においては、内部から発振した電磁波が、外部の人間が最も近づける場所で傍受できるかどうか、その受信レベルが所定の電磁波シールド性能によって低減されているかどうかの確認をすることが重要である。

図4.6.1に電磁波シールド性能の測定方法の一つである、挿入損失法概念図を示す。電磁波シールド層がない状態での測定値（単位はdB）をリファレンス値とし、電磁波シールド層を介した測定値（単位はdB）より差し引いたものが電磁波シールド性能となる。ここでリファレンス値測定と電磁波シールド性能測定の送受信アンテナ間は同じにする必要がある。

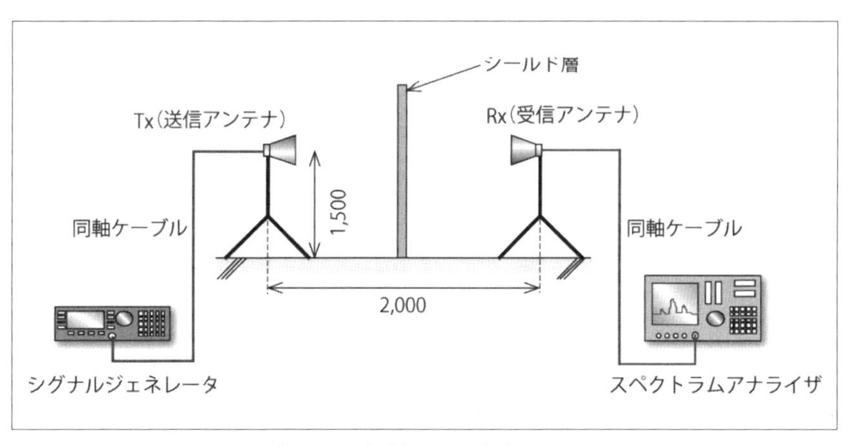


〔図4.6.1〕挿入損失法概念図

## 4.7　保守

電磁波シールドで用いられる材料自体は、多量に水分が付着するなどがない限り、そのほとんどが経年劣化によって性能が著しく落ちるようなことは考えにくい。しかし、地震などによりシールド部材間の接合部が破損した場合などは、性能が劣化する可能性がある。また、扉と枠との電気的な接合のために導電性のあるガスケットを用いた場合、汚れや磨耗によって電磁シールド性能が劣化する。ガスケットについては、定期的な清掃や数年に一度の交換が必要となる。同様に配線用のフィルタについても、メーカの推奨時期に合わせて5年～10年程度で交換することが望ましい。また、竣工後にシールド層を貫通するようなアンカー工事やネジ打ちなどがテナント工事などで行われ、電磁シールド性能が劣化する可能性がある。このため、確実に所定の電磁波シールドが維持されているか、1年に1度程度の性能確認を行うことが望ましい。

重要施設については、電磁シールド性能の常時監視システムを設置することにより、電磁シールド性能の劣化をいち早く検出することも可能である。図4.7.1は電磁シールド室シールド性能監視システムの一例を示す[4-7-1]。本システムは、シールド層の経年劣化（建具部のガスケットの建具開閉による劣化等）により生じる電磁波漏れをリアルタイムで検出するものである。本システムは、電磁波シールド区画内外に設置し

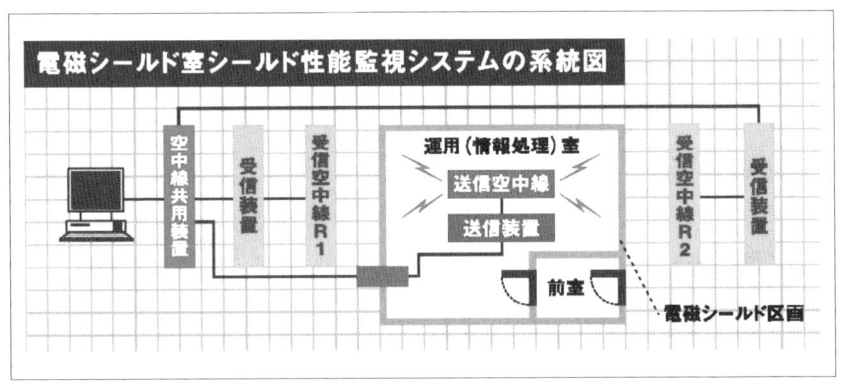


〔図4.7.1〕電磁シールド性能常時監視システムの一例 [4-7-1]

た送信・受信装置により常時発せられる電磁波の検出レベルを新設時に測定した数値と比べることによりシールド性能の低下を常時監視し、情報漏えいを未然に防止する高い監視機能を備えたものである。

**【参考文献】**


[4-7-1] 電磁シールドシステム、三菱電機株式会社、https://www.mitsubishielectric.co.jp/me/key-technology/pdf/20070123.pdf（2017.01.05確認）

# 第五章

## 規格化動向

## 5．1　IEC（International Electrotechnical Commission）：国際電気標準会議

### 5．1．1　IEC（国際電気標準会議）におけるスマートグリッドとEMC関連組織

電気電子機器の国際標準化機関としてIEC（国際電気標準会議）が存在するが、その中でEMC（電磁両立性）関連規格を作成している主要な委員会の構成を図5.1.1に示す[5-1-1] - [5-1-9]。EMC関連の主要な水平委

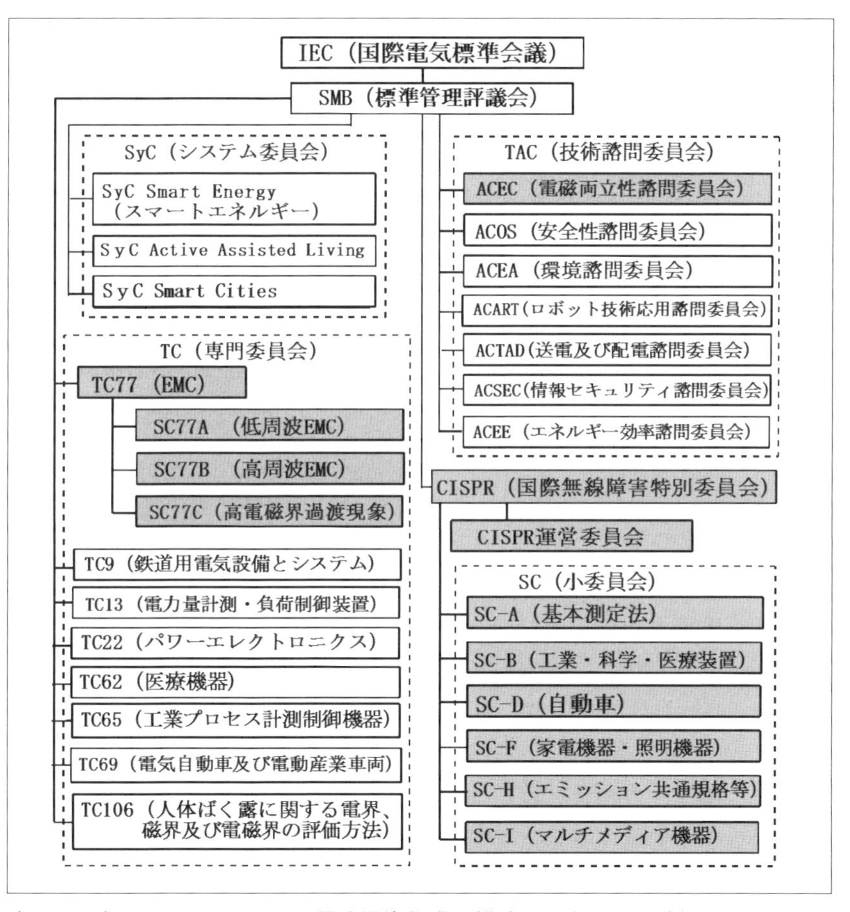


〔図5.1.1〕IECにおけるEMC関連規格作成組織（2016年5月現在）[5-1-1], [5-1-6]

員会として、TC77（第77専門委員会：EMCを担当）とCISPR（国際無線障害特別委員会）が存在しており、EMCに関する基本規格や共通規格を作成している[5-1-5]。それに対して、TC9(鉄道用電気設備とシステム)、TC13（電力量計測・負荷制御装置）、TC22（パワーエレクトロニクス）、TC62（医療機器）、TC65（工業プロセス計測制御機器）、TC69（電気自動車及び電動産業車両）等の製品委員会が存在し、EMC関連の製品群・製品規格を作成している。また、人体の電磁界ばく露に関する評価方法に対しては、TC106（人体ばく露に関する電界、磁界及び電磁界の評価方法）が存在する。一方、TC77とCISPRの所掌範囲を調整するとともに、製品TCとの関係を調整する機関として、ACEC（電磁両立性諮問委員会）がIECのSMB（標準管理評議会）の下に組織されている。

最近IECでは、従来は存在しなかったSyC（Systems Committee：システム委員会）が設立されている。一例として、電力エネルギーのスマートグリッドばかりでなく、その他のエネルギーを含めたスマートエネルギーに関するシステム委員会SyC Smart Energyが2014年6月に設立されている。

### 5．1．2　SyC Smart Energy（スマートエネルギーシステム委員会）

#### 5.1.2.1　SG3（スマートグリッド戦略グループ）からSyC Smart Energyへ

IEC/SMBは、2008年11月に開催されたサンパウロ会議で、スマートグリッド関連の機器及びシステムの相互運用性を確保するためのフレームワーク開発に対する一義的な責任を有する部門として、SG3（Strategic Group 3：戦略グループ3）を設置することを決定した。SG3は、2009年4月に第1回パリ会議を開催し、SG3の担当分野や役割を提議するホワイトペーパーを作成するとともに、スマートグリッド関連TC（Technical Committee：専門委員会）と既存の関連規格やプロジェクトの整理を実施すると共に、規格化に関するフレームワークを討議し、IECのWEBに活動結果を掲載することを決定した。その後、2014年2月のジュネーブ会議において、SMBはSG3を解散すると共に、スマート・エナジーに関する新システム・コミッティ（SyC Smart Energy）の設置を決定した。SyC Smart Energyのスコープは、「スマートグリッド並びに、熱及びガスの分野での相互作用を含むスマート・エナジーの領域におけるシステムレベルの標準化、コーディネーション及びガイダンスを提供する。システムレベルでの全体的価値、支援及びガイダンスをIECのTCやIEC内外の規格開発グループへ提供するためにIEC内だけでなくより広いステークホルダの組織と広く協議する。」となっている。第1回のIEC SyC Smart Energy会合は、2015年6月に北京で開催されている。

#### 5.1.2.2 IECスマートグリッド標準化ロードマップ(第1版)における EMC関連記述

2010年6月、SG3はIECスマートグリッド標準化ロードマップ(第1版)を作成したが、そのなかにEMCに関連する記述が多数ある[5-1-10]。その例を以下に紹介する。

① SC77Aが作成したIEC 61000-4-30(電力品質の測定法)を重要な規格としてピックアップし、また、IEC 61000-3-8(低電圧電力設備における電力線搬送－エミッションレベル、周波数帯域、電磁妨害レベル)も例示

② TC77が作成するイミュニティ共通規格とCISPR/SC-Hが作成するエミッション共通規格も例示

③電気自動車や電力量メータ用電力線通信のために、IEC 61000シリーズやCISPR11・CISPR22の重要性を指摘

④ IEC 61000-4-16(直流から150kHzまでの伝導コモンモード妨害に対するイミュニティ試験)の重要性も指摘

⑤電力線のディファレンシャルモードとして存在する150kHz以下の妨害波に対する機器のイミュニティ特性が未検討のため、その規格を開発する必要性を指摘

#### 5.1.2.3 スマートグリッド標準マップ

前述の2.3節で述べたように、IECはスマートグリッド標準マップを作成しており(図2.3.1参照)、その基本的な構造は、欧州と米国で検討されたSGAM(スマートグリッドアーキテクチャーモデル)をベースにしている。横軸のドメインは、発電・送電・配電・分散電源・消費のエ

ネルギー変換チェーンと通信、横断的機能を示しており、縦軸のゾーンは、プロセス・ステイション・フィールド・オペレーション・エンタープライズ・マーケットで表される電力システム管理のハイアラーキーを示している。また、横軸と縦軸で構成される平面には、エネルギー卸売市場、エネルギー小売市場、企業、電力システム運用、Field Force、発電プラント、共通変電所、配電自動化、分散エネルギー、AMI（スマートメータ設備）、工業自動化、電気自動車設備、住宅・ビル自動化、通信インフラ、横断的機能等のクラスタが存在する。IEC の Web サイト上のクラスタを構成する各要素をクリックすると、関連する規格が表示される。規格の種類としては、IEC 規格ばかりでなく、EN（欧州規格）、IEEE 規格、ANSI（米国規格）、NISTIR（NIST（米国標準技術研究所）Interagency or Internal Report）、ISO/IEC 規格等の規格も網羅されている。一方、通信インフラとしては、大別して、加入者アクセスネットワークと基幹中継ネットワークが存在する。さらに、横断的機能には EMC が存在しており、それ以外に、電気通信、セキュリティ、電力品質が存在している。

EMC 規格としては、IEC 61000（all parts）、IEC/TR 61000-3-13（MV、HV 及び EHV 電力系統において不平衡設備を接続する場合のエミッション限度値の評価）、IEC/TR 61000-3-14（低電圧電力系統において妨害を発生する設備を接続する場合のエミッション限度値の評価）、IEC/TR 61000-3-15（低電圧電力系統の分散電源システムに対する低周波エミッション・イミュニティ要求の評価）、IEC/TR 61000-3-6（中圧・高圧電力系統に接続される機器に対する高調波電流発生限度値の評価法）、IEC/TR 61000-3-7（中圧・高圧電力系統に接続される機器に対する電圧変化、電圧揺動及びフリッカの限度値の評価法）等の TC/SC77 で作成された規格がリストされている。また、EN 55022（情報技術装置からの妨害波の許容値と測定法）、EN 55024（情報技術装置におけるイミュニティ特性の限度値と測定法）、EN 55032（マルチメディア機器の妨害波）、EN 550XX Series、EN 61000 Series、EN 61000-6-1（住宅、商業及び軽工業環境におけるイミュニティ）、EN 61000-6-2（工業環境におけるイミュニティ)、EN 61000-6-3 (住宅、商業及び軽工業環境におけるエミッション)、EN 61000-6-4 (工業環境におけるエミッション)、EN 61000-6-5 (発電所・変電所環境におけるイミュニティ) 等のENがリストアップされている。CISPR規格ではなく、ENがリストアップされているのは、欧州におけるSGAMをベースに作成されている名残ではないかと思われる。しかし、最近 (2016年) では、ENではなく、CISPR規格がリストアップされている。

### 5.1.3　ACEC (電磁両立性諮問委員会)

#### 5.1.3.1　電気自動車に関するEMC

電気自動車関連のEMCに関するIEC規格については、現在、ACECがSMB会議の要請をうけ、IEC/SG6 (電気自動戦略グループ) とともに検討を進めている。

#### 5.1.3.2　電力メータ等に関するEMC

電力メータ (AMI: Advanced Metering Infrastructure) や分散型電源等に用いられる能動連系変換器 (AIC: Active Infeed Converter) 等のIEC規格については、これまでに特に2-150 kHzのエミッション限度値に対する妥協点の検討が進められてきた。現在は、最大エミッション限度値に対して、設計推奨値を記載する形で規格が発行されている。

### 5.1.4　TC77 (EMC規格)

#### 5.1.4.1　TC77のEMC規格に対するスマートグリッドへの関連性リスト

IEC/SG3の要請により、東京都市大学徳田教授がTC77委員長の時 (2010年12月) に、TC/SC77で作成したEMC規格の中で、スマートグリッドに関連する規格を抽出して提出した。その情報を基にして、SG3は既存規格に対するスマートグリッドへの関連性リストを作成した。リストアップされている規格の数は膨大であるが、その一部を抜粋したものを表5.1.1に示している。TC57 (電力システム制御及び関連通信) で作成された規格は、スマートグリッドへの関連性が、「核心」や「高」となっており、非常に高い位置づけになっている。TC/SC77で作成された規格の一部も表にリストアップされているが、スマートグリッドへの関連性では、「低」という位置づけになっている。

〔表 5.1.1〕SG3 で作成された既存規格に対するスマートグリッドへの関連性リスト（一部抜粋）[5-1-7]

| SGへの関連性 | トピックス | 関連規格 | タイトル | TC/ SC | SG への関連技術 |
|---|---|---|---|---|---|
| 核心 | 共通情報モデル | IEC 61970-1 | エネルギー管理システム (EMS) アプリケーションプログラムインターフェース (API) | TC57 | AMI, DA, DER, DMS, DR, EMS, SA, Storage |
| 低 | 情報技術 | ISO/IEC 14543-2-1 | 情報技術－ホーム電子システムアーキテクチャー Part 2-1 | JTC1/ SC25 | Smart home |
| 中 | 建物電気設備 | IEC 60364-5-51 | 建物電気設備 Part 5-51 電子機器の選定と組み立て | TC64 | DER, Smart home |
| 高 | 遠隔制御 | IEC 60870-5-1 | 遠隔制御装置・システム Part 5 伝送プロトコル | TC57 | DA, DMS, EMS, SA |
| 中 | 太陽光発電 | IEC 60904-1 | 太陽光発電装置　Part 1 発電電流－電圧特性の測定 | TC82 | DER, DR, Smart home |
| 低 | EMC | IEC61000-3-2 | EMC Part 3-2 電源高調波の限度値 | SC77A | AMI, DER, EV, Storage, Smart home |
| 低 | EMC | IEC61000-4-1 | EMC Part 4-1 IEC 61000 シリーズの概要 | TC77 | AMI, DER, EV, Storage, Smart home |
| 低 | EMC | IEC61000-4-2 | EMC Part 4-2 静電気放電イミュニティ試験法 | SC77B | AMI, DER, EV, Storage, Smart home |
| 低 | EMC | IEC61000-4-23 | EMC Part 4-23 HEMP に対する防護装置の試験法 | SC77C | AMI, DER, EV, Storage, Smart home |

AMI: Advanced Metering Infrastructure, DA: Distribution Automation, DER: Distributed Energy Resources, DMS: Distribution Management System, DR: Demand Response, EMS: Energy Management System, SA: Substation Automation, EV: Electric Vehicle, SG: Smart Grid

#### 5.1.4.2　SC77A（低周波現象に対するEMC規格を作成）の取り組み

スマートグリッド関連規格としては、スマートメータで利用される電力線通信において、2-150 kHz の信号とエミッションの関係、イミュニティに関する議論を進めている。現在、AC ポートにおける 2 ～ 150kHz のディファレンシャルモード妨害に対するイミュニティ試験法を IEC 61000-4-19:2014 として発行している。

#### 5.1.4.3　SC77B（高周波現象に対するEMC規格を作成）の取り組み

スマートグリッド関連規格としては、高速電力線通信の広帯域信号や LED 照明など省エネ機器等の使用において、電源線に印加される広帯

〔表 5.1.2〕SC77C が作成する IEC 61000 シリーズの規格（2017-01 現在）

| 規格番号 | 最新版 | 規格名称 |
|---|---|---|
| IEC 61000-1（一般）基本規格 | | |
| IEC TR 61000-1-3 | Ed.1.0: 02-06 | 民生機器・システムに対する HEMP 効果 |
| IEC TR 61000-1-5 | Ed.1.0: 04-11 | 民生システム に対する高電磁界（HPEM） |
| IEC 61000-2（電磁環境）基本規格 | | |
| IEC 61000-2-9 | Ed.1.0: 96-02 | HEMP 環境の説明：放射妨害 |
| IEC 61000-2-10 | Ed.1.0: 98-11 | HEMP 環境の説明：伝導妨害 |
| IEC 61000-2-11 | Ed.1.0: 99-10 | HEMP 環境の分類 |
| IEC 61000-2-13 | Ed.1.0: 05-03 | 高電磁界（HPEM）－放射性と伝導性－ |
| IEC 61000-4（試験・測定法）基本規格 | | |
| IEC 61000-4-23 | Ed.2.0: 16-10 | HEMP と他の放射妨害に対する防護デバイスの試験法 |
| IEC 61000-4-24 | Ed.2.0: 15-11 | HEMP 伝導妨害に対する防護デバイスの試験法 |
| IEC 61000-4-25 | Ed.1.1: 12-05 | 機器とシステムに対する HEMP イミュニティ試験法 |
| IEC TR 61000-4-35 | Ed.1.0: 09-07 | 高電磁界（HPEM）シミュレータの概要 |
| IEC 61000-4-36 | Ed.1.0: 14-11 | 機器・システムの IEMI（意図的 EMI）イミュニティ試験法 |
| IEC 61000-5（設置・対策法）基本規格 | | |
| IEC TR 61000-5-3 | Ed.1.0: 99-07 | HEMP に対する防護の概念 |
| IEC TS 61000-5-4 | Ed.1.0: 96-08 | HEMP 放射妨害に対する防護デバイスの仕様 |
| IEC 61000-5-5 | Ed.1.0: 96-02 | HEMP 伝導妨害に対する防護デバイスの仕様 |
| IEC TR 61000-5-6 | Ed.1.0: 02-06 | 外部的影響（フィルタ、シールド、サージ防護） |
| IEC 61000-5-7 | Ed.1.0: 01-01 | 電磁妨害に対する筐体防護の程度 |
| IEC TS 61000-5-8 | Ed.1.0: 09-08 | 分散した設備に対する HEMP 防護法 |
| IEC TS 61000-5-9 | Ed.1.0: 09-07 | HPEM と HEMP に対するシステムレベルの感受性評価 |
| IEC TS 61000-5-10 | Ed.1.0: 17-05 | HEMP と IEMI 刊行物の適用に関するガイド |
| IEC 61000-6（共通規格） | | |
| IEC 61000-6-6 | Ed.1.0: 03-04 | 屋内機器のおける HEMP イミュニティ |

域伝導妨害波に対するイミュニティ試験法に対して検討が進められている。現在、電源線における 150kHz ～ 80MHz の広帯域伝導妨害波に対するイミュニティ試験法を IEC 61000-4-31 として発行している。

#### 5.1.4.4　SC77C（高電磁界過渡現象）の取り組み

スマートグリッド関連規格として SC77C が作成する IEC 61000 シリーズの規格を表 5.1.2 に示す。IEC 61000-1（一般）から IEC 61000-6（共通規格）の中で、IEC 61000-3（限度値）以外は、全ての項目で規格が存在し、IEC 61000-5（設置・対策法）の項目が比較的多くなっている。ほとんどの規格が、Ed.1.0 の状態であるが、最近では、「HEMP と他の放射妨害に対する防護デバイスの試験法」を規定した IEC 61000-4-23 と「HEMP 伝導妨害に対する防護デバイスの試験法」を規定した IEC 61000-4-24 が

Ed.2.0として改訂されている。また、「機器とシステムに対するHEMPイミュニティ試験法」を規定したIEC 61000-4-25もEd.1.1として改訂されている。

## 5.1.5　CISPR（国際無線障害特別委員会）

### 5.1.5.1　SC-S/WG1（スマートグリッドのEMC）における標準化動向

スマートグリッドのEMCは2010年から検討が開始され、既存EMC規格を適用するガイダンス文書が発行されている[5-1-13], [5-1-14]。現状のガイダンス文書では、スマートグリッド導入後も各機器のEMC要件に大きな変化は無く、既存のCISPR規格（エミッションに関してはCISPR 11やCISPR 22など、イミュニティに関してはCISPR 20やCISPR 24など）やIECの共通規格（IEC 61000-6-1～6-4）を、それぞれの規格のスコープに応じて適用すれば良いとしている。表5.1.3及び表5.1.4はガイダンス文書案に記載されている、スマートグリッドに接続される機器に関連するEMC規格である。

一方、今後検討すべき課題としては、

①周波数150 kHz以下のEMC要件

②より近い距離でのエミッション測定設備の検討

〔表5.1.3〕スマートグリッド接続機器のエミッション規格 [5-1-7], [5-1-14]

| 規格番号 | 最新版 | 規格名称 |
|---|---|---|
| CISPR 11 | Ed.6.1: 2016-06 | 工業、科学及び医療用機器　無線周波妨害波特性<br>許容値及び測定法 |
| CISPR 12 | Ed.6.1: 2009-03 | 自動車、モーターボート及び点火式エンジン装置からの<br>妨害特性の許容値及び測定法 |
| CISPR 13 | Ed.5.1: 2015-01 | 音声及びテレビジョン受信機ならびに関連機器の<br>無線妨害波特性の許容値及び測定法 |
| CISPR14-1 | Ed.6.0: 2016-08 | EMC －家庭用機器・電動工具及び類似機器に対する要求－<br>パート1：エミッション |
| CISPR 15 | Ed.8.1: 2015-03 | 電気照明及び類似機器からの無線妨害波特性の許容値及び<br>測定法 |
| CISPR 22 | Ed.6.0: 2008-09 | 情報技術装置からの妨害波の許容値と測定法 |
| CISPR 25 | Ed.4.0: 2016-10 | 車載受信機保護のための妨害波の推奨限度値および測定方法 |
| CISPR 32 | Ed.2.0: 2015-03 | マルチメディア機器の妨害波 |
| IEC61000-6-3 | Ed.2.1: 2011-02 | 住宅、商業及び軽工業環境におけるエミッション |
| IEC61000-6-4 | Ed.2.1: 2011-02 | 工業環境におけるエミッション |

が挙げられている。

### 5.1.5.2　SC-Bにおける太陽光発電用パワーコンバータのDCポート許容値及び測定方法に関する標準化動向

地球温暖化対策や、スマートグリッドの分散電源として期待される太陽光発電システムでは、図5.1.2に示すように、パワーコンバータから出たノイズが、放射される可能性がある。一方で、CISPR規格が存在していないことから、日本電機工業会を中心に、エミッション規格策定のプロジェクトが推進されており[5-1-15]-[5-1-18]、日本からの提案により、GCPC（Grid Connected Power Converter：系統連系パワーコンバータ）のDC端子における許容値と測定法に関する初めての国際規格が、CISPR11の第6版に含まれる形で2015年6月に発行された。

〔表5.1.4〕スマートグリッド接続機器のイミュニティ規格[5-1-7], [5-1-14]

| 規格番号 | 最新版 | 規格名称 |
|---|---|---|
| CISPR 14-2 | Ed.2.0: 2015-02 | EMC－家庭用機器・電動工具及び類似機器に対する要求－パート2：イミュニティ |
| IEC 61547 | Ed.2.0: 2009-06 | 一般用照明機器－EMCイミュニティ要求 |
| CISPR 20 | Ed.6.1: 2013-10 | 音声及びテレビジョン受信機ならびに関連機器のイミュニティの許容値及び測定法 |
| CISPR 24 | Ed.2.1: 2015-04 | 情報技術装置におけるイミュニティ特性の限度値と測定法 |
| IEC 61000-6-1 | Ed.3.0: 2016-08 | 住宅、商業及び軽工業環境におけるイミュニティ |
| IEC 61000-6-2 | Ed.3.0: 2016-08 | 工業環境におけるイミュニティ |

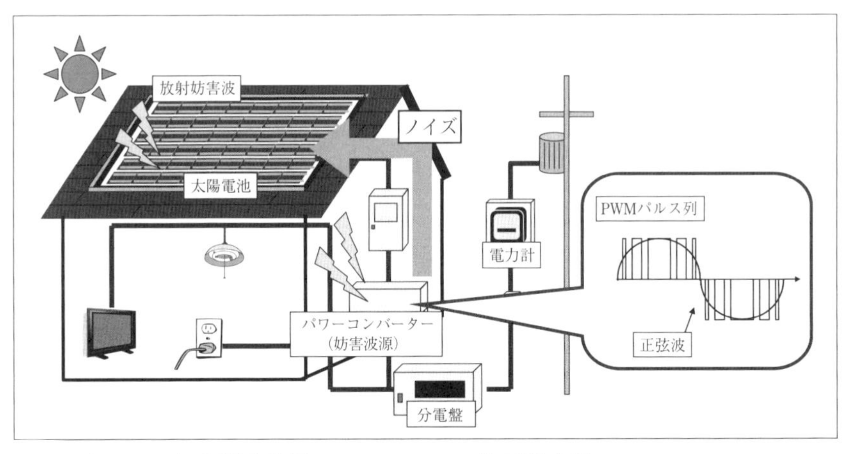


〔図5.1.2〕太陽光発電システムからの放射妨害波[5-1-15]-[5-1-17]

太陽光発電用 GCPC の DC ポートにおける伝導エミッション許容値を図 5.1.3 に示す。住宅用 GCPC のクラス B における許容値は電圧で規定

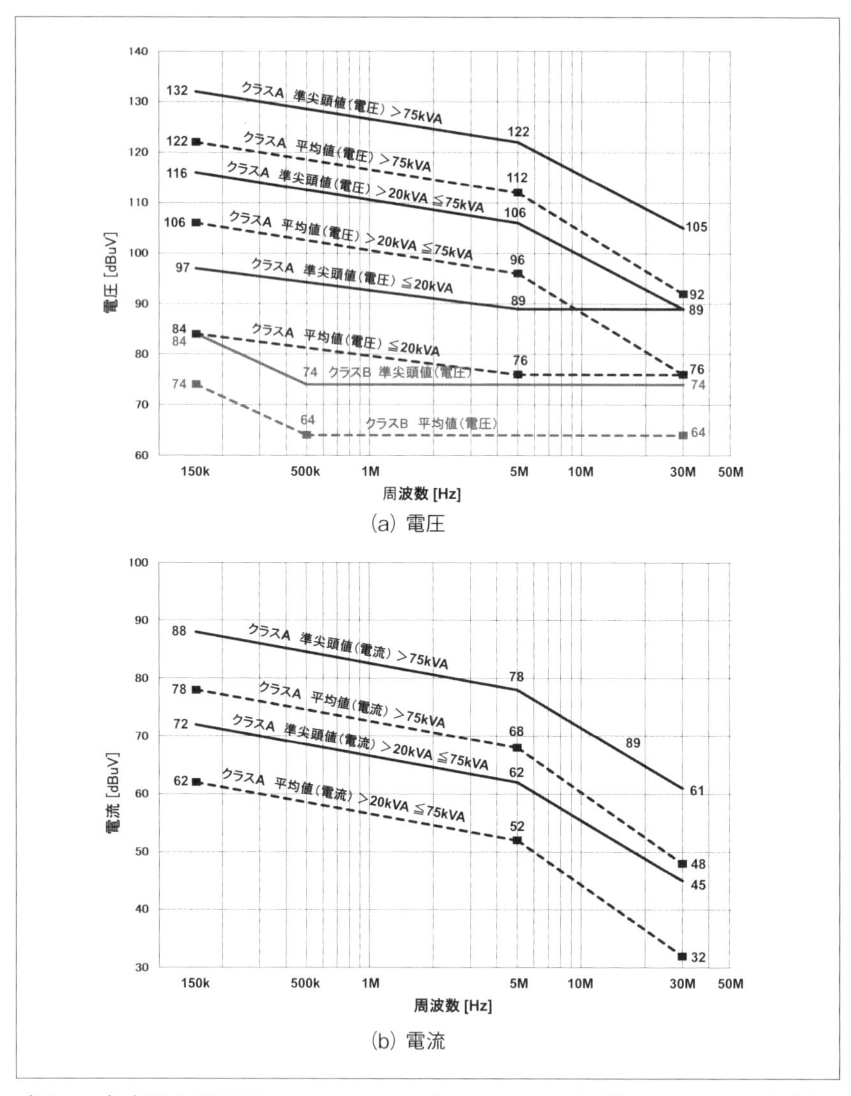


〔図 5.1.3〕太陽光発電用 GCPC の DC ポートにおける伝導エミッション許容値 [5-1-15]-[5-1-17]

され、準尖頭値と平均値の両方とも、情報技術装置の通信ポートにおけるクラスBの許容値と全く同じである。定格出力が20kVA以下のクラスAにおける許容値も情報技術装置の通信ポートにおけるクラスAの許容値とほぼ同様な傾向を持っているが、周波数とともに減少する許容値が、情報技術装置の0.5MHzとは異なり5MHzまで延びている。一方、定格出力が20kVA超で75kVA以下のクラスAにおける許容値は、情報技術装置の通信ポートにおけるクラスAの許容値と異なる傾向を持っており、150kHz～5MHzの周波数では17～19dBほど許容値が緩和されている。また、電圧許容値ばかりでなく、電流許容値も規定されている。一方、定格出力が75kVA以上のクラスAにおける許容値に関しても、20kVA超で75kVA以下のクラスAにおける許容値と同じように、電圧の許容値ばかりでなく電流の許容値を持っており、さらに16dBも緩和されている。

#### 5.1.5.3 ワイヤレス電力伝送WPT装置に対するエミッション規格

スマートグリッドのパーツとして、電気自動車などの充電・給電に用いられるワイヤレス電力伝送（WPT : Wireless Power Transfer）のエミッション規格の検討も進められている。表5.1.5はワイヤレス電力伝送（WPT）で検討対象とした各WPTシステムの概要を示す。

電気自動車に適用されたWPTシステムの構成例を図5.1.4に示す。電力結合器には、地上に設置された送電部と車体に設置された受電部が

〔表5.1.5〕ワイヤレス電力伝送（WPT）で検討対象とした各WPTシステムの概要 [5-1-7], [5-1-19], [5-1-23]

| 対象WPT | 電気自動車WPT | 家電機器用WPT①（モバイル機器） | 家電機器用WPT②（家庭･オフィス機器） | 家電機器用WPT③（モバイル機器） |
|---|---|---|---|---|
| 電力伝送方式 | 磁界結合方式（電磁誘導方式、磁界共鳴方式） | | | 電界結合方式 |
| 伝送電力 | ～3kW程度（最大7.7kW） | 数W～100W程度 | 数W～1.5kW | ～100W程度 |
| 使用周波数 | 42kHz～48kHz<br>52kHz～58kHz<br>79kHz～90kHz<br>140.91kHz～148.5kHz | 6765kHz～6795kHz | 20.05kHz～38kHz<br>42kHz～58kHz<br>62kHz～100kHz | 425kHz～524kHz |
| 送受電距離 | 0～30cm程度 | 0～30cm程度 | 0～10cm程度 | 0～1cm程度 |

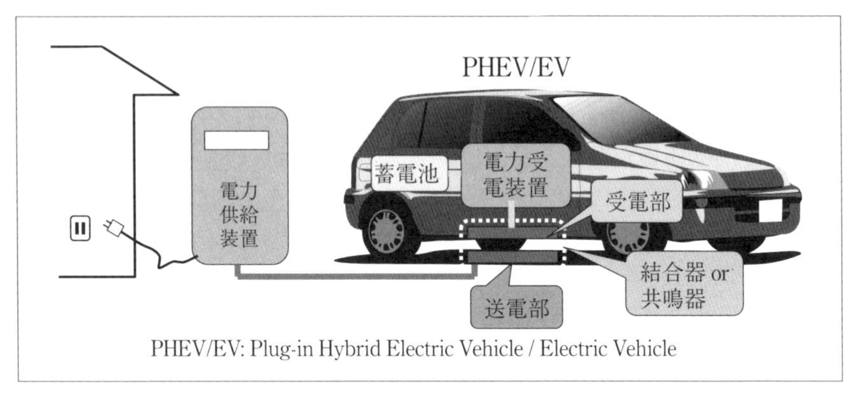


〔図 5.1.4〕電気自動車に適用された WPT システムの構成例 [5-1-7], [5-1-23]

ある。送電部には電力供給装置が接続されて、家庭等にある電力設備から電力が供給される。送電部から伝送された電力は受電部で受電され、その状態は電力受電装置によって制御されるとともに、蓄電池に蓄えられる。

WPT 機器の放射妨害波によって影響を受ける機器として、電波時計、列車無線、AM ラジオ、船舶無線、アマチュア無線、固定・移動通信等の無線通信システムが存在するため、それらの無線通信システムとの共用条件を検討する必要があると考えられる。

図 5.1.5 は、電気自動車用 WPT システムの磁界強度に関する許容値の検討結果を示す。WPT に利用する周波数は、79kHz ~ 90kHz であり、伝送電力（最大）は 7.7kW 程度である。利用周波数における漏えい磁界強度の許容値（準尖頭値）は、離隔距離 10m で 68.4dBμA/m である。2 次～ 5 次の高調波に対する漏えい磁界強度の許容値は、CISPR11 のクラス B 許容値を 10dB 緩和した値であり、電気自動車用 WPT システムの漏えい磁界強度の許容値の技術的条件になると考えられる。

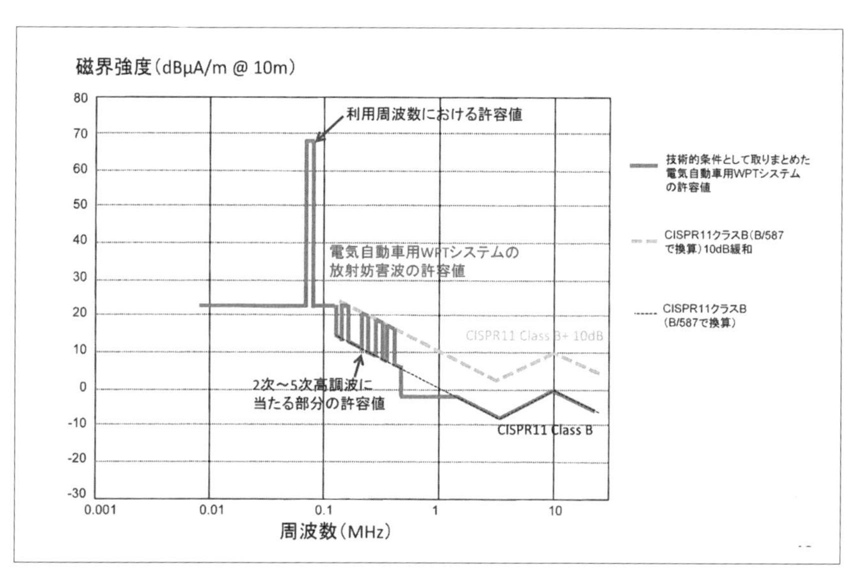


〔図 5.1.5〕電気自動車用ワイヤレス電力伝送システムの磁界強度に関する許容値 [5-1-7], [5-1-22], [5-1-24]

## 【参考文献】


[5-1-1] IEC 事業概要 2016 年版、日本規格協会、pp.13-54 (2016)、http://www.iecapc.jp/documents/gaiyou/2016_gaiyou_ippan.pdf

[5-1-2] 徳田正満、"電磁両立性 (EMC) に関する規格・基準化の動向"、電気学会誌、Vol.128、No.12、pp.816-819 (2008)

[5-1-3] 徳田正満、"電気学会 125 年史、A 部門　1 編　共通、3 章　環境電磁工学、3-4 EMC に関する標準化活動"、電気学会、pp.204-205 (2013)

[5-1-4] EMC 電磁環境ハンドブック (編集委員会委員長：佐藤利三郎) 資料編　EMC 規格規制、三松出版、pp.3-12 (2009)

[5-1-5] 電気学会電気電子機器のノイズイミュニティ調査専門委員会編 (委員長：徳田正満)、"電気電子機器のおけるノイズ耐性試験・設計ハンドブック"、科学技術出版、pp.11-22 (2013)

[5-1-6] 徳田正満、"EMC 測定・試験のポイント－規制の法的枠組みと動向①－ EMC 関連国際標準化組織とその歴史－"、電磁環境工学情報誌

月刊 EMC、No.343、pp.86-94 (2016)
[5-1-7] 電気学会スマートグリッドと EMC 調査専門委員会編（委員長：徳田正満）、“スマートグリッドと EMC”、科学情報出版、pp.129-172 (2017)
[5-1-8] 徳田正満、世界の EMC 規格・規制（2017 年度版）、日本能率協会、pp.2-12 (2017)
[5-1-9] 徳田正満、EMC 関連国際標準化組織の概要、VCCI だより、No.117、pp.11-13 (2015)
[5-1-10] IEC Smart Grid Roadmap, http://www.iec.ch/smartgrid/roadmap/
[5-1-11] IEC Smart Grid Standards Mapping Tool, http://smartgridstandardsmap.com/
[5-1-12] 徳田正満、スマートグリッド時代における EMC の最新動向、電磁環境工学情報 EMC、No.308、pp.45-82（2013）
[5-1-13] CISPR provides essential standards for SmartGrid EMC application, http://www.iec.ch/emc/smartgrid/
[5-1-14] CISPR/1270/INF, CISPR Guidance document on EMC of equipment connected to the SmartGrid, http://www.iec.ch/emc/pdf/CISPR_1270e_INF_SG_Guide.pdf
[5-1-15] 平成 21 年度成果報告書「標準化フォローアップ事業 太陽光発電システムより生じる電波雑音の測定方法及び限度値に関する標準化事業」、NEDO (独立行政法人 新エネルギー産業技術総合開発機構)、(委託先) 社団法人日本電機工業会，東京都市大学 (2010)
[5-1-16] 徳田正満、太陽光発電システムからの妨害波発生メカニズムとその測定法、電磁環境工学情報 EMC、No.270、pp.23-38 (2010)
[5-1-17] 徳田正満、スマートグリッド時代における EMC の最新動向、電磁環境工学情報 EMC、No.308、pp.45-82 (2013)
[5-1-18] 平成 23 ～ 24 年度成果報告書「国際標準共同研究開発 太陽光発電システムより生じる電波雑音の測定方法及び限度値に関する標準化」、経済産業省、（委託先）首都大学東京、一般社団法人日本電機工業会（2013）
[5-1-19] 電波利用環境委員会（第 17 回）配布資料、2014 年 11 月、http://

www.soumu.go.jp/main_sosiki/joho_tsusin/policyreports/joho_tsusin/denpa_kankyou/02kiban16_03000269.html
[5-1-20] 情報通信審議会情報通信技術分科会（第106回）配布資料、2015年1月、http://www.soumu.go.jp/main_sosiki/joho_tsusin/policyreports/joho_tsusin/bunkakai/02tsushin10_03000229.html
[5-1-21] 電波利用環境委員会（第21回）配布資料、2015年5月、http://www.soumu.go.jp/main_sosiki/joho_tsusin/policyreports/joho_tsusin/denpa_kankyou/02kiban16_03000307.html
[5-1-22] 情報通信審議会情報通信技術分科会（第111回）配布資料、2015年7月、http://www.soumu.go.jp/main_sosiki/joho_tsusin/policyreports/joho_tsusin/bunkakai/02tsushin10_03000266.html
[5-1-23] 徳田正満、スマートグリッドに関連するEMC規格・規制の動向、電磁環境工学情報EMC、No.326、pp.9-28（2015）
[5-1-24] 庄木裕樹、実用化に向けて活発な動きにあるワイヤレス電力伝送技術の国際協調、制度化および標準化、電磁環境工学情報EMC、No.326、p.53-73（2015）

## ５．２　ITU-T(International Telecommunication Union - Telecommunication Standardization Sector)：国際電気通信連合ー電気通信標準化部門

### ５．２．１　ITU-Tにおける標準化の概要

ITU-T（International Telecommunication Union – Telecommunication standardization Sector, 国際電気通信連合電気通信標準化部門）のSG5（Study Group 5）では、通信システムの雷対策、接地、EMC、電磁波に対する人体ばく露、環境問題に関する検討が行われている。

電磁波に関するセキュリティに関しては、2000年にSG5の新たな課題として検討が開始され、通信ネットワーク装置の電磁波に関するセキュリティに関する勧告の作成やアップデートが行われている。これまでに、5件の勧告が制定されているが、検討を進めるにあたって、同じ分野の検討を行っている、IEC SC77Cでの標準化と矛盾が生じないように情報交換を継続している。

以下に、制定された勧告の概要を記載する。

### ５．２．２　ITU-T勧告K.87　Guide for the application of electromagnetic security requirements – Overview（電磁セキュリティ規定の適用のためのガイド - 概観）[5-2-1]

ITU-Tでは、ISO/IEC 27002をベースにして、通信におけるセキュリティの基本勧告として勧告ITU-T X.1051が制定されている。X.1051では、「通信センタビルに対して強い電磁界による故障を最低限にするための方策が必要である」、「物理的な脅威によるリスクを最低限にする必要がある」と記載されており、物理的な対策が重要なことを述べている。

この勧告ITU-T K.87は、通信装置の電磁的なセキュリティリスクの概要と、勧告X.1051に従ったISMS（Information Security Manasiment System）管理をするために、リスク評価を行い、リスクを避ける方法を記載している。ここで取り扱う主な電磁的なリスクは以下のものであり、関連勧告の関連を図5.2.1に示す。

・自然の電磁的脅威（雷等）

・非意図的な電磁干渉（電磁妨害　EMI）

・意図的な電磁干渉（IEMI）
・高高度電磁パルス（HEMP）による意図的な電磁攻撃
・高出力電磁攻撃（HPEM）

### 5．2．3　ITU-T勧告K.78　High altitude electromagnetic pulse immunity guide for telecommunication centres（通信センタの高度電磁パルスイミュニティガイド）[5-2-2]

この勧告は通信センタの交換機、伝送装置等の高度電磁パルス（HEMP）に対する放射イミュニティ及び伝導イミュニティに関する規定である。規定はイミュニティ試験方法と装置の設置条件に対応したイミュニティレベルで構成される。

#### 5.2.3.1　HEMPの分類と特性

HEMPには、Early time HEMP（E1）、Intermediate time HEMP（E2）、Late time HEMP（E3）の3種類のパルスの特性と影響が説明されている。

#### 5.2.3.2　HEMP対策のための装置の試験方法と試験レベル

HEMPに対するイミュニティ試験は、装置やシステムに電磁界を印加する放射イミュニティ試験と、通信線や電源線に試験電圧を印加する伝導イミュニティ試験との2種類を実施する。

#### 5.2.3.3　放射イミュニティ試験

放射イミュニティ試験方法は、IEC 61000-4-25に従って、TEMセル又はIEC TR 61000-4-32に記載されたHEMPシミュレータを使用して実施

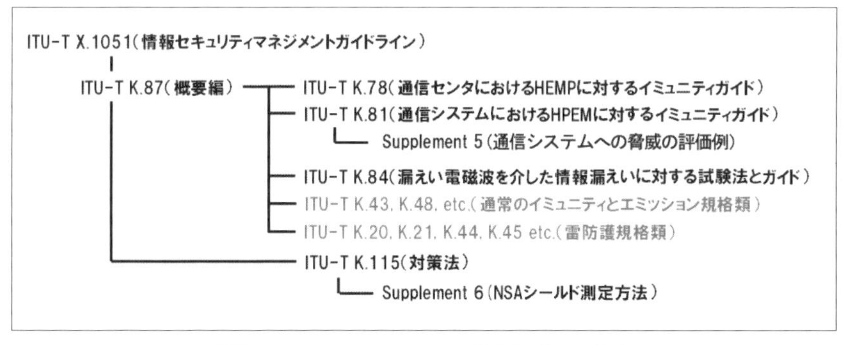


〔図5.2.1〕セキュリティ関連勧告の関連

する。試験レベルは装置が設置される環境（建物やエンクロージャのシールドレベル）に対応して、表5.2.1のレベルのイミュニティが推奨される。

#### 5.2.3.4　伝導イミュニティ試験

伝導イミュニティ試験では、1.2/50 μsのサージイミュニティ試験（IEC 61000-4-5）、静電気放電試験（IEC 61000-4-2）、5/50 ns EFT/B試験（IEC 61000-4-5）、減衰振動波形試験（IEC 61000-4-25）、電圧ディップおよび瞬断（IEC 61000-4-11）、電源高調波（IEC 61000-4-13）を適用する。

また、被試験装置のポートは、①信号ポート、②信号ポート（外部アンテナ）③信号ポート（通信線）、④ DC入出力ポート、⑤ AC電源ポート、⑥機能接地ポートの6種類に分類し、それぞれのポートに対して、表5.2.2で示すように試験方法を選定して試験を実施する。

### 5．2．4　ITU-T勧告K.81：High-power electromagnetic immunity guide for telecommunication systems（通信システムの大電力電磁イミュニティガイド）[5-2-3]

この勧告は意図的に照射されるHPEM（High-power electromagnetic）攻撃による脅威レベルを確定するとともに、通信装置の脆弱性を評価し、

〔表5.2.1〕放射イミュニティ試験レベル [5-2-2]

| 試験 | 放射イミュニティ試験ESD | 試験方法 | 判定基準 | 通信センタビルの防護コンセプト | | | | |
|---|---|---|---|---|---|---|---|---|
| | | | | 1A, 1B | 2 | 3 | 4 | 5 - 6 |
| 1.1 | 2.5/25 ns<br>静電気パルス | IEC61000-4-25 | B | 50 kV/m | 5 kV/m | 5 kV/m | オプション<br>500 V/m | 不要 |

〔表5.2.2〕各ポートに適用するイミュニティ試験方法

| イミュニティ試験方法 | ポートの種類 | | | | | |
|---|---|---|---|---|---|---|
| | ①信号 | ②信号<br>(外部アンテナ) | ③信号<br>(通信線) | ④DC電源 | ⑤AC電源 | ⑥機能接地 |
| サージイミュニティ | | | ○ | ○ | ○ | |
| 静電気放電 | ○ | | | | | |
| 5/50 ns EFT/B | ○ | ○ | ○ | ○ | ○ | ○ |
| 減衰振動波形 | | ○ | | ○ | ○ | ○ |
| 電圧ディップと瞬断 | | | | | ○ | |
| 電源高調波 | | | | | ○ | |

HPEM 攻撃による脅威を最低限にするための物理的なセキュリティ対策を行うためのガイダンスである。

HPEM に対する対策を実施するためには、HPEM 攻撃に使用される発生源の脅威レベルと通信機器の脆弱性を適切に評価しないと、十分な対策ができなかったり、厳重な対策をしすぎて不要なコストがかかったりする。

このため、適切な対策を適用するための脅威レベルと脆弱性の評価例を示す。本勧告に関連して ITU-T K Supple. 5 に HPEM 脅威の評価例が記載されている。HPEM の発生源としては IEC 61000-2-13 に記載されているものに加え新たに出現したものも加わっている。

### 5.2.4.1 HPEM攻撃の脅威レベルの評価

HPEM 攻撃の脅威レベルは、HPEM 発生源の①可搬性、②侵入エリア、③入手性を考慮して評価を行う。

脅威の可搬性は、PI：ポケットサイズ又は人体装着可、PII：ブリーフケース、バックパック可搬、PIII：自動車運搬、PIV：トレーラ運搬の 4 種類に分類される。

これらの可搬性に対応して、侵入エリアが図 5.2.2 及び表 5.2.3 のように分類される。また、入手性は表 5.2.4 のように分類される。

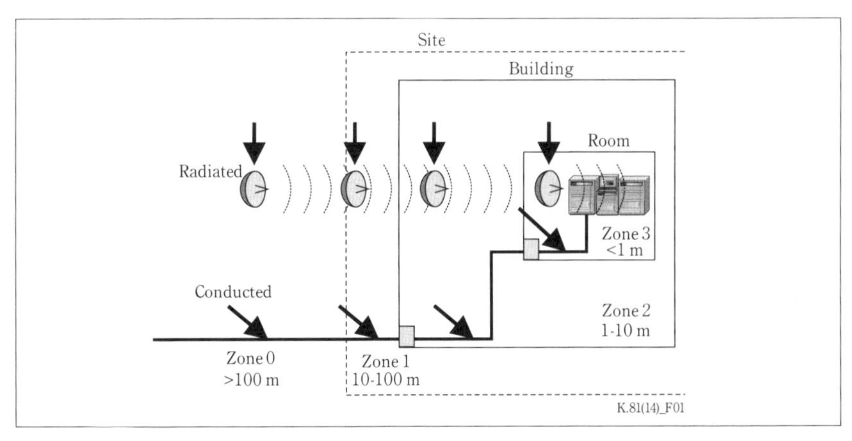


〔図 5.2.2〕侵入エリアの分類 [5-2-3]

### 5.2.4.2　機器の脆弱性

機器の脆弱性は①電磁波、②伝導電圧、③静電気放電、④雷サージのそれぞれに対するイミュニティレベルで分類される。機器のイミュニティレベルは、IEC 規格、ITU-T 勧告、国内規格などで試験方法や試験レベルが規定されているので、機器が対応している規格によって脆弱性レベルが明らかになる。表 5.2.5 に一般的な IT 機器のイミュニティレベルを示す。

### 5.2.4.3　脅威の例と対策

表 5.2.6 に攻撃装置の例と脅威の分類、攻撃対象の位置での電磁界や電圧のレベルを示す。

対策方法としては、電磁波に対しては電磁シールド、静電気放電に対してはシールド又は静電気放電対策、サージ電圧に対してはサージ保護

〔表 5.2.3〕可搬性と侵入エリアの関係 [5-2-3]

| 侵入エリア | 脅威装置の場所 | 脅威の可搬性 | 典型的は最低離隔（m） |
|---|---|---|---|
| ゾーン 0 | 公共空間 | PI、PII、PIII、PIV | 100 超 |
| ゾーン 1 | 同一敷地内 | PI、PII | 100 - 10 |
| ゾーン 2 | 同一建物内 | PI、PII | 10 - 1 |
| ゾーン 3 | 同一室内 | PI、PII | 1 未満 |

〔表 5.2.4〕入手性の分類 [5-2-3]

| 入手性レベル | 定義 | 例 |
|---|---|---|
| AI | 一般商品 | 無線 LAN 機器、スタンガン、違法 CB　無線 |
| AII | 趣味家向け | 発振器、アマチュア無線機器 |
| AIII | プロ向け | 航海レーダー |
| AIV | 特注品 | インパルス放射アンテナ（IRA）、JOLT、商用レーダー |

〔表 5.2.5〕一般的な IT 機器のイミュニティレベル [5-2-3]

| 電磁放射の種類 | イミュニティレベル |
|---|---|
| 放射電磁界 | 3 V/m（実効値）（注） |
| 伝導電圧 | 3 V（実効値）（注） |
| 静電気放電 | 8 kV（直接放電） |
| 雷サージ | 4 kV（電源ポート－電源線大地間）<br>2 kV（通信ポート－通信線大地間） |

注 － このレベルは 1 kHz、80% 変調をするための搬送波に相当する

素子を使用した対策が推奨されている。

要求されるシールド効果は以下の式で表される。

シールド効果(dB)=$20\log_{10}$\{(脅威の電磁界・電圧レベル)/(脆弱性レベル)\}

ここで（脅威の電磁界・電圧レベル）は表6の電磁界・電圧レベルであり、（脆弱性レベル）は通信装置のイミュニティレベルに相当する。また、上記の要求されるシールド効果にはマージンを含んでいないので、安全を担保するためには適当なマージンを加える必要がある。

### 5.2.5 ITU-T 勧告 K.84: Test methods and guide against information leaks through unintentional electromagnetic emissions（意図しない電磁放射による情報漏えいの試験方法と対策ガイド）[5-2-4]

この勧告は、通信装置や通信施設がISMSの管理をしている場合に、意図しない電磁放射（不要妨害波等）によって重要な情報を扱う通信装置からの情報漏えいが発生するのを防止することを目的とし、情報漏え

〔表 5.2.6〕攻撃装置の例 [5-2-3]

| 脅威のタイプ | 攻撃機器例 | 侵入エリア | 電磁界・電圧レベル | 周波数 | 可搬性 | 入手性 | 脅威番号 |
|---|---|---|---|---|---|---|---|
| 電磁波 | JOLT | ゾーン0 | 72 kV/m | 50 MHz-2 GHz | PIV | AIV | K1-0 |
| | IRA（高性能） | ゾーン0 | 12.8 kV/m | 300 MHz-10 GHz | PIV | AIV | K1-1 |
| | 商用レーダ | ゾーン0 | 60 kV/m | 1 GHz-10 GHz（1.285 GHz） | PIV | AIV | K1-2 |
| | 航海レーダ | ゾーン0 | 385 V/m | 1 GHz-10 GHz（9.41 GHz） | PIII | AIII | K1-3 |
| | マグネトロン発振器 | ゾーン1 | 475 V/m | 1 GHz-3 GHz | PIII | AII | K1-4 |
| | アマチュア無線 | ゾーン2 | 286 V/m | 100 MHz 3 GHz | PII | AII | K1-5 |
| | アマチュア無線（ハンドヘルド） | ゾーン3 | 169 V/m | 100 MHz-3 GHz | PI | AI | K1-6 |
| | 違法CB無線 | ゾーン2 | 573 V/m @10 m | 27 MHz | PII | AI | K1-7 |
| 静電気放電 | スタンガン | ゾーン3 | 500 kV | 100 MHz-3 GHz | PI | AI | K2-1 |
| 伝導電圧 | 雷サージ発生器 | ゾーン0 | 50 kV（充電電圧） | 1.2/50 μs10/700 | PIV | AIV | K3-1 |
| | 小型雷サージ発生器 | ゾーン0~3 | 10 kV（充電電圧） | 1.2/50 μs10/700 | PII | AII | K3-2 |

いの脅威を低減するためのガイダンスを記載している。

PC やサーバ、レーザープリンタ、キーボード、暗号モジュールなどからの放射電磁界で情報漏えいが発生する可能性があるが、この勧告では走査線型映像信号の漏えいについて記載している。

対策としては、機器のエミッション規定による方法と、建物などのシールドによる方法が記載されている。

### 5.2.5.1　意図しない電磁放射による情報漏えい（EMSEC）の脅威

情報取得可能な距離は受信機の性能と情報取得のターゲットとなる装置の守秘レベルによって決まる。脅威のレベルは、受信機の情報取得可能な距離と、受信機を持ち込めるエリア（最短離隔）、受信機の入手性等によって異なってくる。情報漏えいの脅威の例を表 5.2.7 に示す。

### 5.2.5.2　EMSECの対策

通信機器から放射された漏えい電波（不要妨害波等）を低減させ、受信機の感度以下にすることが対策となる。対策は、①機器の不要妨害波放射レベルの低いものを使用する、②機器や建物にシールドを施す、③受信機が侵入可能な距離を長くすることによって実施する。

図 5.2.3 に通信機器からの不要妨害波の対策の模式図を示す。また、図 5.2.4 には、各対策による漏えい電波の減衰を示す。

〔表 5.2.7〕情報漏えいの脅威の例 [5-2-4]

| 受信機の例 | 情報取得可能な距離 | | 脅威のレベル | | |
|---|---|---|---|---|---|
| | 守秘レベル A | 守秘レベル B | 侵入エリア | 可搬性 | 入手性 |
| 特殊受信機 1 | 330 m[a)] | 105 m[a)] | ゾーン 0 | PIII | AIV |
| 特殊受信機 2 | 330 m[a)] | 105 m[a)] | ゾーン 1 | PIII | AIV |
| 一般用受信機 1 | 59 m[a)]<br>263 m | 19 m[a)]<br>83 m | ゾーン 1 | PII | AIII |
| 一般用受信機 2 | 59 m[a)]<br>263 m | 19 m[a)]<br>83 m | ゾーン 2 | PII | AIII |
| アマチュア受信機 1 | 33 m[a)]<br>148 m | 11 m[a)]<br>47 m | ゾーン 1 | PII | AII |
| アマチュア受信機 2 | 33 m[a)]<br>148 m | 11 m[a)]<br>47 m | ゾーン 2 | PII | AII |
| アマチュア受信機 3 | 33 m[a)]<br>148 m | 11 m[a)]<br>47 m | ゾーン 3 | PII | AII |

[a)] コンクリート壁のシールド効果として 13dB を見込む

漏えい電波の距離による減衰は以下の式で表される。

$$D(r_1+r_2)=20\log_{10}((r_1+r_2))/r_0 \quad [\mathrm{dB}]$$

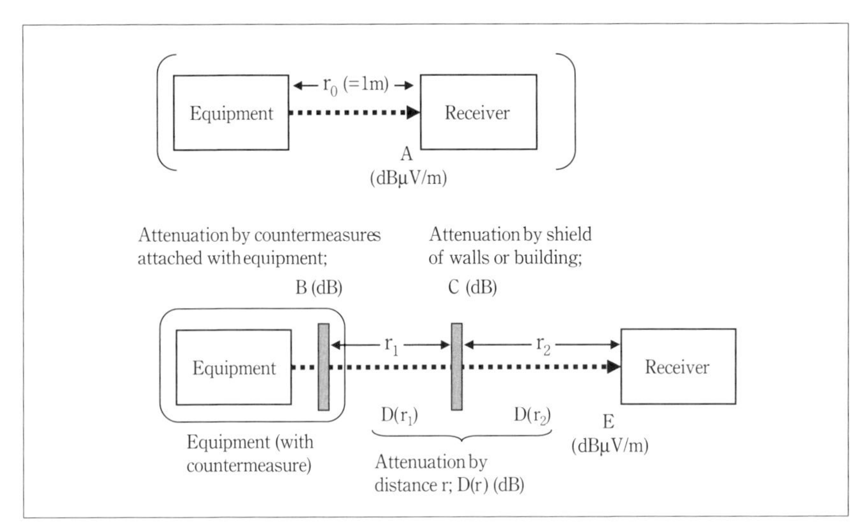


〔図 5.2.3〕EMSEC 対策の模式図 [5-2-4]

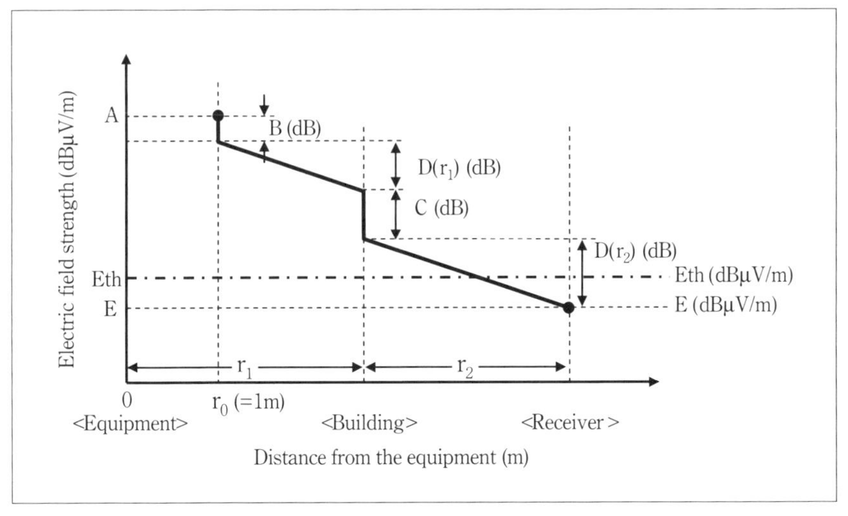


〔図 5.2.4〕対策による不要妨害波の減衰 [5-2-4]

この結果、受信機での電界強度は以下の式で表される。

$$E=A-B-C-D(r_1+r_2) \quad [\mathrm{dB\mu V/m}]$$

ここでA～Dは以下のとおりである。

A：距離 $r_0$(m) での電界強度、A(dBμV/m)

B：通信装置でのシールド対策による減衰、B(dB)

C：建物シールド対策による減衰、C(dB)

D(r)：r(m) の距離による減衰、D(r)(dB).

### 5.2.5.3　通信機器からの情報漏えいの測定方法

通信機器からの不要放射に漏えいの可能性のある映像情報がどの程度含まれているかをチェックするための測定として、広帯域測定方法と狭帯域測定法の2種類が記載されている。

広帯域測定法は、走査型表示画面に黒地に白の縦縞を表示して、図5.2.5に示す受信機のビデオ出力に、この縦縞の周波数に相当する成分がどの程度含まれるかをチェックする。

狭帯域測定は、走査型表示画面に表示する縦縞の数を1本から水平走査線のピクセル数の半分の数まで変化させて、放射妨害波を受信機で測定する。これを白画面のときの放射妨害波測定値と比較して情報漏えいの量を決定する。

### 5.2.6　ITU-T勧告K.115　Mitigation methods against electromagnetic security threats（セキュリティ脅威の低減方法）[5-2-5]

この勧告は、通信装置、通信施設に対して、高高度電磁パルス（HEMP）

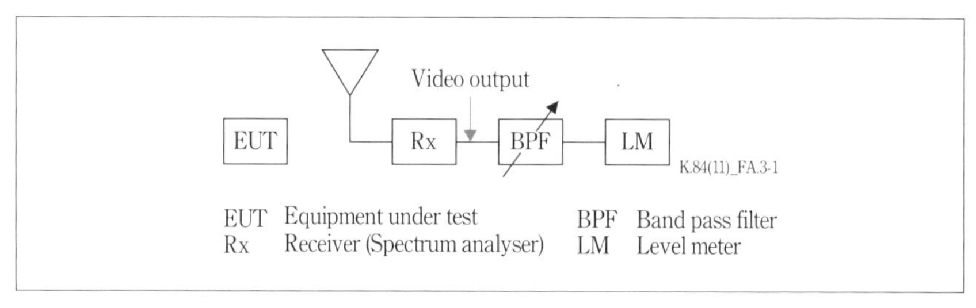


〔図5.2.5〕広帯域測定における受信機の構成 [5-2-4]

や高強度電磁波（HPEM）、雷、電磁波による情報漏えい等の電磁セキュリティ脅威に対する対策方法を規定する。この規定は、交換機、モデム等の機器や建物など全ての種類の通信装置・施設を対象としている。

また、通信センタビルや装置筐体へのシールドやサージ防護素子（SPD）によるイミュニティ改善方法が示されている。

### 5.2.6.1 HEMP対策

HEMP対策は、筐体、建物のシールド、SPDの設置、装置のイミュニティによって行うが、それぞれの対策レベル（コンセプト、クラス、レベル）の分類を図5.2.6に示す。

対策方法は、通信装置が既に建物に設置されていて装置の外にシールドや避雷器を取り付ける場合（ケース1：図5.2.7）と、新たに装置を設置する場合で装置自体のイミュニティや過電圧耐力レベルを規定して対策する場合（ケース2：図5.2.8）で異なる。

ケース1の場合の対策は表5.2.8に示される。

### 5.2.6.2 HPEM対策

通信機器本体としては、勧告K.48のイミュニティと、勧告K.20、K.21、K.45の過電圧耐力を持っていることが前提となる。HPEM対策としては、電磁シールドやフィルタが推奨される。

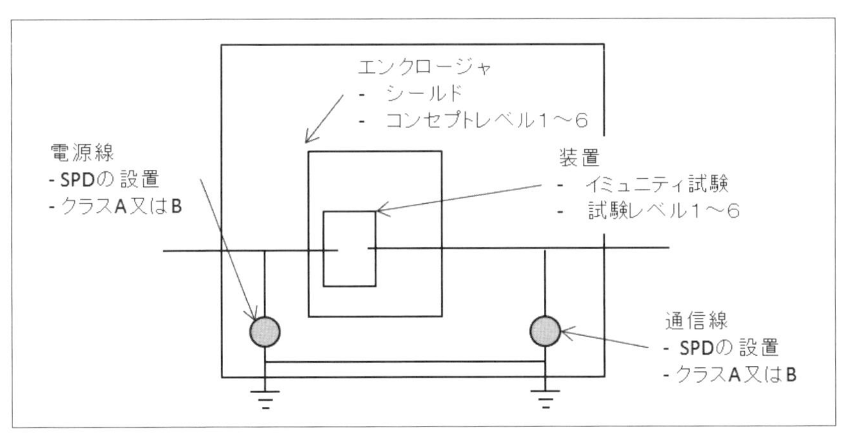


〔図5.2.6〕対策の分類 [5-2-5]

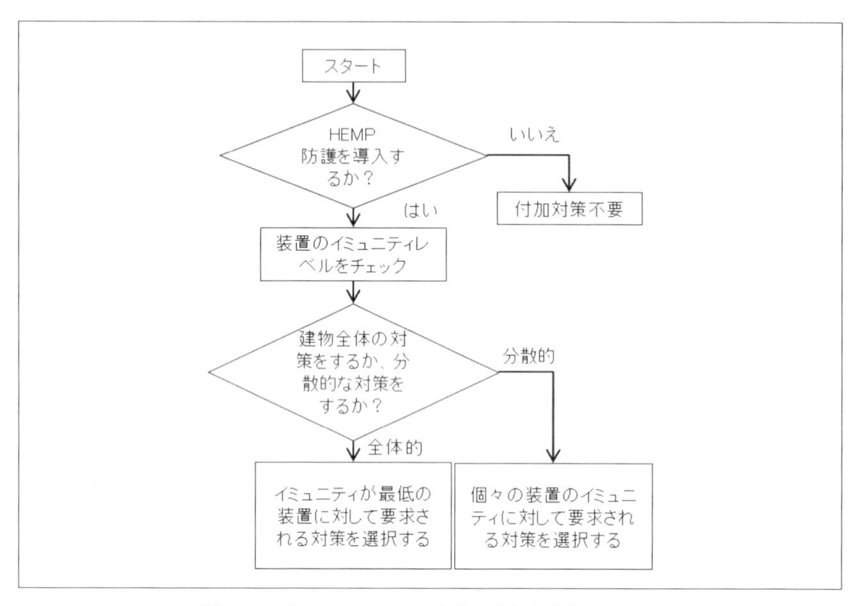


〔図 5.2.7〕ケース 1 の場合の対策手順 [5-2-5]

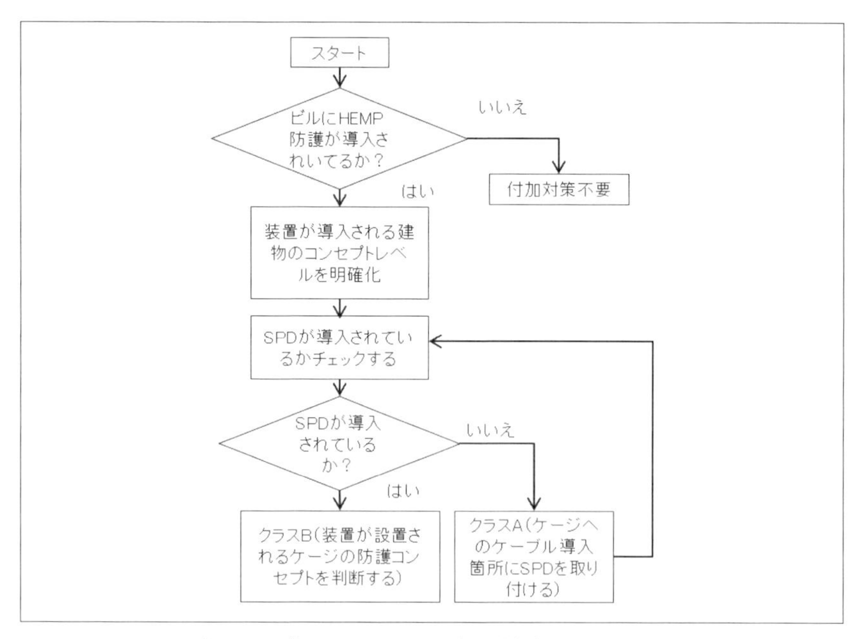


〔図 5.2.8〕ケース 2 の場合の対策手順 [5-2-5]

各種のIPネットワーク設備（電子商取引データセンタ、情報保管データセンタ、ルータ、スイッチ、政府・自治体データセンタ、IP企業ネットワーク）に必要な対策レベルの計算例が示されている。

情報保管データセンタの計算例を表5.2.9に示す。

### 5.2.6.3　情報漏えい対策

情報漏えい対策としては、①建物などのシールド構造、②装置のシールド、③フィルタリング、減結合、④ゾーン対策、⑤ソフト対策、⑥マスキング・ノイズ付加、から幾つかの方法を選択して行う。それぞれの対策方法の比較を表5.2.10に示す

### 5.2.6.4　雷対策

直撃雷、誘導雷、雷大地電流に対して対策が必要である。対策方法としては勧告K.20、K.21の過電圧耐力や勧告K.27、K.66の接地・ボンディング方法、勧告K.46、K.47、K.66、K.85 、K.98から設備に応じた対策を選定する。また、雷に対するシールド効果については勧告K.101に従う。

対策の要素としては、a) 確実な接地への接続、b) 等電位ボンディング、

〔表5.2.8〕通信ポートと電源ポートに要求される対策レベル [5-2-5]

| | 波形 | 制限電圧 | ピーク電流 | 推奨素子 | 推奨動作電圧 |
|---|---|---|---|---|---|
| 通信ポート | コンビネーション | 500 V | 5 kA | アレスタ | 使用電圧の1.6倍以上、商用電源を使用する場合には270 V以上 |
| | 10/700 μs | | 500 A | | |
| 電力ポート | コンビネーション | 4 kV | 5 kA | バリスタ | |
| | 10/700 μs | | 500 A | | |

〔表5.2.9〕電磁対策レベルの計算例（電子取引データセンタ）[5-2-5]

| 脅威番号（表5.2.6参照） | 強度 | 脆弱レベル | 電磁対策レベル（dB） | 周波数 | 対策場所 | 備考 |
|---|---|---|---|---|---|---|
| K1-0 | 72 kV/m@100 m | 1 | 98 | 300 MHz-10 GHz | ゾーン1-3 | シールド |
| K1-4 | 475 V/m@10 m | 1 | 54 | 1 GHz-3 GHz | ゾーン1-3 | シールド |
| K1-5 | 286 V/m@1 m | 1 | 50 | 100 MHz-3 GHz | ゾーン2-3 | シールド |
| K1-7 | 573 V/m@10 m | 1 | 56 | 27 MHz | ゾーン2-3 | シールド |
| K3-3 | 100 V~240 V/4 kV | 1 | 48 | 1 Hz-10 MHz | ゾーン2-3 | フィルタ |
| K3-4 | 100 V~240 V | 1 | 48 | 50/60 Hz | ゾーン2-3 | フィルタ |
| K4-5 | 300 m | Class A | 25 | 30 MHz-1 GHz | ゾーン2-3 | フィルタ |

〔表 5.2.10〕対策方法と特徴 [5-2-5]

| 対策方法 | 対策効果 | 初期コスト | 移動利用 | 既設装置への付加対策 |
|---|---|---|---|---|
| ①建物シールド | 高 | 非常に高い | 不可 | 難しい |
| ②装置シールド | 高 | 高 | 可能であるが適当ではない（重い） | 難しい |
| ③フィルタリング | 中 | 低 | 可 | 可 |
| ④ゾーン対策 | （必要に応じて適応可） | 低 | 難しい | 可 |
| ⑤ソフト対策 | 中 | 低～中 | 可 | 可 |
| ⑥マスキング | 高 | 低～中 | 可 | 可 |

c）シールド、d）絶縁耐力の向上、e）サージ保護デバイス（SPD）の取り付け等から防護対象の装置に適合するものを選択して適用する。

**【参考文献】**

[5-2-1] ITU-T K.87（06/2016）: Guide for the application of electromagnetic security requirements - Overview, International Telecommunication Union - Telecommunication Standardization Sector（ITU-T）（2016）

[5-2-2] ITU-T K.78（06/2016）: High altitude electromagnetic pulse immunity guide for telecommunication centres, International Telecommunication Union - Telecommunication Standardization Sector（ITU-T）（2016）

[5-2-3] ITU-T K.81（06/2016）: High-power electromagnetic immunity guide for telecommunication systems, International Telecommunication Union - Telecommunication Standardization Sector（ITU-T）（2016）

[5-2-4] ITU-T K.84（01/2011）: Test methods and guide against information leaks through unintentional electromagnetic emissions, International Telecommunication Union - Telecommunication Standardization Sector（ITU-T）（2011）

[5-2-5] ITU-T K.115（11/2015）: Mitigation methods against electromagnetic security threats, International Telecommunication Union - Telecommunication Standardization Sector（ITU-T）（2015）

## 5.3 NDS (National Defense Standards)：防衛省規格

スマートグリッド社会の到来により、パワーグリッド網を利用した情報伝達も可能となり、エネルギー送電とインターネット環境が同時に実現しつつある。このような環境下においては、利便性の著しい向上と同時に電磁波による情報漏えい（EMSEC）による脅威も一段と増加している。この脅威がパッシブ的なものだとすると、強力な電磁界を発生させて電子機器の誤動作や破壊を誘発する高出力電磁波妨害（HEMP、以下、HEMPと称する）といったアクティブな脅威も同時に存在する。そして、これらは、従来までは防衛関係のみの脅威と認識されていたが、モバイル環境、スマートグリッドによる多目的ネットワーク環境においては、一般社会でも潜在的な脅威から顕在的なものになりつつある。

本章では、我が国で初めて漏えい電磁波関連の規格として制定されたNDS C 0013を中心に、その概要を解説し、新情報セキュリティガイドラインとの比較・検討を行った上で今後の課題を提起する。そして、スマートグリッド社会におけるもう一つの脅威であるHEMPへの対策となり得る、電磁干渉試験方法（NDS C 0011C）、我が国で唯一の電磁波シールド室に関する試験評価基準であるNDS C 0012B、及びセキュリティを考える上で重要な電子機器等の信頼度を規定する基準であるNDS Z 9011Bについても解説する。

### 5.3.1 EMSEC (Tempest)、HEMPに関連したNDS規格

#### 5.3.1.1 NDS C 0011C、NDS C 0012B、NDS C 0013、及びNDS Z 9011B

電磁波／情報セキュリティに関連した防衛省規格（以下、NDS規格）には、「漏えい電磁波に関する試験方法（NDS C 0013、2003.6.9制定）」[5-3-1]とHEMPに関連した規格である「電磁干渉試験方法（NDS C 0011C、2011.6.23改正）」[5-3-2]、「電磁シールド室試験方法（NDS C 0012B、1998.8.17制定、2013.3.18改正）」[5-3-3]、及び電磁波の電子機器等への影響を定量的に予測する規格として「信頼度予測（NDS Z 9011B）、2014.10.23改正」[5-3-4]が挙げられる。

NDS C 0013は、電子機器（以下、ICT機器）から放射または伝導によ

り漏えいする電磁波の測定基準と情報漏えいに関する評価基準を定めたものである。HEMP関連の規格であるNDS C 0011はICT機器等のHEMPによる被爆を想定した評価方法と規格値を定めており、同様にNDS C 0012Bは、電波暗室等の電磁的に遮断、あるいは一定レベル以下に放射電磁界および伝導信号が減衰することが求められる施設を測定するために定められた基準である。また、上記の規格が直接的に電磁波による影響を評価するものであるのに対し、NDS Z 9011Bは間接的に電磁波がICT機器の信頼性に及ぼす影響を評価する規格である。

これらの規格の特徴として、我が国には類似の規格がそれまで存在しなかったことがあり、特にNDS C 0012Bは電磁的にシールドが必要な施設の我が国における唯一の基準であることから、防衛省だけでなく、広く一般に引用されている。

### 5.3.1.2　諸外国におけるMIL規格等の動向

欧米においてEMSEC（Tempest）関連の規格は、機密扱いとなっており、公開されたMIL規格は存在しない。非公開の規格として、1981年にNACSEM 5100Aが米国で制定され、NATO諸国でも同等の規格が制定されている。その後、1991年から1992年にかけてはGAO（米国会計検査院）の指摘もあり、Tempest製品に関する経費節減のため“ゾーニング”という考え方に基づく3段階に緩和された規格に基づくNSTISSAM TEMPESTが制定された[5-3-5]-[5-3-8]。

“ゾーニング”とは、傍受しようとする相手方が接近可能な範囲を限定することで、そのときに必要とされる条件を基に規格を定めたものである。第1レベル（Full Tempest）は最も厳格な基準であり、従来はこれのみであったが、第2レベル（20m基準）はそれを緩和し、第3レベル（100m基準）はさらなる緩和基準である。

一方、HEMPによるICT機器等への影響を定量的に評価する規格は、MIL-STD-461A（1968.8.1制定）から始まり、数々の改正を経て現在はMIL-STD-461G（2015.12リリース）が用いられている。また、HEMPによる影響を防護するための関連規格として、電磁シールド室関連の評価を目的としたMIL-STD-285（1956.6.25制定、1997.10.24廃止）が存在した。

しかし、放射電磁界測定については、民生一般も包含する規格として、IEEE std299（1991年制定、1997年改訂、2006年再改訂。IEEE Standard Method for Measuring the Effectiveness of Electromagnetic Shielding Enclosures）が登場し、ケーブル等による伝導信号測定法に関しては MIL-STD-220A（2000年制定）があることから、1950年代に制定された MIL-STD-285はその役目を終え、既に廃止された。

MIL-HDBK-217による軍用電子機器の信頼度予測は、MIL規格に則して調達されたICT機器に関して市場使用実績データに基づいて集計されたものである。我が国では、1979年4月にMIL-HDBK-217Cが当時の（社）関西電子工業振興センターにより翻訳された。その後、ICT機器はトランジスタから集積回路の時代に移行してきており、現在、米軍は大幅な改訂を行ったMIL-HDBK-217F Notice 2を用いている。なお、MIL-HDBK-217G、Hについては現時点（2018年2月）においてもリリースされておらず、今後も未定である。

#### 5.3.1.3　EMSECに関する計測方法（NDS C 0013）の概要

NDS C 0013は、脅威の推定に関わる箇所を非公開とし、計測範囲、計測方法等については公開されている。これは防衛省だけでなく一般社会においてもEMSEC対策について周知してもらいたいという意図に基づく。

本規格の作成にあたり、前提とした条件は①範囲、②対象機器、③対象情報、④場所の設定、⑤測定要領、⑥規格値、⑦測定値の有効性の検証、の7項目である。

①の範囲において、通常、通信に関する保全（＝セキュリティ確保）は、暗号、記録媒体の保管、伝送路におけるセキュリティ、放射（伝導を含む）の4要素から成り立っている。このうち、本規格では放射保全の範疇を対象とし、フロッピーディスク、磁気ディスク、CD-ROM等の記録媒体単体については対象外とした。しかし、これらの記録媒体をパーソナルコンピュータ（以下、PC）等に装着し、そこから記録を再生して発生した漏えい電磁波については放射保全に含まれるものと解釈している。

②、③の対象機器、対象情報について適用機器を簡略化したものを表

5.3.1 に示す。適用機器例としてはこの他にルータや秘匿電話機等があるが、これらの機器はデータのみの取り扱いであり、制御信号等については本規格の適用外としている。

④の場所の設定では 5.3.1.2 項で述べたゾーニングの考え方を導入し、Full Tempest（2m 基準）、20m 基準、100m 基準の 3 段階に分けて周波数

〔表 5.3.1〕EMSEC（Tempest）測定における適用機器例 [5-3-1]

| 分類 | | 該当機器の例 | 取り扱う情報の種類* | | | | 単体動作** |
|---|---|---|---|---|---|---|---|
| | | | 繰り返し漏洩 | | 非繰り返し漏洩 | | |
| | | | ディスプレイ | | 印刷画像情報 | | |
| | | | 表示 | 録画・再生出力 | 印刷画像 | データ | |
| I | | ディスプレイ等に関する画像を取り扱う機器 | | | | | |
| | IA | ディスプレイ等<br>(ディスプレイに類する機器を含む) | | | | | |
| | | ディスプレイ（CRT、液晶、プラズマ） | ○ | △ | × | △ | △ |
| | | プロジェクタ | ○ | × | × | △ | △ |
| | IB | ディスプレイ等を内蔵、又は一体化する機器 | | | | | |
| | | コンピュータ（ディスプレイ一体型、ノート型） | ○ | △ | × | △ | ○ |
| | | ワードプロセッサ（ディスプレイ一体型） | ○ | △ | ○ | △ | ○ |
| | | テレタイプ（ディスプレイ一体型） | ○ | × | × | △ | ○ |
| | | ビデオカメラ | ○ | ○ | × | △ | ○ |
| | | ディジタルビデオカメラ | ○ | ○ | × | △ | ○ |
| | | ディジタルスチルカメラ | ○ | △ | × | △ | ○ |
| | IC | ディスプレイ等を有しないが、画像を録画、又は再生出力する機器 | | | | | |
| | | コンピュータ（ディスプレイ分離型） | × | ○ | × | △ | ○ |
| | | ビデオテープデッキ | × | ○ | × | △ | ○ |
| | | ディジタルビデオテープデッキ | × | ○ | × | △ | ○ |
| | | ディジタルビデオディスクプレーヤー／レコーダー | × | ○ | × | △ | ○ |
| | | (DVD-VIDEO、RAM) | × | ○ | × | △ | ○ |
| | | ハードディスクレコーダー | × | ○ | × | △ | ○ |
| II | | 印刷画像等を取り扱う機器 | | | | | |
| | IIA | 印刷画像等を読取、又は印刷する機器 | | | | | |
| | | プリンタ（レーザー、インクジェット、昇華式、感熱式） | × | × | × | △ | ○ |
| | | コピー | × | × | × | △ | ○ |
| | | ファクシミリ | × | × | × | △ | ○ |
| | | スキャナ | × | × | × | △ | ○ |
| | | フィルムスキャナ | × | × | × | △ | ○ |
| | | ディジタイザ | × | × | × | △ | ○ |
| | | ホワイトボード | × | × | × | △ | ○ |

*：取り扱う情報の種類　○：取り扱う　×：取り扱わない　△：取り扱う機器もあり
**：単体動作　○：単体動作する　×：単体動作せず　△：単体動作する機器もあり

毎に規格値を設定している。この規格値の考え方については民間仕様を想定して次項で詳述する。

測定要領について概要と考え方を紹介する。EMSEC 試験計測では、伝導漏えいと放射漏えいについて計測要領を規定している。伝導漏えいではICT 機器に使用している全ての電源線及び信号線で使用している周波数帯域全域（100kHz～1GHz）について適用している。ここでは主として、放射漏えいの計測要領について紹介する。最近のICT 機器は高性能化が著しく、特にPC の動作周波数はGHz 領域に達している（注記：Intel 社が開発しているCPU（中央処理装置）であるCore i7 シリーズでは動作周波数が4.2GHz のものもあり、今後、さらに高速動作が可能な機種がリリースされる見込みである。）。このため、規格制定に際しては将来を見越し、100kHz～40GHz の周波数領域について適用可能とした。ただし、通信機における空中線（アンテナ）からの放射は適用外とした。

表5.3.2 に試験供試機器の試験周波数範囲を示す。現時点では動作周波数が12.4GHz を超えるPC 等は存在しないが、高周波数領域の漏えい電磁波を想定して当面の間、適用に耐える上限試験周波数を定めている。

このときの上限試験周波数は以前、防衛省規格“電磁干渉試験方法(NDS C 0011C、1979 年6 月制定、2011 年6 月改正)”を定めたときの考え方に基づき、試験周波数の上限を供試機器の使用最高周波数に対して最大5 倍まで規定した。これにより、放射漏えいの影響が測定機器において完全に観測されなくなる周波数領域として数値を定めている。しかしながら、先にも述べたように近年のICT 機器、特にPC はより高周波数領域で動作するようになってきているため、今後は試験周波数範囲の

〔表5.3.2〕放射漏えいにおける試験周波数範囲 [5-3-9]

| 供試機器の使用最高周波数（fs） | 上限試験周波数 |
|---|---|
| 30MHz | 1GHz |
| 30MHz - 300MHz | 3GHz |
| 300MHz - 1.24Gz | 12.4GHz |
| 1.24GHz - 5GHz | 10GHz または5xfs の大きい値 |
| 5GHz - 12.4GHz | 40GHz または5xfs の大きい値 |

見直しも視野に入れるべきと考える。図 5.3.1 に放射漏えい試験を行うときの機器の配置例を示す。

### 5.3.1.4　NDS C 0013の規格値に関する考察と民間基準との比較

NDS C 0013 では脅威推定に関わる規格値算出に関係した具体的数値は非公開としているが、規格値を求めるための考え方については公開している。ここでは、この考え方に基づき、市販されているアンテナや計測器等の特性を使って民生用として想定される 20m 基準のケースについて試算を行い、2004 年 11 月に公開された新情報セキュリティ研究会（IST）による基準値 [5-3-11], [5-3-12] との比較、考察を行う。

ICT 機器から放射される漏えい電磁波には、PC 等に使われている液晶ディスプレイ等のラスタースキャン方式による信号の周波数変動が繰り返し発生するタイプと FAX やプリンタ等のように信号が突発的（バースト）に発生するタイプがある。規格値の導出にあたっては、前者を繰り返し漏えい規格値、後者を非繰り返し漏えい規格値としている。

なお、ラスタースキャン方式は CRT ディスプレイで最も広く採用さ

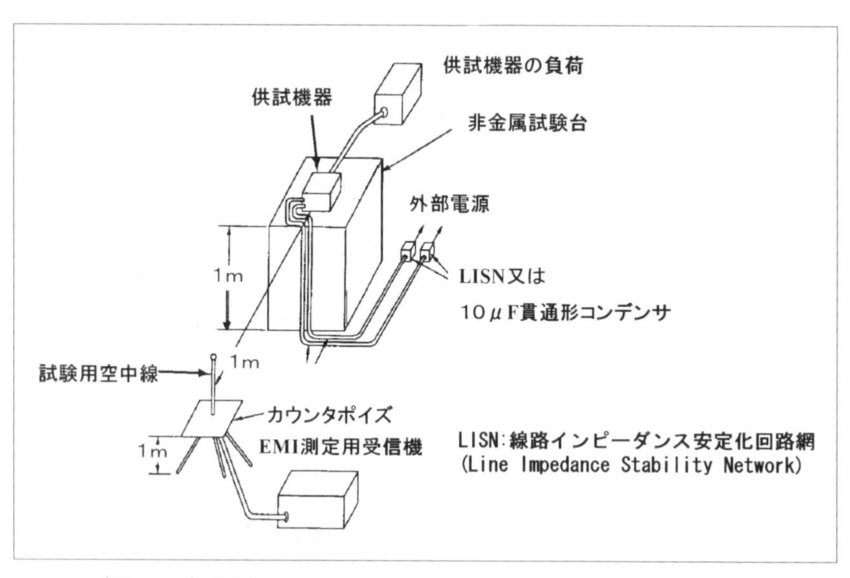


〔図 5.3.1〕放射漏えい試験における機器配置例 [5-3-1], [5-3-10]

れている方式であり、電子銃が横方向に動いて画素単位でON/OFFを行うことで図形を描画する方式である。近年の液晶ディスプレイやプラズマディスプレイでは輝点を振っているわけではないが、画面全体を常に描画していることから、広義のラスタースキャン方式といえる。

図5.3.2は規格値算出に用いた放射漏えいにおける傍受モデルの系統図である。これより放射漏えいについて算出式を表すと式（5.3.1）となる。

・放射漏えいの場合

$$\begin{aligned} Eml = &((S/N)'sl - Gds - Gps) + Ns - Gas \\ &+ 20\log(ds/dm) + 20\log(f) + 10\log(Zm) - 68.55 \end{aligned} \quad \cdots\cdots (5.3.1)$$

表5.3.3に放射漏えい規格値算出モデルのパラメータ条件を示す。なお、規格値の算出に際して放射漏えい伝搬路（空間）の減衰特性は、自由空間伝搬路で近似されるものとしている。

本稿では、民間基準（IST基準値）との比較にあたり、同一のパラメータ条件下で考察するために測定対象機器がPC等のICT機器を想定し、パラメータ条件は市販されているアンテナ（空中線）の空中線利得（カタログ値）を用いて離隔距離が20mのケースについて式（5.3.1）から漏

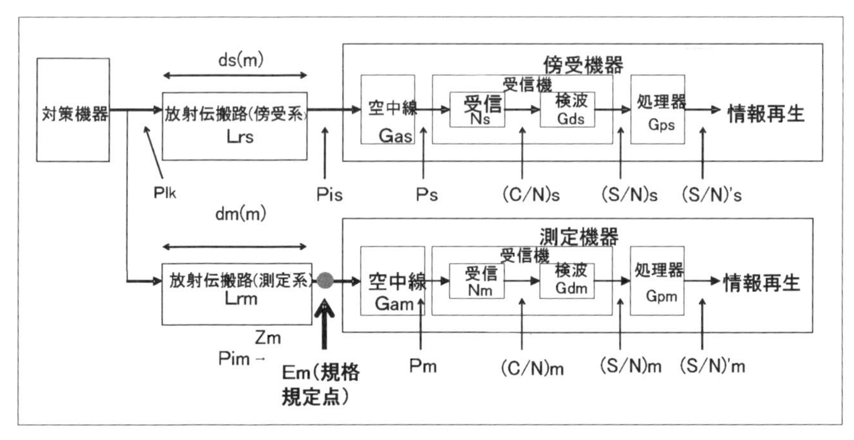


〔図5.3.2〕EMSEC（Tempest）規格値算出における傍受モデル系統図
[5-3-9], [5-3-10], [5-3-14], [5-3-17]

えい限度値を試算した。ただし、ここで求まる限度値は使用するパラメータが周波数で離散的であるため、算出した値も離散的となる。したがって、民生想定基準値はこれらの計算値を直線近似したものである。

一例として、図5.3.3に受信帯域幅100kHzにおける民生利用を想定した筆者による放射漏えいの計算結果と規格値、及びIST基準値（2004年11月24日公開）との対比を示す。IST規格ではこれ以外に受信帯域幅3MHzを規定している。ところで、電磁波セキュリティガイドライン[5-3-12]の解説2によると、受信帯域幅を100kHzと3MHzに設定した理由として、特に広帯域ではほとんどの市販製品（スペクトラムアナライザ）が3MHzを上限としていることを挙げている。

確かに受信帯域幅10MHz以上のものは標準製品として国産品では生産・販売されていないが、電磁波的情報漏えいの評価においては高精細画像のように3MHzでは検出し得ない情報もあるため、経済性・便益性を優先したこのトレードオフは問題となる可能性を含んでいる。将来的

〔表5.3.3〕放射漏えいにおけるパラメータ条件 [5-3-9], [5-3-13], [5-3-14]

| 記号 | | 項目 | 単位 | 式又は条件の根拠 | 備考 |
|---|---|---|---|---|---|
| 傍受系 検討条件 | | | | | |
| (S/N)'sl | | 所有S/N（処理後） | dB | 試験結果より推定 | |
| Gps | | 処理利得 | dB | $Gps=10\log\sqrt{(Num)}$ | |
| | Num | 処理回数 | 回 | | |
| Gds | | 検波利得 | dB | AM検波 | |
| Ns | | 受信機雑音電力 | dBm | $Ns=10\log(K\cdot Ts\cdot Bs)+Fs+30$ | |
| | K | ボルツマン定数 | J/K | 定数 | |
| | Ts | 受信機温度 | K | 常温 | 広帯域 |
| | Bs | 受信帯域幅 | Hz | 情報漏洩の信号帯域幅と同条件 | |
| | Fs | 雑音指数 | dB | 現時点で実現可能な諸元 | |
| Gas | | 空中線利得 | dBi | 寸法制約下の各周波数ごとの最大利得 | |
| Lrs | | 放射伝搬減衰量 | dB | $Lrs=20\log(4\pi ds/\lambda)$ | |
| | ds | 放射伝搬距離 | dB | 設置条件 | |
| 測定系検討条件 | | | | | |
| | Lrm | 伝導伝搬減衰量 | dB | 最悪条件 | |
| | dm | 放射伝搬距離 | m | 測定条件 | |
| | Zm | 空間インピーダンス | Ω | $Zm=Zom=120\pi(dm>\lambda>2\pi)$ | 遠方界 |
| | Zm | 同上 | Ω | $Zm(\lambda/2\pi dm)\cdot Zom(dm>\lambda>2\pi)$ | 近傍界 |

には、さらに広帯域での測定に移行する必要性があるものと考える。ちなみに、防衛省規格 NDS C 0013 では受信帯域幅を 100kHz と 10MHz に設定して規格値を制定した。

この規格値及び IST 基準値と各周波数帯における測定値とを照合して、測定値の周波数特性曲線が規格値ないしは IST 基準値の周波数特性曲線を下回れば漏えい電磁波による情報漏えいの懸念はなくなる。IST では 30MHz から 1GHz の範囲で中心周波数 230MHz を境に 30MHz ～ 230MHz の範囲が 10dBμV/m、230MHz ～ 1GHz の範囲が 17dBμV/m と基準値を定めている。これは CISPR（国際無線障害特別委員会）の試験方法を引用するという作成方針によるものであること、かつ現状では PC のみを対象としており、非繰り返し漏えい基準値でも 30MHz を下限としていることから FAX などについての検討は行われていないようである。30MHz ～ 230MHz、230MHz ～ 500MHz の範囲では想定した計算値よりも緩和された基準となっている一方、500MHz ～ 1GHz では想定値よりも厳しい値を示している。

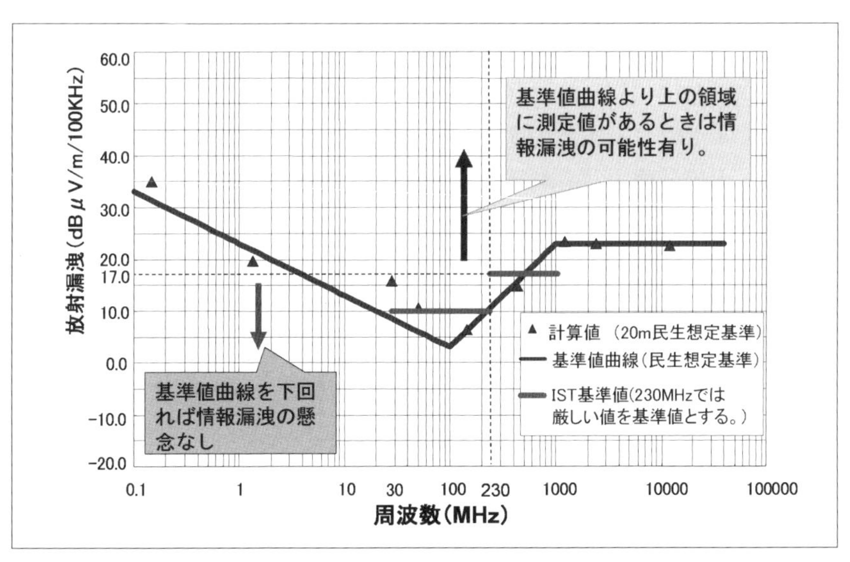


〔図 5.3.3〕民生使用を想定した放射漏えい規格値の計算例と IST 基準値との比較 [5-3-9], [5-3-13], [5-3-14]

また、周波数範囲が上限で 1GHz となっていることから、前項でも述べたように PC における放射漏えい周波数の高周波数化に対して早晩、見直しが必要とされる可能性がある。この上限周波数については VCCI による EMC 放射抑制値の上限周波数との横並びを意図している。しかしながら、Tempest に関する取り組みが比較的ゆるやかな民生分野において、基準値の雛形を示したことは評価に値する。電磁波セキュリティガイドライン [5-3-12] では IST 基準値をもって電子政府及び民間における Tempest 対策を行うことを推奨している。

しかし、上述のようにこの基準値は、①電波暗室内における PC のみの実験結果に基づいていること、②周波数範囲が 30MHz ～ 1GHz と比較的狭帯域なこと、③受信帯域幅が 100kHz と 3MHz に限定されることから、基準値及び周波数範囲の双方において電子政府、民間施設等への適用に関し防衛省規格 NDS C 0013 並の規定が検討課題となる可能性は高いと考える。

### 5．3．2　高出力電磁波妨害（HEMP）に関する計測方法について（NDS C 0011C、NDS C 0012B）

HEMP による ICT 機器等への影響に対する評価方法、防護基準を規定した規格として NDS C 0011C「電磁干渉試験方法」、そして HEMP におけるシールド室レベルでの防護を規定したものとして NDS C 0012B「電磁シールド室試験方法」が挙げられる。本項ではそれぞれの規格について概要を紹介する。

#### 5．3．2．1　電磁干渉試験方法（NDS C 0011C）

NDS C 0011（電磁干渉試験方法）は、主としてレーダ機器や通信機器への電磁干渉を想定して、1979 年 6 月に制定され、1994 年の B 版への改正を経て長く装備品における電気･電子機器の評価に使用されてきた。しかし、電気・電子機器の顕著な技術的進歩と相まって、防衛装備品にとどまらず、民生機器においてもありとあらゆる機器に電気・電子部品が使用されるようになり、電磁干渉の除去、誤動作の防止を目的とする同規格の重要性は増してきた。さらに、規定する内容が技術的進歩に伴い、時代の趨勢に適合しなくなってきたことから、NDS C 0011C 版として2011年6月に再度、改正された。この改正においては、従来から記載されていた、1) 測定器／測定設備、2) 送受信機特有の試験項目、3) 適用機器の分類と適用区分の切り分け、4) 規格の運用、の改正に加えて、新たに伝導感受性試験CS7、及び放射感受性試験RS4についての規定を新設することになった。本項では新設された伝導感受性試験CS7、及び放射感受性試験RS4についてその概要を紹介する。

(1) 伝導感受性試験（減衰正弦波過渡電流、電源リード線及び相互接続リード線）CS7

CS7はHEMPによる被爆のうち伝導的影響に関する試験方法、規格値を規定しており、NDS C 0011B版までは規定されていなかった供試機器の電源リード線、及び相互接続リード線における周波数範囲が10kHz～100kHzの減衰正弦波過渡電流に対する伝導感受性試験に適用する。

防衛装備品等の使用においては、スタンドアロン的な機器単独の使用にとどまらず、むしろ、多くは外部電源からの電源供給や他の機器との有線接続による信号授受という形で使用される。このような“ネットワーク化”された環境下では、HEMPによる放射電磁波は機器に接続された電源に誘起されて機器内に侵入する。このため、CS7では、図5.3.4

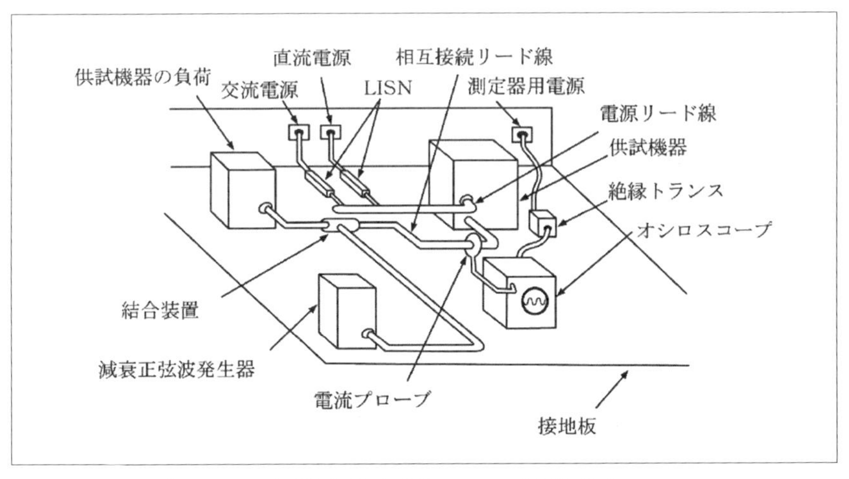


〔図5.3.4〕伝導感受性試験CS7の試験配置 [5-3-2]

のような供試機器の配置及び接続により試験を実施し、図 5.3.5 に示す電磁ストレスを印加し、機器の誤動作や破損の有無を評価する。なお、規格値は同図に示す減衰正弦波による過渡電圧を電源リード線又は相互接続リード線に印加した後、永久的な機能不良、性能の低下等により、機器仕様に定められた許容値以下に劣化しないものとする。

(2) 放射感受性試験（過渡パルス試験）RS4

RS4 は HEMP による被爆のうち、過渡的な電磁パルスによる電磁放射の影響について規定したものであり、高い電界強度の被曝状況を実現するために平行プレートラインや TEM セルのような試験空間内に供試機器を設置した上で、50kV/m の電界強度空間を生成する。なお、本試験は高速出力電界における感受性試験であるため、MIL-STD-461 でも採用されている。高速出力電磁界パルスを規定した IEC61000-2-9 の過渡パルス波形を参考にし、かつ国際統一規格化の流れを考慮して規格値を決定した。

図 5.3.6 に供試機器の配置及び接続例を、図 5.3.7 に過渡パルス電圧を印加する際の試験波形を示す。機器の配置及び接続に関しては、供試機器を配置する試験空間の電界強度が規格値の 6dB 以内であることを確認しているが、供試機器を配置後、供試機器が試験空間内の電磁界を著

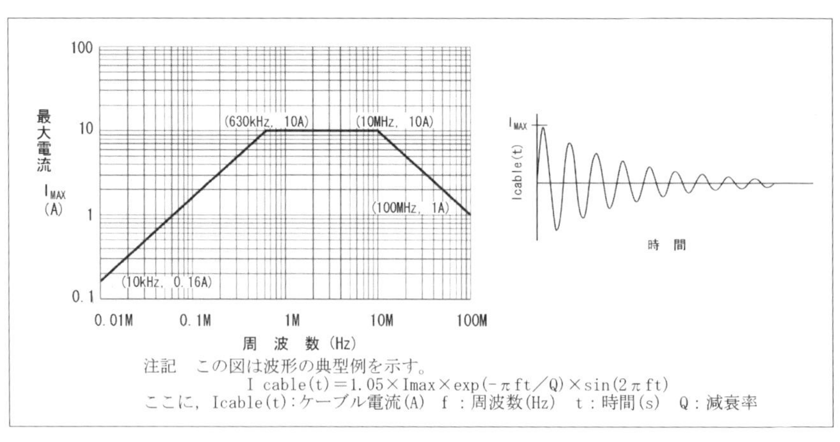


注記　この図は波形の典型例を示す。
I cable(t)＝1.05×Imax×exp(−πft／Q)×sin(2πft)
ここに，Icable(t)：ケーブル電流(A)　f：周波数(Hz)　t：時間(s)　Q：減衰率

〔図 5.3.5〕伝導感受性試験 CS7 における試験波形の例 [5-3-2]

しく歪めないように、上下プレートからの距離をh/3と規定した。h/3はMIL-STD-461FとISO11452-3-2001Eを参考にして決定したものである。ここで、図5.3.7に示す規格値では、過渡パルス電圧を印加した後に生じる永久的な機能不良、性能の低下等が、仕様書や機器の規格等に定め

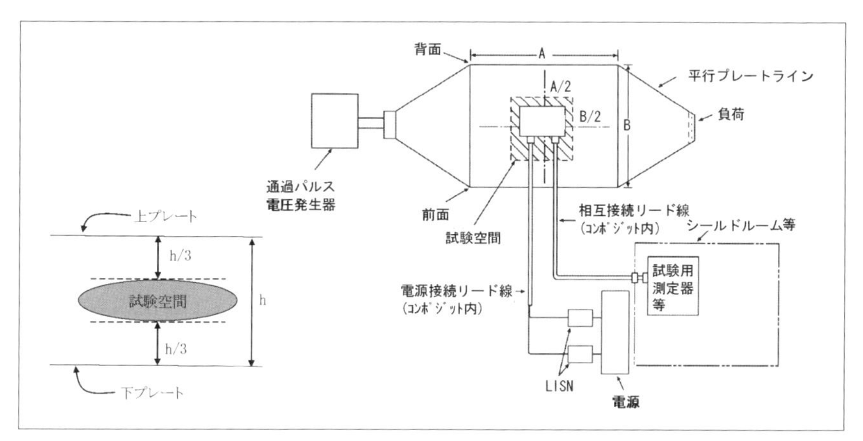


〔図 5.3.6〕放射感受性試験 RS4 の配置及び接続例 [5-3-2]

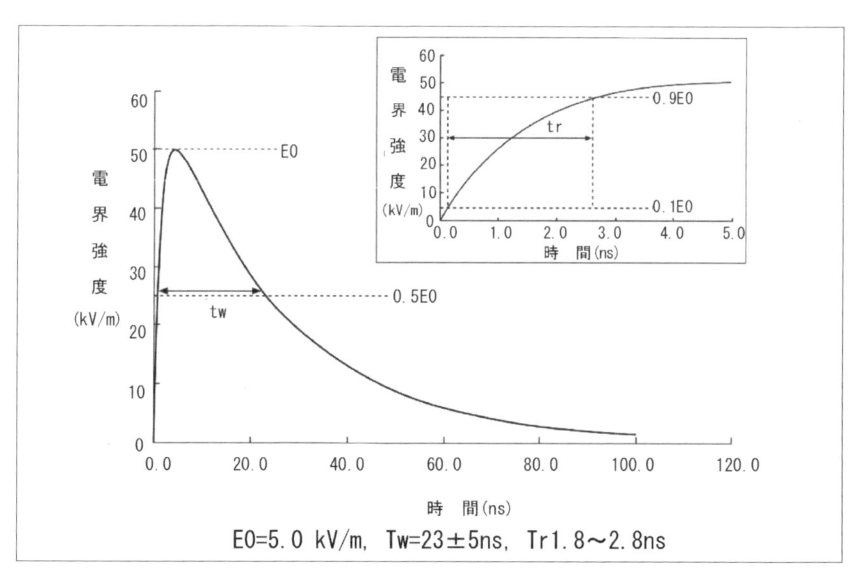


〔図 5.3.7〕過渡パルス電界波形による規格値 [5-3-2]

られた許容値以下に劣化しないものとする。

#### 5.3.2.2　電磁シールド室試験方法 (NDS C 0012B)

NDS C 0012「電磁シールド室試験方法」に関しては、既に他の書籍[5-3-15]でも詳説されているため本項ではその概要について記述する。この規格では、共通的な条件（試験周波数、試験箇所）と測定周波数を離散的に計測するスポット周波数試験方法、連続的に計測するスイープ周波数試験方法について規定している。このうち、後者のスイープ試験周波数法を定めた動機として、1994年当時には同軸ケーブル系のネットワーク・アナライザでは入出力間の離隔（アイソレーション）が不十分であったこと、測定パラメータの変更による影響が容易に観測できることが挙げられる。現在、測定系に光ファイバケーブルが使用されてきており、40dB以上の測定要求にも対応が可能となっていることを考えると、スイープ試験周波数を本規格の中に定めたことは先見の明があったと考える。

しかし、本規格制定後、十数年以上が経過し、実際の試験評価に用いられた経験から、1）試験時間の短縮、2）供試体の共振、3）電源線フィルタの実負荷試験における適用周波数範囲の取り扱い等に運用者より意見が寄せられ、これらについて見直すこととなった。1）については、「最高周波数から1/100（2ディケード以下）までの測定」を行う規定とし、2）では新たに「試験時に電波吸収体の配置を推奨する」という記述を加えた。さらに3）に関してはフィルタ製造会社における実験及び委員会での検討から、試験周波数範囲のうちの一周波数での試験によりその目的を達成できることを確認したので、この趣旨に沿って改正を行った。これらの見直しを行った規格がNDS C 0012B（2013.3.18改正）である。この改正により、本規格はより時代の趨勢に適応したものと考える。そして、本規格は5.3節の冒頭でも述べたように我が国で唯一の電磁シールド室関連規格であることから多方面にわたり引用されており、大いに有用な価値を有するといえよう。

### 5.3.3　HEMPにおける電子機器の信頼性について (NDS Z 9011B)

前項まではHEMPによるICT機器等への直接的な影響を測定し、評価する規格について紹介したが、本項ではICT機器が影響を受けるときにどの程度の信頼性を有して作動するかということを定量的に示すNDS規格について解説する。

#### 5.3.3.1　MIL-HDBK-217FとICT機器における信頼性評価の考え方

MIL-HDBK-217は、MIL規格に則って調達された防衛用ICT機器の市場使用実績データに基づいて集計された経験則モデルによる信頼度予測を行う規格である。そして、本規格の前提は、機器の故障率は機器を構成する部品により決まるということであり、その予測手法として部品信頼度予測と部品ストレス解析予測の2種類が示されている。部品点数法は部品の使用個数、品質水準、及び使用環境に関する情報のみから故障率を算出する方法であり、簡便なことから十分な使用実績が乏しい設計初期の故障率予測に用いる。一方、部品ストレス解析法は予測の精度は前者に比べて高いが、多くのファクタを必要とする計算モデルである。一例として、一般部品の故障率は次のように定められている。

$\lambda p = \lambda b \pi E \pi Q \pi'$

$\lambda p$：予測すべき部品の故障率

$\lambda b$：部品の基礎故障率

$\pi E$：適用環境ファクタ

$\pi Q$：品質ファクタ

$\pi'$：補正ファクタ

基礎故障率$\lambda b$については、217F Notice2では反応速度論の考え方を基に$\lambda b$へ$\pi T$（温度ストレス）と$\pi S$（電気的影響度）を掛けて補正する。また、半導体モノリシックデバイスの故障率モデルは、直列系の構造であるとみなし、下記のように与えられる。

$\lambda p = (C1 \cdot \pi T + C2 \cdot \pi S) \pi Q \pi L$

C1：ダイデバイスの複雑度に関する故障率

C2：パッケージの複雑度に関する故障率

$\pi L$：習熟ファクタ

上記の例は一例に過ぎないが、MIL-HDBK-217では各部品の構造に応じて故障率モデルが構築されており、安全係数を十分に見込んだ厳しい基準となっている。

### 5.3.3.2　NDS規格改正のポイント

文頭に述べたように防衛省では、MIL-HDBK-217C Notice 1を基にしてNDS Z 9011を制定した。しかし、制定から30年以上が経過し、当時のMIL-HDBK-217C Notice 1の考え方を用いたのでは、以下の点で齟齬を生じるようになってきた。具体的には、1) MIL-HDBK-217C Notice 1で対象としている部品故障率の算定は、主にアナログ回路におけるトランジスタ、サイリスタ等に対応していること、2) 改正当時（1980年代）よりディジタル回路への移行、それに伴う電子回路の集積化が進み、従来の部品故障率の算定モデルでは対応が困難になりつつあること、3) 部品技術の革新に伴い、対象とする部品が拡大された。217Cでは部品点数が約60点だが、217Fではほぼ2倍の約115点である。4) それに伴い、新たな故障率算定モデルが必要となってきたこと、である。

このため、防衛省技術研究本部電子装備研究所（現在、防衛装備庁電子装備研究所）では、MIL-HDBK-217Fを基にしたNDS Z 9011の改正を行い、NDS Z 9011Bとして2014年10月に改正した。表5.3.4にNDS Z 9011とNDS Z 9011Bとの相違点の一例を示す。相違点は大きく4つに分かれており、(a) 部品技術野変遷と対象部品の拡大、(b) 集積度の大規模化に対応、(c) 故障率モデルの見直しと新設、(d) PCの普及による数表等の廃止である。

## 〔表 5.3.4〕NDS Z 9011B の改正における相違点 [5-3-4]

(a) 部品技術の変遷と対象部品の拡大(例)

| 項目 | NDS Z 9011 | NDS Z 9011B | 備考 |
|---|---|---|---|
| トランジスタ | 1 シリコン NPN<br>2 シリコン PNP<br>3 ゲルマニウム PNP<br>・<br>・<br>7 バイポーラマイクロウェーブトランジスタ(周波数 >200MHz、平均出力≧300mW) | 1 シリコン NPN<br>2 シリコン PNP<br>3 ゲルマニウム PNP<br>・<br>・<br>9 GaAs FET<br>10 シリコン FET(周波数 >400MHz、平均出力 <300mW) | 部品技術の変遷に伴い NPN-PNP、シリコンとゲルマニウムの区分がなくなった。部品技術の革新に伴い対象部品が拡大された。 |

(b) 集積度の大規模化に対応(例)

| 項目 | NDS Z 9011 | NDS Z 9011B | 備考 |
|---|---|---|---|
| VHSIC/VHSIC 類似品及び VLSICMOS | 100 ゲート以上の LSI<br>$\lambda_p=(C_1 \cdot \pi_T \cdot C_2 \cdot \pi_E) \times \pi_Q \cdot \pi_L \cdot \pi_P$<br>$\lambda_p$:部品故障率<br>$C_1$:ダイ複雑度故障率…<br>$\pi_E$:環境ファクタ<br>$\pi_T$:温度ファクタ (2.1.3-1) | 60,000 ゲート以上の CMOS<br>$\lambda_p=\lambda_{BD} \cdot \pi_{MFG} \cdot \pi_T \cdot \pi_{CD} + \lambda_{BD} \cdot \pi_E \cdot \pi_{PT} + \lambda_{EOS}$<br>$\lambda_{BD}$:ダイの基礎故障率<br>$\pi_{MFG}$:製造工程修正ファクタ<br>・<br>・ | 見直しあり。集積精度の大規模化に対応。 |

(c) 故障率モデルの見直しと新設(例)

| 項目 | NDS Z 9011 | NDS Z 9011B | 備考 |
|---|---|---|---|
| 進行波管 | $\lambda_p=\lambda_b \cdot \pi_E \cdot \pi_L$<br>$\lambda_p$:部品故障率<br>$\lambda_b$:基礎故障率<br>$\pi_E$:環境ファクタ<br>$\pi_L$:習熟度ファクタ (2.3-1) | $\lambda_p=\lambda_b \cdot \pi_E$<br>(7-3) | 故障率モデルの見直し。進行波管の性能向上(信頼度向上)により習熟度ファクタを削除。 |

(d) PC の普及による数表等の見直し(例)

| 項目 | NDS Z 9011 | NDS Z 9011B | 備考 |
|---|---|---|---|
| 付属書 B | 信頼度計算のための近似法<br>指数関数の表及び各種数式の近似式を記載<br>(B-1 ～ B-17) | VHSIC/VHSIC 類似品及び VLSICMOS(詳細モデル)<br>本冊 5.3 節に記載されている解析モデルの詳細版を記載。… | 個人用計算機の普及により、不要になった数表等の替わりに普及しつつあった大規模集積回路のモデルを追加。 |

### 5.3.4　スマートグリッド社会における電磁波／情報セキュリティに関する展望

スマートグリッドが実現した社会とは、長年にわたり提唱されてきた通信と情報があまねく存在するユビキタス社会に他ならない。このような環境下では、パッシブな脅威として漏えい電磁波による盗聴やスキミング、そして、アクティブな脅威としてHEMPによるICT機器等のハードウェアやソフトウェア、データの破壊、改ざんといったことが現実の脅威として俎上にのぼることが危惧される。

Tempest (EMSEC) 計画が発足した1950年代当時と現代におけるICT機器の利用形態の最大の違いは、携帯電話等の出現とそれによるモバイル系ネットワークの急速な普及である。最近ではウェアラブルコンピュータや携帯電話が一般レベルまで普及し、屋外でもインターネット接続を容易にできるようになった。また、電子商取引や電子決済等が導入されると、モバイル系ICT機器でもそれが可能になる。

モバイル環境下では、屋外のしかも電磁気的に無防備な所で個人情報の入出力をおこなうと、それらがEMSECにより傍受･盗聴されることや、HEMPによる破壊の可能性が高くなる。特に住宅地や田園地帯等の電磁気的に雑音が少ない環境下では、その影響はより顕著となる。しかし、これらモバイル系ICT機器に導電性塗料の塗布やLPF (Low Pass Filter) の導入などのTempest対策を施すことは、これら機器の特徴の一つである軽量性、操用性を著しく低下させることになる。

現時点でモバイル系ICT機器によるHEMP、EMSEC対策に解や明確な方向性を示すことは難しいが、この問題は比較的、後進的なモバイル環境下における情報セキュリティを考える上で今後、大きな位置づけを占めて行くであろう。

仮定し得る方向性の一つとして、屋外で使用することが多いモバイル系ICT機器で決定的なEMSEC対策を施すことが難しいのであれば、新聞とTVの棲み分けのように、モバイル系ICT機器と固定通信網を利用したICT機器で、扱う情報の質、量に関する“棲み分け”が必要になるかもしれない。いずれにせよ、HEMPやEMSECのような電磁波に関連する情報セキュリティ問題が焦眉の急を告げる課題となってきていることは、論を待たないであろう。拙文を通して、この“旧くて新しいテーマ（=温故知新）”に関して、より一層の関心が向けられることを願いつつ本節を締めくくるものとする。

**【参考文献】**


[5-3-1] 防衛省規格 NDS C 0013（平成 15 年）：漏えい電磁波に関する試験方法、（社）日本防衛装備工業会（2003）

[5-3-2] 防衛省規格 NDS C 0011C（平成 23 年）：電磁干渉試験方法、（社）日本防衛装備工業会（2011）

[5-3-3] 防衛省規格 NDS C 0012B（平成 25 年）：電磁シールド室試験方法、（社）日本防衛装備工業会（2013）

[5-3-4] 防衛省規格 NDS Z 9011B（平成 26 年）：信頼度予測、（社）日本防衛装備工業会（2014）

[5-3-5] 瀬戸信二、“情報処理装置からの電磁波漏出にともなう情報漏えいの防止策（TEMPEST 対策）”、防衛技術ジャーナル、Vol.6、pp.6-18（1995）

[5-3-6] 瀬戸信二、“IT 化時代の電磁波セキュリティ対策－ TEMPEST 対策と電磁波攻撃対策”、防衛技術ジャーナル、Vol.12、pp.4-14（2003）

[5-3-7] Wim van Eck; Electromagnetic Radiation from Video Display Units: An Eavesdropping Risk?, Computers & Security, Vol.4, pp. 269-286（1985）

[5-3-8] 瀬戸信二ほか、“OA 機器等からの電磁波漏出に伴う情報漏えいについて”、情報処理学会　コンピュータ・セキュリティ研究会、Vo.45、pp.19-14（1999）

[5-3-9] EMC 電磁環境学ハンドブック編集委員会、EMC 電磁環境ハンドブッ、科学技術出版（2009）

[5-3-10] 内山一雄、“漏えい電磁波に関する情報セキュリティと NDS 規格 -NDS C 0012、0013 による情報漏えいの防止 -”、電磁環境工学情報誌 月刊 EMC、No.213、pp.124-140（2006）

[5-3-11] 内山一雄、“漏えい電磁波による情報漏えいとその評価について

(前編)"、防衛技術ジャーナル、Vol.2、pp.4-13 (2005)
[5-3-12] 新情報セキュリティ技術研究会、電磁波セキュリティガイドライン、新情報セキュリティ技術研究会 (2004)
[5-3-13] 内山一雄ほか、"漏えい電磁波計測方法の体系化とその考え方について～ NDS 規格を例とした規格制定の考え方"、平成 20 年度電気学会全国大会講演論文集 [1]、No.1-S2-4 (2008)
[5-3-14] K. Uchiyama, "Systematized Method of Measuring Emanation Security and Trends in Research on EMSEC Standards in Japan" , Proc. of 2009 International Symposium on EMC, Kyoto, No.21P1-1 (2009)
[5-3-15] 瀬戸信二、"防衛省規格「電磁シールド室試験方法」の解説"、電磁環境工学情報誌 月刊 EMC、No.166、pp.89-98 (2002)

# 第六章

## 機器のイミュニティ試験

## ６．１　各イミュニティ試験の一般要求事項

民生機器に要求されている、放射イミュニティ試験におけるイミュニティレベルは、HEMP および HPEM 脅威に対するイミュニティレベルと比較すると要求レベルは弱い。表 6.1.1 は、民生機器に対する放射イミュニティ規格（IEC61000-4-3）と HEMP および HPEM 放射イミュニティ規格（IEC61000-4-2 および IEC61000-4-35）の一般要求事項を示す。

なお、米国 MIL 規格では HEMP 試験として、MIL std.461G[6-1-1] 内の RS105 で試験方法と印加パルスが規定されており、軍需に関する電子機器に対し試験が要求される場合もある。

〔表 6.1.1〕各放射イミュニティ試験の一般要求事項

| 要求事項 | 民生機器に対する<br>放射イミュニティ試験 | HEMP | HPEM |
|---|---|---|---|
| 参照規格 | IEC61000-4-3[6-1-2] | IEC61000-4-32[6-1-3] | IEC61000-4-35[6-1-4] |
| 周波数範囲 | 80MHz － 6GHz | 広帯域 | 任意 |
| 印加方法 | アンテナ照射 | トランスミッションライン<br>TEMCELL 等 | アンテナ照射 |
| 印加レベル | 3V/m<br>10V/m<br>10V/m 以上（特殊） | 最大印加レベルと<br>アンテナとの距離<br>例 10kV at 15m | 例　600V/m 以上 |
| 印加<br>変調波形 | AM 1kHz 80%<br>PM 200Hz 12.6% | パルス波形（図 6.2.7）<br>正極・負極 | レーダー・バースト波形等<br>波形によってクラス分け<br>・Narrow<br>・Mesoband<br>・Sub-Hyperband<br>・Hyperband |
| 均一性要求 | 1.6m × 1.6m<br>最少 0.4m × 0.4m | 最大印加レベルが包含<br>されるエリア　例 9m$^2$ | 電界均一面が<br>校正されたエリア等 |
| 印加領域 | 同上 | ストリップライン<br>または TEMCELL 寸法 | 規定なし |
| 偏波 | 水平・垂直偏波 | 水平・垂直偏波 | 水平・垂直偏波 |
| 試験場所 | 電波暗室 | 電波暗室または野外 | リバーブレーション<br>チャンバ、電波暗室等 |
| 主要計測器 | 信号発生器<br>任意波形発生器<br>電力計<br>電力増幅器<br>送信アンテナ<br>電界センサ | パルスシミュレーター<br>トランスミッションライン<br>（TEMCELL またはストリップライン）<br>電界・磁界センサ<br>波形観測装置 | 信号発生器<br>任意波形発生器<br>電力計<br>電力増幅器<br>パルス電力増幅器<br>送信アンテナ<br>電界センサ |

| 要求事項 | 民生機器に対する放射イミュニティ試験 | HEMP | HPEM |
|---|---|---|---|
| その他 | AVC 機器、産業機器、家電、医療機器などに適用される。 | 印加されるパルス特性<br>・パルス幅<br>・立ち上り時間<br>・エネルギー帯域幅<br>・パルス繰返し周波数<br>・バースト長 | 航空機搭載電子部品<br>車載搭載電子部品などの放射イミュニティ試験で利用。 |

## 【参考文献】


[6-1-1] MIL-STD-461G（2015）：REQUIREMENTS FOR THE CONTROL OF ELECTROMAGNETIC INTERFERENCE CHARACTERISTICS OF SUBSYSTEMS AND EQUIPMENT, DEPARTMENT OF DEFENSE（2015）

[6-1-2] IEC 61000-4-3 Ed. 3.2（2010）：Electromagnetic compatibility（EMC）- Part 4-3: Testing and measurement techniques - Radiated, radio-frequency, electromagnetic field immunity test, International Special Committee on Radio Interference, INTERNATIONAL ELECTROTECHNICAL COMMISSION（IEC）（2010）

[6-1-3] IEC 61000-4-32 Ed.1.0（2002）：Electromagnetic compatibility（EMC）Part 4-32: Testing and measurement techniques High-altitude electromagnetic pulse（HEMP）simulator compendium, INTERNATIONAL ELECTROTECHNICAL COMMISSION（IEC）（2002）

[6-1-4] IEC TR 61000-4-35 Ed.1.0（2009）：Electromagnetic compatibility（EMC）- Part 4-35: Testing and measurement techniques - HPEM simulator compendium, INTERNATIONAL ELECTROTECHNICAL COMMISSION（IEC）（2009）

## 6.2　民生・車載搭載電子機器に対する放射イミュニティ試験概要

民生・車載搭載電子機器に適用される一般的な放射イミュニティ試験は表6.2.1に示す規格が適用される。国際規格、欧州規格で要求されている内容は概ね同じであり、適用される製品群規格で印加レベル、周波数範囲は変更される。IEC61000-4-3における基本的な試験配置は図6.2.1に示す通りである。

IEC61000-4-3では印加する電界強度の均一性は1.5m×1.5mの領域で要求されており、その要求を満たすために床面に吸収体を敷設し反射波を低減させる必要がある。

図6.2.2は民生・車載搭載電子機器に対する放射イミュニティ試験で使用する試験器の構成例を示す。

〔表6.2.1〕民生・車載搭載電子機器に適用される放射イミュニティ試験規格と要求事項

| 参照規格 | IEC61000-4-3[6-2-1]<br>（民生機器 国際規格） | ISO11452-2[6-2-2]<br>（車両搭載電子機器 国際規格） |
|---|---|---|
| 周波数範囲 | 80MHz － 6GHz | 80MHz － 18GHz |
| 印加方法 | アンテナ照射 | アンテナ照射 |
| 印加レベル（RMS） | 1V/m<br>3V/m<br>10V/m<br>10V/m以上（特殊） | 50V/m<br>100V/m<br>200V/m |
| 妨害波変調波形 | AM 1kHz 80%<br>PM 200Hz 12.6% | AM 1kHz 80%<br>PM1 217Hz 12.6%<br>PM2 300Hz 0.09% |
| 均一性要求 | 均一面1.5m×1.5m（16ポイントのうち75%以上が、+0dB～6dB以内） | 1ポイント<br>（ハーネス中央、DUT正面） |
| 送信アンテナと均一面との距離 | 3m（推奨） | 1.0m |
| 偏波 | 水平・垂直偏波 | 同左 |
| 試験場所 | 電波暗室 | 同左 |
| 主要計測器 | 信号発生器<br>任意波形発生器<br>方向性結合器<br>電力計<br>電力増幅器<br>送信アンテナ<br>電界センサ | 同左 |
| その他 | 床面配置要吸収体<br>監視カメラ等 | 電力用同軸ケーブル<br>監視カメラ等 |

以下、この試験で使用する試験器に関する注意点を述べる。

## 6．2．1　信号発生器

妨害波の搬送波として信号発生器を使用する。様々な種類の信号発生器が各社から販売されているが、基本的な特性は表6.2.2に示す内容を満たしておいた方が好ましい。

なお、信号発生器によっては内部に変調機能を有する機種も販売され

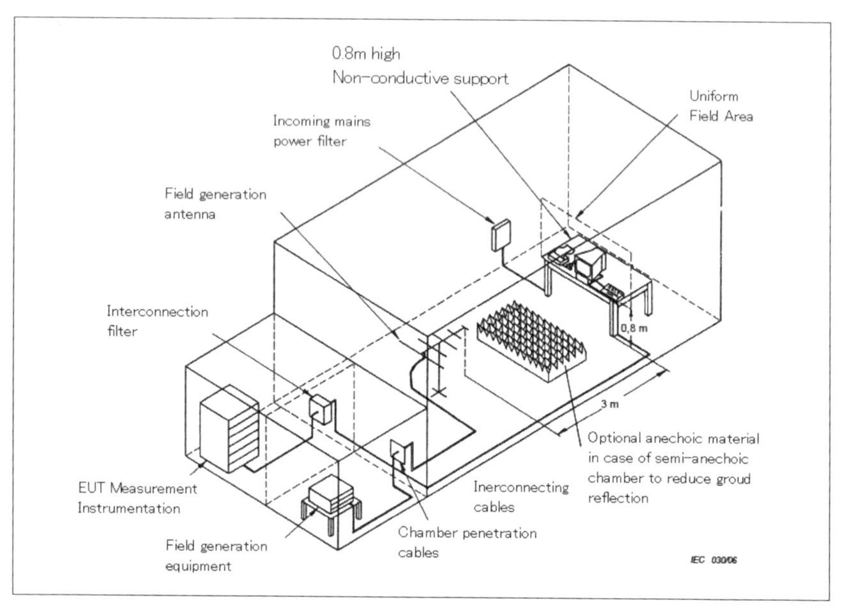


〔図 6.2.1〕IEC61000-4-3 における基本試験配置 [6-2-1]

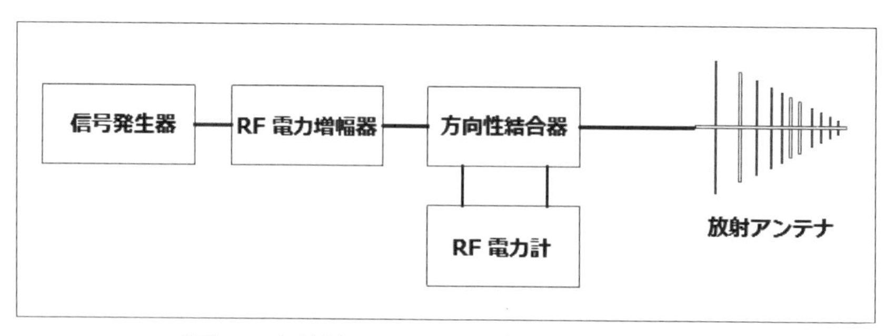


〔図 6.2.2〕放射イミュニティ試験の試験器構成例

ている。その場合には後述する任意波形発生器を使用する必要はない。

### 6.2.2　RF 電力増幅器

妨害波を規定の電界強度レベルを達成させるために電力増幅器を使用する。要求されている電界強度は周波数帯域、使用するアンテナ、同軸ケーブル、電波暗室の特性によって必要となる電力は大きく異なる。またIEC 規格で要求されている電界強度レベルは実効値で規定されている。従って振幅変調 1kHz、80% の変調をかけた場合には、無変調時に対して波高値は 1.8 倍、電力は 3.24 倍（5.1dB）大きくなるため、電力増幅器にはある程度余裕を持たせる必要がある。電力増幅器に要求される基本的な特性を表 6.2.3 に示す。

### 6.2.3　放射アンテナ

電力増幅器から供給された電力を放射し、電界強度を発生させるために用いる。規格には明確な要求事項は無いが、1GHz 以上の周波数帯域ではしばしばホーン型アンテナが用いられる。ホーン型アンテナはアンテナ利得が高く、線状アンテナと比べ広帯域である。したがって試験時にアンテナを交換する必要性がない。しかしながらアンテナ利得が高いため、図 6.2.3 に示す様に発生する電界強度はアンテナ正面方向に集中することになる。このため、規格が要求している電界強度の均一性を満

〔表 6.2.2〕信号発生器に必要な基本的特性

| 項目 | 要求事項 |
|---|---|
| 周波数 | 試験を実施する周波数範囲を満足すること。 |
| 信号精度 | スプリアス、高調波が低く、周波数ドリフトが小さいこと。 |
| 高調波成分 | 可能な限り低い方が良い。10dBc 以上 |

〔表 6.2.3〕電力増幅器に必要な基本的特性

| 項目 | 要求事項 |
|---|---|
| 周波数 | 試験を実施する周波数範囲を満足すること。 |
| 出力電力 | 要求電界強度を満たす出力があること。<br>例 250W : 80MHz-1000MHz |
| 構成 | 半導体または真空管、TWT で構成されること。 |
| 高調波 | IEC 規格では 6dBc。<br>使用するアンテナや周波数にもよるが 20dBc 程度が好ましい。 |
| スプリアス | 可能な限り低いこと。 |

たさない場合もある。

またアンテナが広帯域の場合、電力増幅器の高調波特性の影響を受けやすい。図 6.2.4 に示すように基本波よりも高調波の周波数帯域のほうがアンテナの利得が高い場合がある。その場合には印加する電界強度は

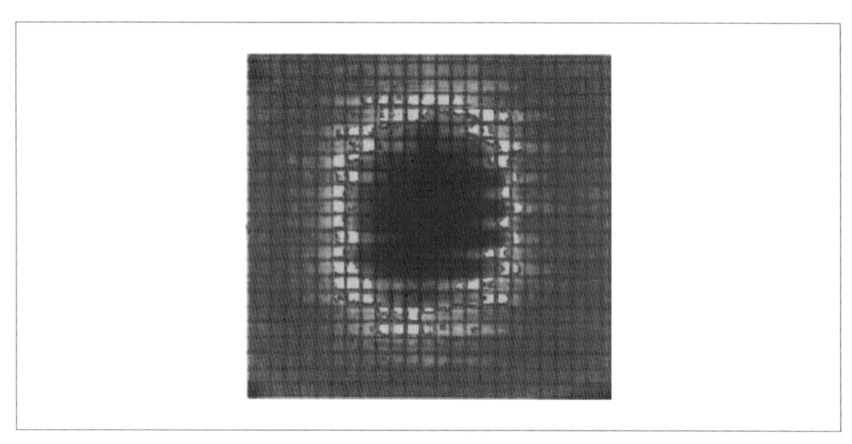

〔図 6.2.3〕ホーン型アンテナを用いた場合の正面付近の電界分布例

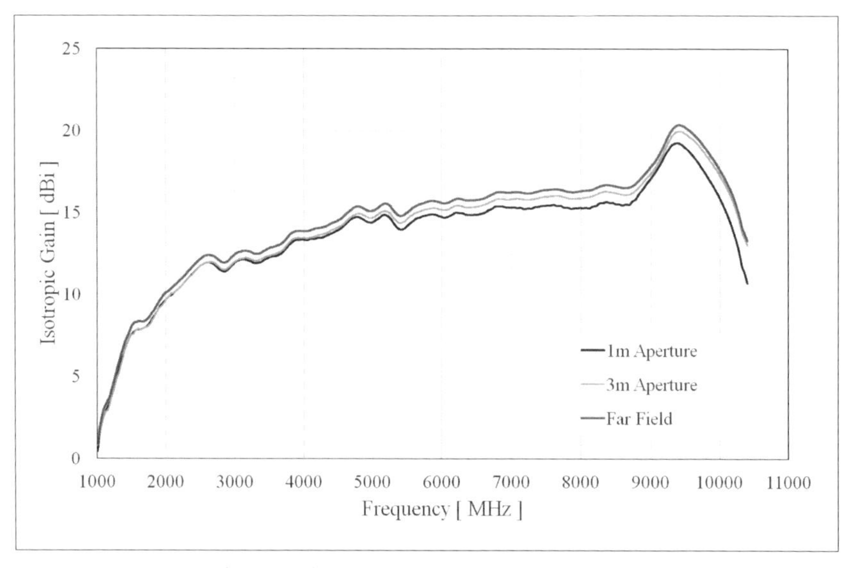


〔図 6.2.4〕ホーン型アンテナ利得特性例

基本波と高調波の合成された電界となる。したがって電力増幅器の高調波特性を考慮して放射アンテナを選択する必要がある。

### 6．2．4　RF電力計

IEC61000-4-3およびISO11452-2では、試験を行う電波暗室所における電界レベルを設定し、その結果から導き出された進行波電力を用いて電界強度を制御し試験を行うことが要求されている。RF電力計には、いくつかの方式があり、表6.2.4に示すように、規格が要求している変調波形、または規格の要求事項に合わせて使い分ける必要がある。またRF電力計は周波数選択度を有していない。従って電力増幅器や信号発生器が高調波成分を多く含む場合、これらの信号レベルを含んだ電力表示となるため、正確な進行波電力を読み取ることができない。このことからも電力増幅器の高調波特性は十分配慮する必要がある。図6.2.5に電力増幅器からの出力を電力計で測定した場合と、スペクトラムアナライザを用いて周波数を選択した場合の電力を比較した結果を示す。

### 6．2．5　電界センサ

電界の均一性を確認するために使用する目的もあるが、実際に電界強度を計測するために使用する。電力増幅器同様に要求される妨害電界強度レベルに耐えられる感度を有したものを使用する必要がある。

また測定可能なレベル範囲は、電界センサが有するダイナミックレンジに依存するため、高いレベルまで読み取れる電界センサの場合には低いレベルの電界は読み取れない可能性があるため注意しなければならない。

〔表6.2.4〕販売されている電力計の種類

| 方式 | 使用目的 |
|---|---|
| 熱電対型 | 精度は最も良いが、ダイナミックレンジが狭い。熱電対型であるため表示は平均値を示す。 |
| ダイオード型 | ダイオードを用いて検波する方式、CWに対して実効値を示すように調整されている。ダイナミックレンジが比較的広く、一般的に放射イミュニティ試験で用いられる。 |
| ピーク型（FFT） | FFT処理を用いてピーク値を表示する。レーダー等の非常にディーティーが低い信号にも対応しており、航空機搭載部品や自動車搭載部品の試験では使用することが規定されている。 |

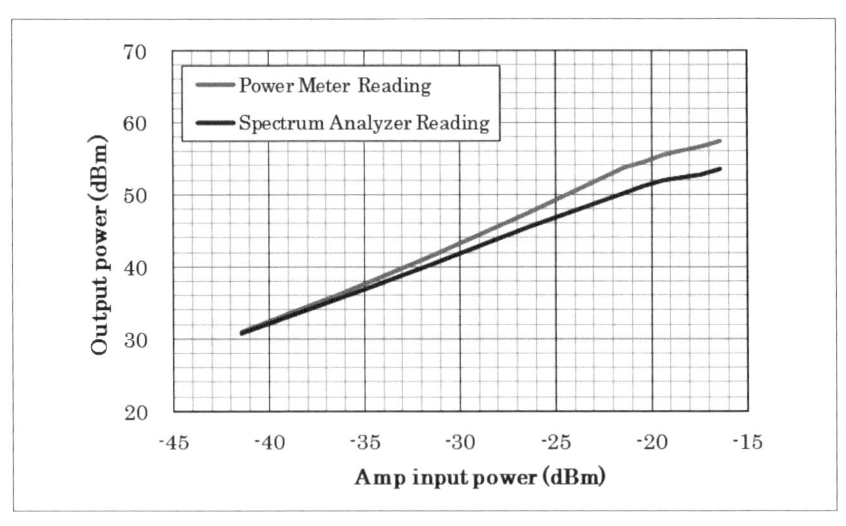


〔図 6.2.5〕電力計とスペクトラムアナライザを用いた場合の電力差分

## 6．2．6　同軸ケーブル

IEC61000-4-3 における放射イミュニティ試験は 80MHz から最大で 6GHz までの試験が要求される。低い周波数では一般的に放射アンテナの放射効率が悪いため、比較的大きな電力を、同軸ケーブルを介して電力増幅器から放射アンテナを接続する必要がある。また 6GHz では同軸ケーブルの挿入損失が無視できないほど大きくなる。

図 6.2.6 (a)、(b) は、一般的な同軸ケーブル（5D2W）と 6GHz まで使用可能な高精度同軸ケーブルの挿入損失を比較した例である。同図からもわかるように、6GHz において一般的な同軸ケーブルでは損失が 6dB 以上あるため、電力増幅器の能力限界まで使用したとしても、放射アンテナに供給される電力は全電力の 25% まで減少することになる。これらのことから、同軸ケーブルは使用する周波数帯域や供給する電力の大きさを考慮して設定する必要がある。

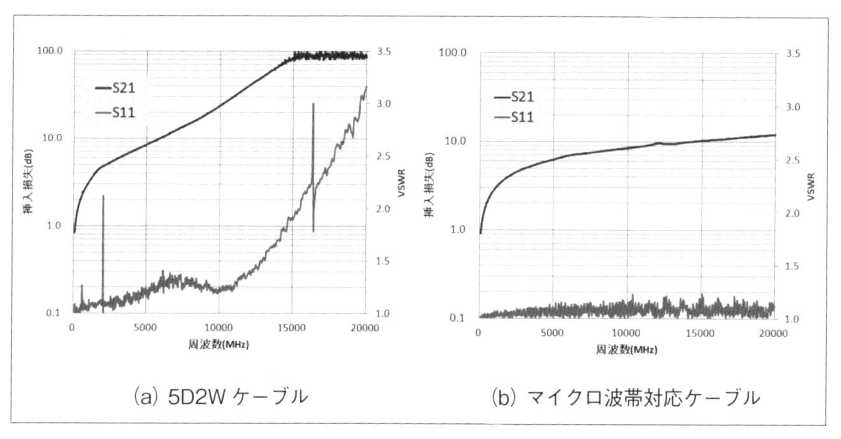


〔図 6.2.6〕同軸ケーブルの挿入損失比較

## 【参考文献】

[6-2-1] IEC 61000-4-3 Ed. 3.2（2010）: Electromagnetic compatibility（EMC）- Part 4-3: Testing and measurement techniques - Radiated, radio-frequency, electromagnetic field immunity test, International Special Committee on Radio Interference, INTERNATIONAL ELECTROTECHNICAL COMMISSION（IEC）（2010）

[6-2-2] ISO11452-2 Ed.2.0（2004）: Road vehicles - Component test methods for electrical disturbances from narrowband radiated electromagnetic energy - Part 2: Absorber-lined shielded enclosure, International Organization for Standardization（ISO）（2004）

## ６．３　HEMP 試験概要

HEMP は高高度電磁パルスを意味し、数十 km 以上の上空における核爆発により地上に放射される電磁パルスを示しており、NEMP（Nuclear ElectroMagnetic Pulse）と呼ばれる場合もある。機器に対する HEMP の試験方法は、国際的には IEC61000-4-32 で規定されているが、米国軍規格である MIL Std.461G および国内防衛省規格 NDS C0011C では、実戦闘を考慮し IEC61000-4-32 をベースとした試験規格を制定している。

わが国では領土の広さに対する人口密度の高さや国内電波法の関係上、屋外での試験を実施することは不可能であり、また一般的な試験ラボで使用できる環境は整っていない。　しかしながら世界の国々では高度核爆発による電子機器への影響を配慮し HEMP 試験設備が整備されている。

比較的具体な試験法が詳細に記載されている MIL Std.461G で要求されている妨害波と波形要求事項を図 6.3.1 と表 6.3.1 に示す [6-3-1]。

### ６．３．１　トランスミッションライン

HEMP 試験は前述の通り MIL Std461G で規定されており、この試験のために使用するシステムは一般に販売されている。図 6.3.2 はその基本試験システム例を示す。この試験システムはオープンエリアテストサイト（OATS: Open Area Test Site）または電波暗室内で使用する構造となっ

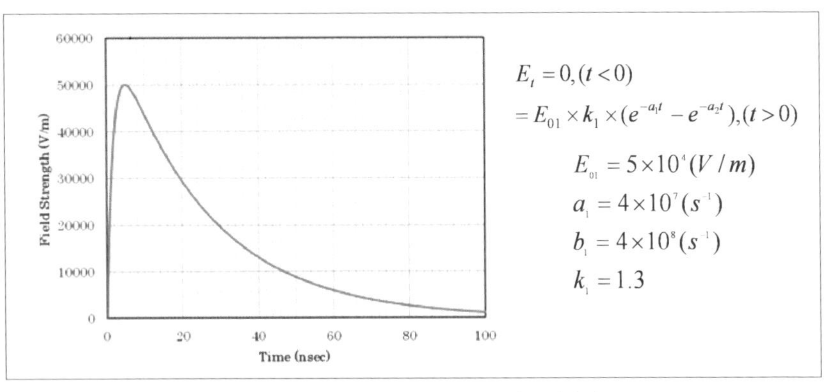


〔図 6.3.1〕MIL Std.461G 要求波形（理論値）[6-3-1]

ており、試験対象となる製品の寸法に応じて試験システム規模が異なっている。

〔表 6.3.1〕MIL Std.461G 規格が要求している妨害波波形要求事項

| 項目 | 要求事項 |
|---|---|
| 立ち上り時間 | 1.8nsec － 2.8nsec<br>（最大値の 10% から 90% 区間） |
| パルス幅 FWHM<br>（Full Width Half Maximum） | 23nsec ± 5nsec |
| グリッドポジションにおける<br>電界または磁界のピーク値 | 0dB< 許容振幅 <6dB 以上 |

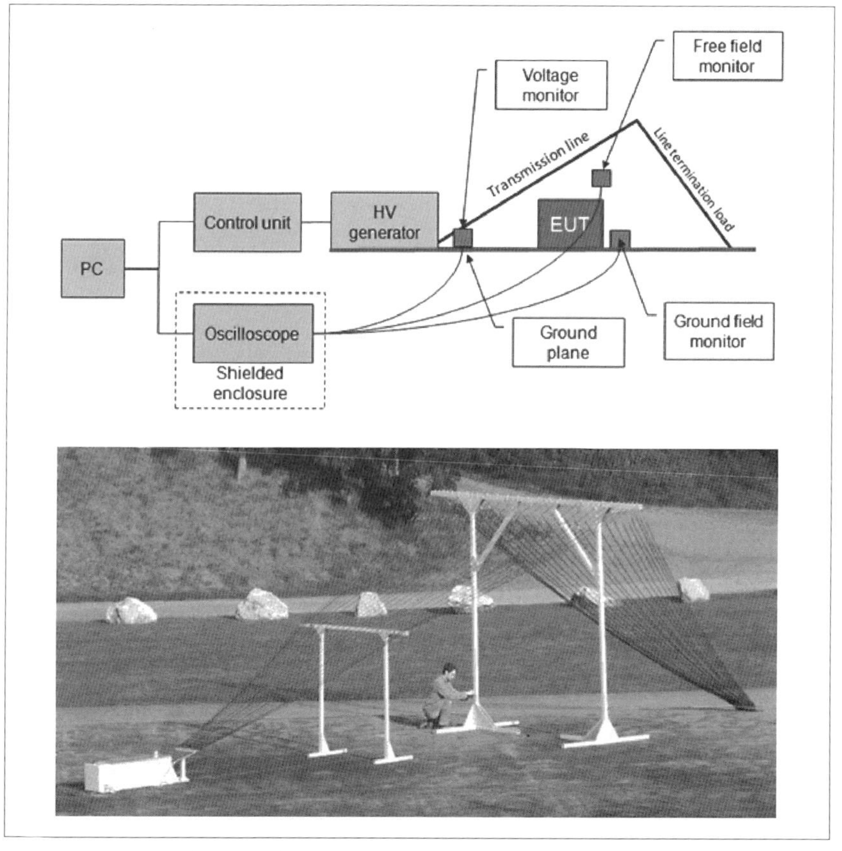


〔図 6.3.2〕HEMP 基本システム構成と外観例

一方、この試験で発生する電磁界は非常に強いものであり、観測に使用する機材や波形を計測するための機器・制御装置類及び試験オペレータは、十分に遮蔽されたシールド環境内で実施しなければならない。

以下に、HEMP 基本システム構成における各機器の概要について記す。

### 6.3.1.1　HV妨害波発生器

HV 妨害波発生器は実際に妨害波を発生させるパルスジェネレータである。後述するストリップラインの高さや規模によって要求されている電界強度を得るために発生させるパルスの波高値を変更させる必要がある。図 6.3.3 に示す Montena 社製のシステムではストリップラインの高さが 1.8m のシステムの場合、80kV を出力するパルスジェネレータが装備され、3.6m のシステムでは 230kV のパルスジェネレータが装備される。適用する HEMP レベルにもよるが HV 発生器には以下に示す項目を規定または定める必要がある。

・パルス幅

・立ち上り時間

・エネルギー帯域幅

・パルス繰返し周波数

・バースト長

### 6.3.1.2　HVプローブ

HV 妨害波発生器から発生したパルスが、トランスミッションラインに印加される直前の波高値を検出し、フィードバック制御を行うための

〔図 6.3.3〕パルスジェネレータ（Montena 社）

プローブである。妨害波の立ち上り時間は非常に高速であり広帯域性を示す。また波高値も非常に大きな値であるため耐電力と周波数応答性に優れたプローブが必要となる。

#### 6.3.1.3 電界・磁界プローブ

電界・磁界プローブは2種類必要となる。トランスミッションライン上端から放射された電界または磁界を供試装置上で実測値を評価する空間プローブと、トランスミッションラインが配置されるグランドプレーン上に発生する電界または磁界の実測値を評価するグランドプローブが必要となる。HVプローブ同様に妨害波の要求に対して十分対応できる物が必要となる。市販されているプローブの諸元を表6.3.2に示す。

#### 6.3.1.4 オシロスコープ

要求されている妨害波の立ち上がりは5nsecであり、一般的民生機器で要求されている静電気試験と概ね同等の立ち上がり時間である。そのため比較的高性能なオシロスコープを使用しなければ正しく波形をとらえることができない。この試験で必要と考えられるオシロスコープに対する基本的な要求事項を表6.3.3に示す。

〔表6.3.2〕市販されているHEMP用電界・磁界プローブの諸元（Montena社）

| Reference | SFE1G | SFE3-5G | SFE10G | SFM8-5G |
|---|---|---|---|---|
| Type | D-Dot (Electric) | D-Dot (Electric) | D-Dot (Electric) | B-Dot (magnetic) |
| Total equ. area Aeq, tot | $2 \times 10^{-2} m^2$ | $2 \times 10^{-3} m^2$ | $2 \times 10^{-4} m^2$ | $9 \times 10^{-6} m^2$ |
| Frequency response (−3dB) | 1GHz | 3.5GHz | 10GHz | 8.5GHz |
| Risetime(10-90%) | 320ps | 110ps | 32ps | 41ps |
| Peak max. output | 1kV | 1kV | 1kV | 500V |
| Connector type | SMA (m) | SMA (m) | SMA (m) | SMA (m) |
| Weight | 800g | 350g | 200g | 150g |
| Dimensions (L × W × H) | 39 × 8 × 10cm | 39 × 8 × 3.5cm | 39 × 8 × 1.8cm | 40 × 0.6 × 0.5cm |
| Recommended balun | BL1G | BL3-5G | BL10G | BL10G |

〔表6.3.3〕試験で必要と考えられるオシロスコープの特性

| 項目 | 特性 |
|---|---|
| 帯域幅 | 2GHz程度 |
| サンプリング | 10Gbs以上 |
| メモリ長 | 1.1M/sec以上 |
| ADコンバータ | 12bit以上 |

### 6.3.1.5　TEM Cellまたはストリップライン

実際に妨害波を供試装置に印加する装置として、TEM Cell またはストリップライン等のトランスミッションラインが用いられる。

図 6.3.4 はトランスミッションラインの基本構造を示す。妨害波を注入ポートから入力し、放射状に広がったトランスミッションラインに接続される。それぞれのトランスミッションラインは終端抵抗が接続されインピーダンスの整合がとられており、効率よく電磁波が放射される構造となっている。

IEC61000-4-32 では最大印加レベルが包含される範囲および印加テストボリュームが規定されており、供試装置の大きさや寸法に応じた大きさの TEM Cell またはストリップラインを準備する必要がある。規格上では、表 6.3.4 に示すように発生電界の均一エリアやテストボリューム

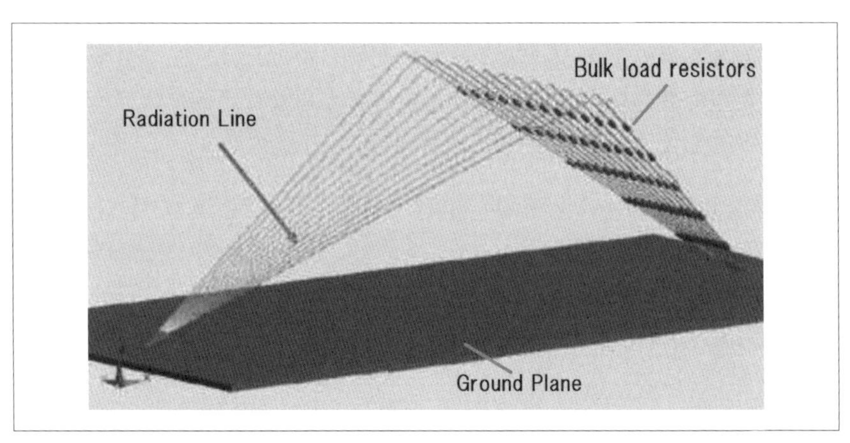


〔図 6.3.4〕トランスミッションラインの基本構造

〔表 6.3.4〕電磁界均一性（テストボリューム前後における妨害波ピーク値の比率）

| グレード | 内容 |
|---|---|
| Excellent | ± 10% 未満<br>垂直偏波：テストボリューム内前後で 20%<br>水平偏波：テストボリュームの垂直方向で 15% 以下 |
| Good | ± 20% から± 10% までの範囲 |
| Fair | ± 50% から± 20% までの範囲 |
| Poor | ± 50% より悪い |

が規定されている。

トランスミッションラインで試験を実施する場合、トランスミッションラインと供試装置の大きさの規定を守る必要がある。図 6.3.5 に示すように供試装置とトランスミッションライン間の浮遊容量と供試装置自身がインダクタンス成分となった場合には共振状態となり、実際に要求されている電界または磁界が発生しない可能性があるため注意する必要がある。この現象を抑制するためにトランスミッションラインの高さに対して 1/3 の寸法以内の供試装置の大きさで実施することが推奨されている。

電波半無響室で試験を実施する場合、MIL Std.461G では図 6.3.6 に示

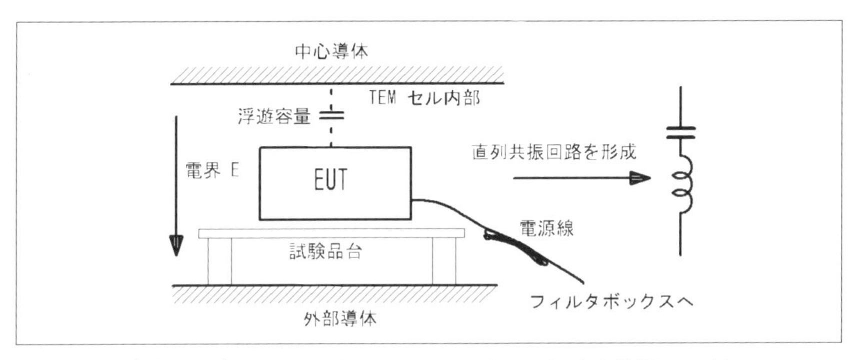


〔図 6.3.5〕トランスミッションラインにおける共振モード

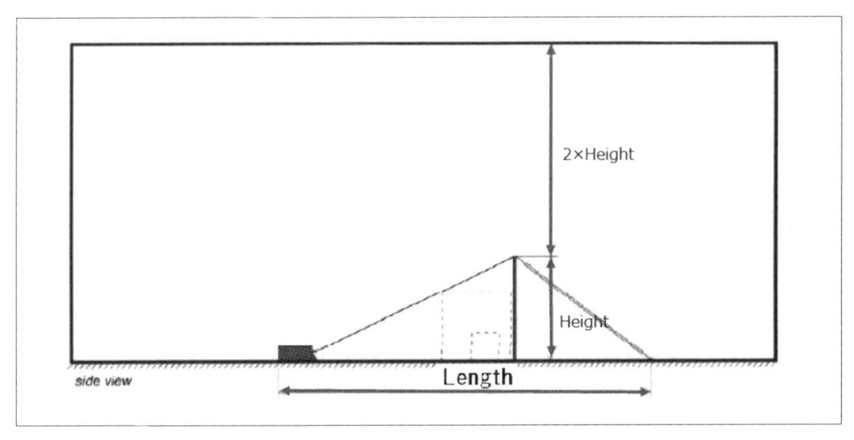


〔図 6.3.6〕MIL Std.461G 規定されている電波半無響室内での要求事項

す通り電波半無響室の天井高が規定されている。理想的な空間であるOATSでは、発生させた電界が反射することは殆どないが、電波半無響室の場合には、天井や壁面で反射する可能性が考えられるため天井高が規定されていると考えられる。

トランスミッションラインはオープンセル構造であり放射された電磁波を閉じ込めることができない。図6.3.7に示すコンピュータシミュレーション結果からもわかる通り、ある程度の広がりをもって放射され、この要件は先に記述した電界均一性のグレードに関わる。

これらのことから試験を実施する場所、供試装置の寸法に応じたトランスミッションラインを用いなければ正しい評価が行えないことになるため、各要件に準ずる必要がある。

### 6.1.3.6　GTEM Cell

GTEM Cellは図6.3.8に示すように，テーパ形状のセル（外導体）内部に平板の中心導体（セプタム）が組み込まれた50Ω伝送線路で、試験品はセプタムとセルの床面の間に配置される。テストボリュームを大きくするためにセプタムの位置はテーパ上下方向の中心ではなく、テーパ内部の天井面から1/3以内に設置されている。また、広帯域化を図るために低周波で有効な50Ω終端抵抗板および高周波で有効な電波吸収体が終端部に取り付けられている。

TEM Cellは両端にテーパ部、その間に矩形部が設けられているため高次モードが発生し、セルの大きさにも依存するが一般的に上限周波数

〔図6.3.7〕トランスミッションライン内の電磁界分布

は数百 MHz に限定される。一方 GTEM Cell はテーパのみで矩形部がない構造で、高次モードが発生しないため、要求される均一性にも依存するが数 GHz まで使用可能である。他のストリップラインと同様に、試験品の大きさはトランスミッションラインの高さの 1/3 の寸法以内であることが推奨される。一般に市販されている GTEM Cell のサイズおよびテストボリュームのサイズを表 6.3.5 に示す。また、セル内の電界均一領域を図 6.3.9 に示す。

GTEM Cell はクローズドセル構造であることから外部に電波を漏えいさせないため（シールド特性としては 80dB 程度）、シールドルームおよび電波半無響室を必要とせず、一般の屋内に設置することが可能である。図 6.3.10 は安全性を配慮して測定室と GTEM Cell をそれぞれ別のシールドルームに配置した測定システム例である。図 6.3.11 は供試装置を GTEM Cell 内に設置した様子を示している。

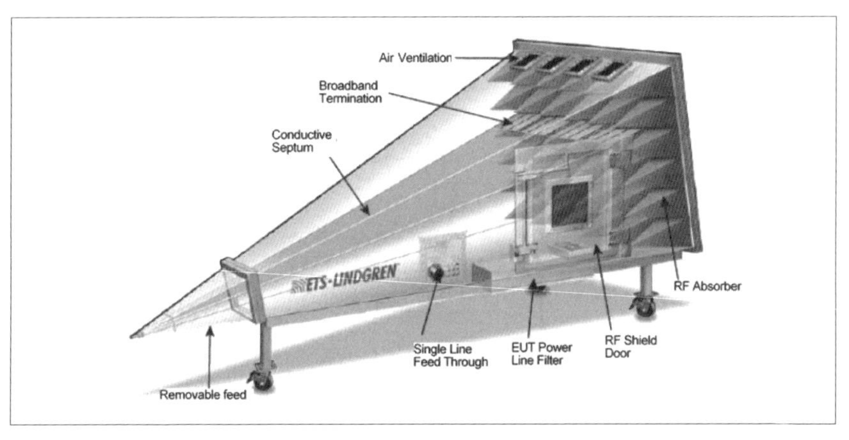


〔図 6.3.8〕GTEM Cell の構造 [6-3-2]

〔表 6.3.5〕外径サイズとテストボリュームの関係

| モデル名<br>ETS-Lindgren | 外形サイズ（L×W×H）<br>※架台含む | セプタム最大高さ | テストボリューム（W×H）<br>±1dB 均一 |
|---|---|---|---|
| 5405 | 3.0m×1.6m×5.5m※ | 50cm | 25cm×16.7cm |
| 5407 | 4.0m×2.2m×2.1m※ | 75cm | 45cm×25cm |
| 5411 | 5.4m×2.8m×2.3m※ | 110cm | 55cm×36.6cm |
| 5317 | 7.7m×4.1m×2.8m | 170cm | 87.5cm×58.4cm |

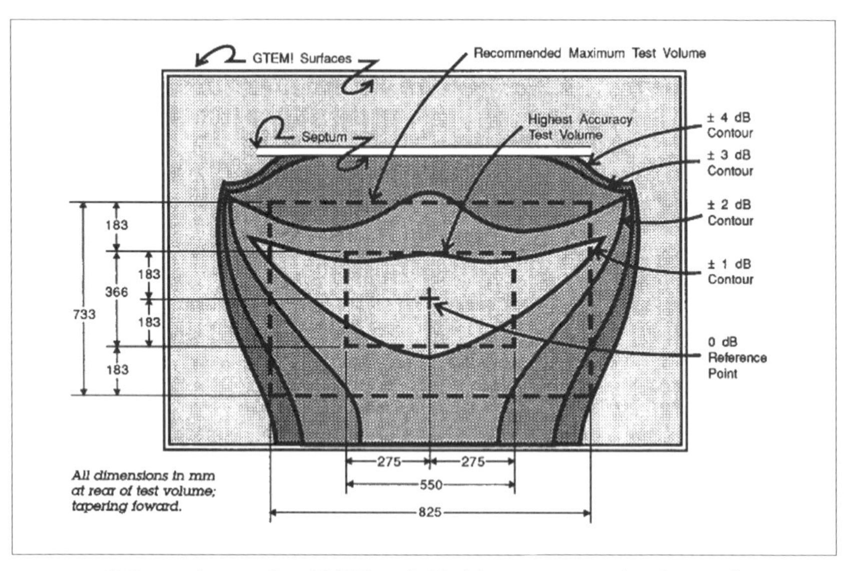


〔図 6.3.9〕セル内の電界均一領域（表 6.3.5 のモデル名 5411）

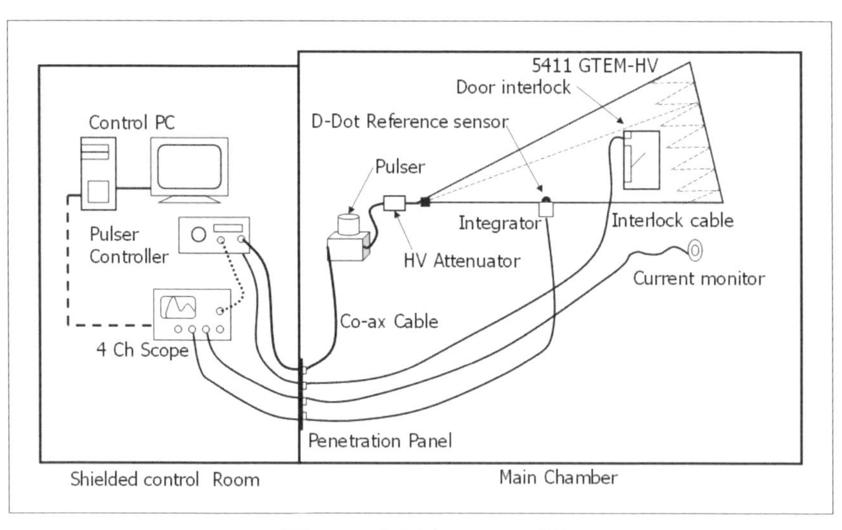


〔図 6.3.10〕測定システム例

〔図 6.3.11〕測定時の供試装置配置

### 6．3．2　ダイポールシミュレータおよびハイブリッドシミュレータ

野外で試験する方法として、ダイポールシミュレータおよびハイブリッドシミュレータがあり、航空機の試験などに使用される。図 6.3.12 はダイポールシミュレータで直径 17m および高さ 12m のコニカルアンテナをグラウンドプレーンに配置したもので垂直偏波による試験となる。また、図 6.3.13 は、水平偏波のダイポールアンテナとループアンテナとしての特性を利用することで、遠方界と近傍界の照射を複合するハイブリッドタイプのシミュレータとして機能する [6-3-3]。

**【参考文献】**


[6-3-1] MIL-STD-461G（2015）：REQUIREMENTS FOR THE CONTROL OF ELECTROMAGNETIC INTERFERENCE CHARACTERISTICS OF SUBSYSTEMS AND EQUIPMENT, DEPARTMENT OF DEFENSE（2015）

[6-3-2] "GTEM!™", ETS-Lindgren, http://www.ets-lindgren.com/pdf/GTEMposter.pdf（2016.12.13 確認）

[6-3-3] W. D. Prather, "The Ellipticus CW Illuminator", Sensor & Simulation Notes, Note 559（2012）

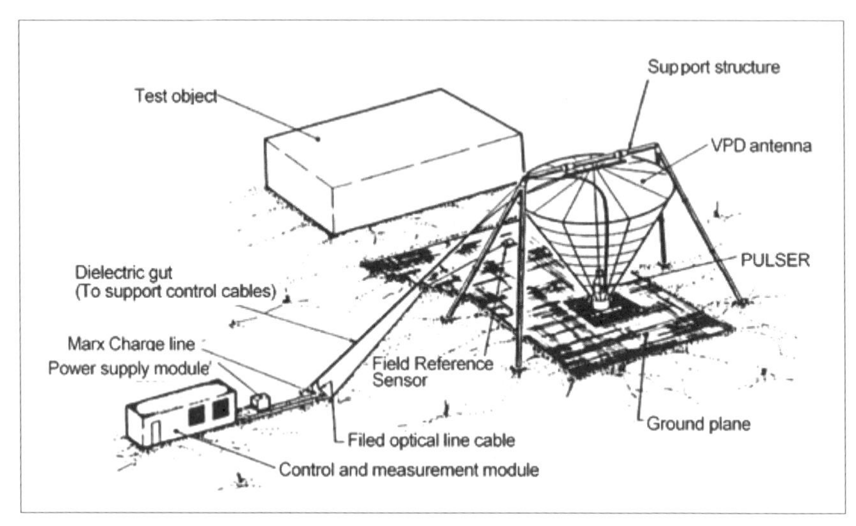


〔図 6.3.12〕ダイポールシミュレータ

〔図 6.3.13〕ハイブリッドシミュレータ

## 6．4　HPEM 試験概要

IEC 61000-4-35 では狭帯域妨害波による電磁的な攻撃 IEMI の影響を考慮している。前述で述べた高高度核爆発を意図したものに対し、狭帯域妨害に関しては意図的な電磁攻撃や航空レーダーによる電子機器の影響を評価する目的が強いと考えられる。そのため電波半無響室もしくは

OATSを用いたアンテナ照射法とリバーブレーションチェンバーを用いた妨害波印加方法が記載されている。アンテナ照射法に関しては前述したIEC 61000-4-3と概ね同様であるため省略する。

HPEM試験における波形要求事項は、pbw（Percentage bandwidth）と、br（Band ratio）で定義されており、その値によって表6.4.1に示す通りに区分される。pbwとbrを式（6-4-1）と式（6-4-2）に示す。

…………………………………………………………………… (6-4-1)

…………………………………………………………………… (6-4-2)

%を包含する上限周波数（$f_h$）と下限周波数（$f_l$）

$$pbw = \frac{2(f_h - f_l)}{(f_h + f_l)}$$

れている HPEM妨害波波形（Hypoband）の時間領域と周

$$b_r = \frac{f_h}{f_l}$$

.1に示す。

M 試験設備

IEC 61000-4-35妨害波の印加設備として、OATS、電波半無響室、リバーブレーションチェンバーを用いたアンテナ照射法が記載されている。リバーブレーションチェンバーによる試験方法はIEC 61000-4-21[6-4-1]に記載されている。図6.4.2はHPEM試験が実際に行われているOATS、電波半無響室、リバーブレーションチェンバーの例を示している。

民生機器のEMS評価で用いられることは殆どないが、米国大手自動車メーカ車載搭載電子機器や航空機搭載電子機器規格（RTCA DO160F[6-4-2]以降）では、リバーブレーションチェンバーを用いて試験

〔表6.4.1〕HPEM試験における波形要求事項

| 名称 | 定義 |
|---|---|
| Hypoband（Narrowband）signal | pbw < 1% または br < 1.01 |
| Mesoband | 1% < pbw < 100% または 1.01 < br < 3 |
| Sub-hyperband | 100% < pbw < 163.4% または 3 < br < 10 |
| Hyperband | 163.4% < pbw < 200% または br>10 |

を行うことが規定されている。

　またHPEM評価を行うための電波半無響室、OATSまたはリバーブレーションチェンバーでは供試装置ボリュームや電磁波が照射される領域が示されている場合が多い。IEC 610004-35では多くの試験設備が参考に掲載されており、そこに示されている測定場や表記されている各種パラメータを表6.4.2に示す。

## 6．4．2　HPEM試験装置システム

　HPEM試験システムの一例を図6.4.3に示す。基本的にはHEMP試験で用いたトランスミッションラインが送信アンテナに置き換えられたシステムとなる。

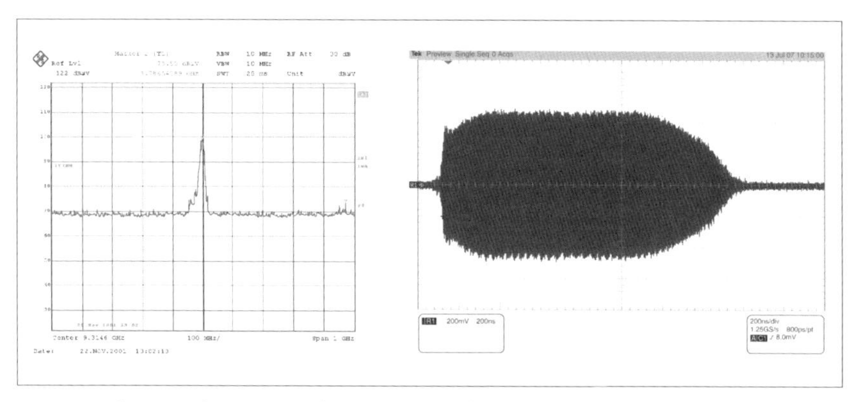


〔図6.4.1〕HPEM評価における妨害波例（周波数軸と時間軸）

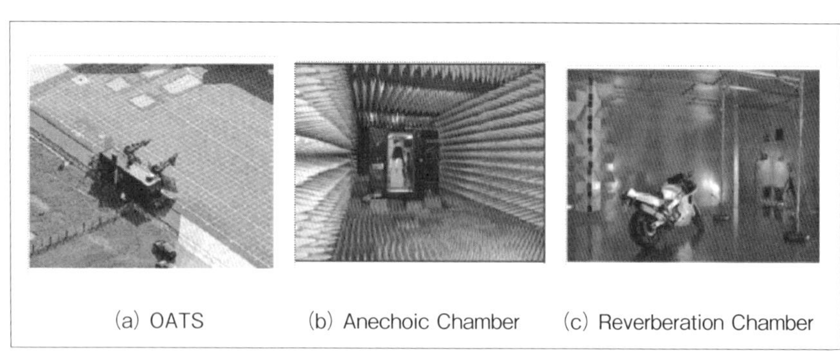

(a) OATS　(b) Anechoic Chamber　(c) Reverberation Chamber

〔図6.4.2〕HPEM試験を実施する場所の例

試験に使用する試験器は下記の通りとなる。連続波ではなくパルス波やバースト波形を取り扱うため民生機器の放射イミュニティ試験とはシステムは大幅に異なる。

・高速パルス発生器
・超広帯域高効率放射アンテナ
・パルス電界センサ
・パルス分配器
・高性能オシロスコープ

以下、各試験器の概要について記す。

### 6．4．2．1　高速パルス発生器

HPEM概要で説明した通り、この試験では妨害波波形の時間領域と周

〔表6.4.2〕HPEM試験設備における代表的なパラメータ

| 項目 | 詳細 | 項目 | 詳細 |
|---|---|---|---|
| 妨害波の形式 | 表6.4.1 HPEM試験における波形要求事項 | 発生電界の向き | 水平・垂直または円偏波 |
| 電波半無響室寸法 | 電波半無響室の大きさ | 遠方界レンジ | 遠方界の距離 |
| テストボリューム | 包含領域（体積） | 最大印加レベル | 最大放射電界レベル |
| 暴露される最大領域 | 包含領域（平面） | パルス特性 | 立上り時間等 |
| 3dB包含領域 | 放射アンテナのビーム幅3dB幅 | パルス出力 | 発生器の出力レベル |

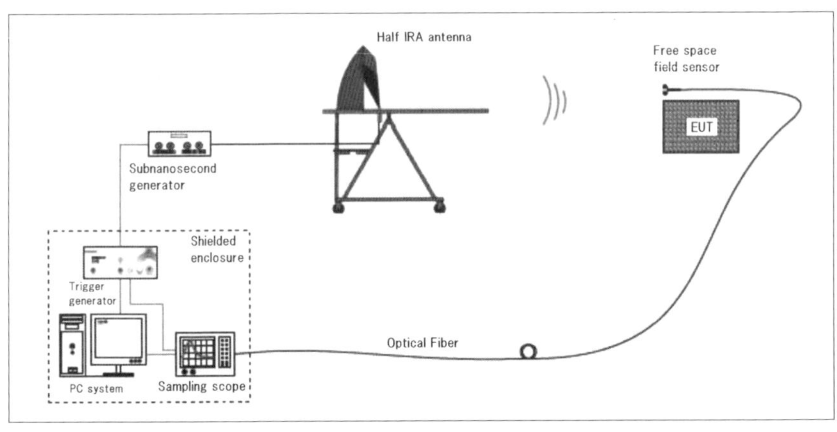


〔図6.4.3〕HPEM試験システムの一例

波数領域が定められており、非常に立ち上がりが早くかつ広帯域性の妨害波を発生させる必要がある。

市販されている高速パルス発生器では、立ち上がりが130psec、間隔が600psecのパルスを70kVまで出力することができるものが販売されている。

### 6.4.2.2　超広帯域高効率放射アンテナ

高速パルス発生器で発生したパルスを効率良く放射させる必要がある。一般の放射イミュニティ試験ではディスクリート周波数ステップで試験を行うが、この試験では妨害源に高速パルスを用いるため、非常に広い周波数範囲を包含できる放射アンテナを使用する必要がある。

放射アンテナの例として、100MHzから18GHzの非常に広帯域な特性を有した図6.4.4に示す放射アンテナが市販されている。

### 6.4.2.3　パルス電界センサ

供試装置近傍でアンテナから放射された電界の実測値を評価するパルス電界センサが必要であり、取り扱う妨害波の立ち上がり時間にあったものを使用することが重要である。基本的にはHEMPの項で取り上げたものと同等品である。

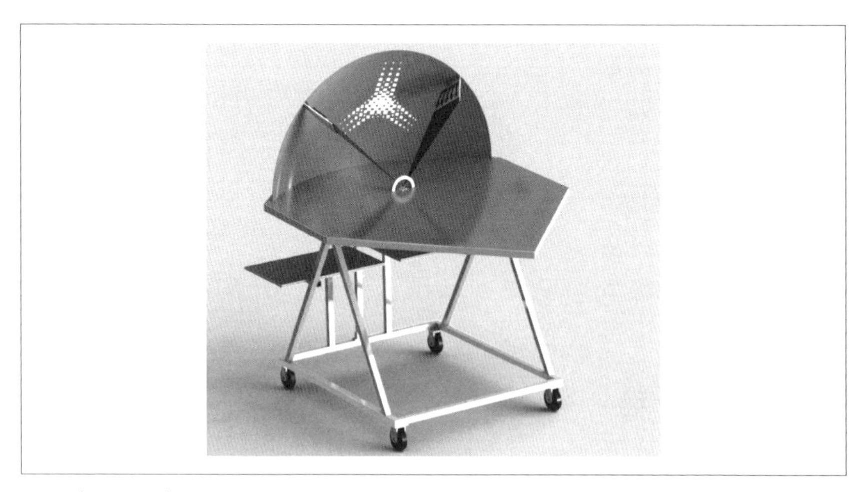

〔図6.4.4〕HPEM試験用放射アンテナ（Montana製100MHz-18GHz）

#### 6.4.2.4　パルス分配器

高速パルス発生器から出力された波形を観測するために使用する。実測電界を確認しながら試験を行う閉ループ法または、事前に電界を設定しておく置換法のいずれの方法においても使用する。

#### 6.4.2.5　高性能オシロスコープ

上限周波数が18GHzの場合、サンプリング定理から上限周波数の2倍以上の帯域幅を有したオシロスコープが必要となる。またパルスの繰り返しが非常に速いことから高速でサンプリングが可能でなければならない。妨害波の波形を確実にとらえるために、発生器と同期をとったトリガ発生器を使用することで確実に妨害波の波形をとらえることが可能となる。

### 6．4．3　HPEM試験を実施するためのチャンバ

#### 6.4.3.1　リバーブレーションチェンバーの構造と原理[6-4-1]

図6.4.5に示すように、リバーブレーション・チャンバは，シールドルーム内にログペリオディックアンテナあるいはホーンアンテナ等の送信アンテナ、および電波を拡散させるために一つ以上のスタラーと呼ばれる金属製の攪拌機が取り付けられた構造である。シールドルームは大型の空洞共振器として動作し、アンテナから照射された電波をシールドルーム内の壁、天井および床に反響させ、Qファクタが高く残響時間の長いパルスを生成する。更に、図6.4.6に示すスタラーを回転させて反射条件を変えることにより、あらゆる面から統計的に等方性で均一な電界を照射することが出来、電波半無響室よりも効率よく強電界を得ることができる。回転方法としては、下記に示す2種類がある。

・Continuous Stirring（Mode-stirred）：連続回転

・Stepped / Tuning（Mode-tuned）：ステップ回転

図6.4.7はリバーブレーション・チャンバの外観例を示す。

供試装置が設置可能なテストボリュームはチャンバの全容積に対して10% 未満の大きさになり、使用可能な下限周波数（LUF: Lowest Usable Frequency）については式（6-4-1）により求められる。

…………………………………………………………………………(6-4-1)

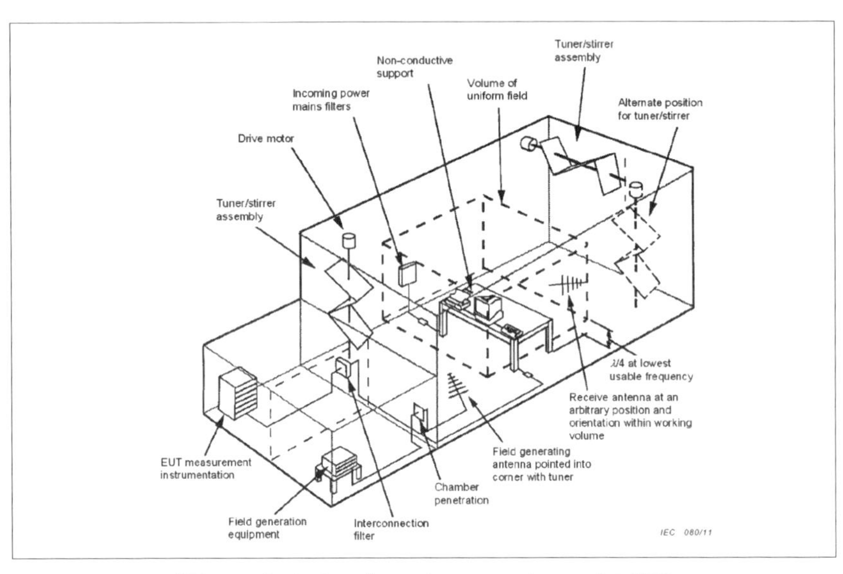


〔図 6.4.5〕リバーブレーション・チャンバの構造

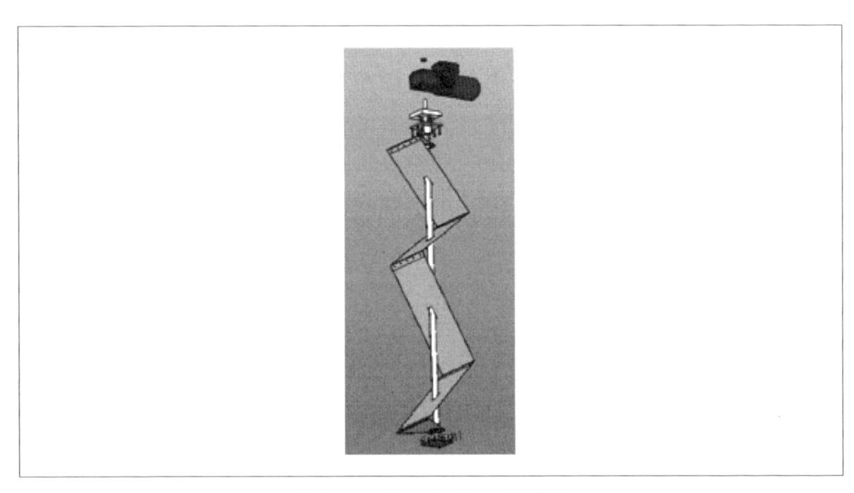

〔図 6.4.6〕スターラーの構造

$$F_{lmn} = 150 \times \sqrt{\left(\frac{l}{L}\right)^2 + \left(\frac{m}{W}\right)^2 + \left(\frac{n}{H}\right)^2}$$

チャンバの長さ，幅，高さ

チャンバの大きさとLUFおよびテストボリュームの関係を示す。

IEC61000-4-21に従い、チャンバ内の最も近い壁から1/4波長離れた直方体を電界均一性領域として、立方体各頂点8ヶ所の3軸（X, Y, Z）の電界を測定し、標準偏差が表6.4.4の許容値を満たしていれば、試験領域内は均一であると考えられる。

供試装置の試験条件として、表6.4.5に示す次項についてデータシートに記載することが要求されている。

〔図6.4.7〕リバーブレーション・チャンバの外観例 [6-4-3]

〔表6.4.3〕チャンバの大きさと周波数およびテストボリュームの関係 [6-4-1]

| モデル名<br>ETS-Lindgren | サイズ：L×W×H(m) = V(m$^3$) | 周波数（MHz） | テストボリューム |
|---|---|---|---|
| Smart 80 | 13.4×6.1×4.9 = 400.5m$^3$ | 80 － 18,000 | 39.8m$^3$ |
| Smart 100 | 8.4×5.6×3.05 = 143.5 m$^3$ | 100 － 18,000 | 14.35m$^3$ |
| Smart 200 | 4.8×3.5×3.05 = 51.2 m$^3$ | 200 － 18,000 | 5.3m$^3$ |

〔表6.4.4〕電界均一性に対する要求値（IEC 61000-4-21）

| 周波数帯域（MHz） | 標準偏差許容値 |
|---|---|
| 80 to 100 | 4 dB [a] |
| 100 to 400 | 100MHzから400 MHzの範囲で、4dBから3dBに直線的に減衰 [a] |
| Above 400 | 3 dB [a] |

[a] A maximum of three frequencies per octave may exceed the allowed standard deviation by an amount not to exceed 1 dB of the required tolerance.

### 6.4.3.2　電波暗室およびOATSの構造と原理

IEC61000-4-35では照射エリアやテストボリュームしか規定されておらず、電波暗室およびOATSに対する技術的な要求はない。電波暗室では半無響あるいは全無響暗室が使用され、コンパクトレンジを採用することにより、暗室サイズを抑制して遠方界測定を実施しているケースもある（図6.4.8参照）。OATSでのHEMP測定については図6.4.9に示す。

### 【参考文献】

[6-4-1] IEC61000-4-21 Ed.2.0（2011）：Electromagnetic compatibility（EMC）-

〔表6.4.5〕データシートに記載する項目（IEC61000-4-35 4.B.3 Reverberation Chamber）

| 項目 | 要求事項 |
|---|---|
| 使用可能下限周波数 | IEC 61000-4-21により定義されるチャンバのLUF |
| チャンバQ－周波数 | 周波数に関連したチャンバのQファクタ |
| 立ち上がり時間 | 最小値の10%から90%の立ち上がり時間 |
| 操作モード | Stirrerの操作モードの記載<br>（連続回転、またはステップ回転、あるいは両方） |
| その他 | 上記に記載されていないシミュレータあるいは他の技術的項目 |

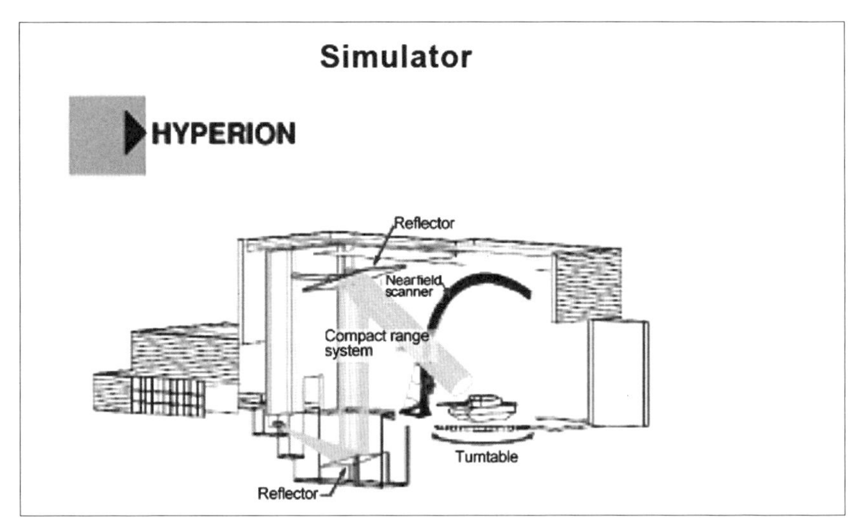


〔図6.4.8〕電波暗室内におけるHPEM測定

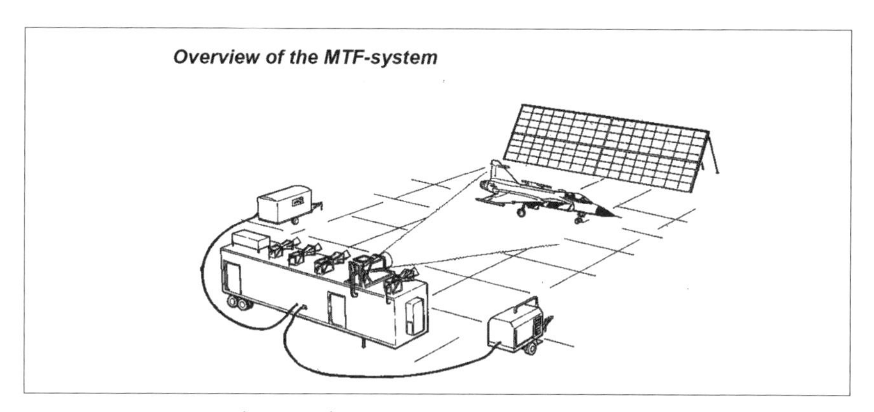


〔図 6.4.9〕OATS における HPEM 測定

Part 4-21: Testing and measurement techniques - Reverberation chamber test methods, INTERNATIONAL ELECTROTECHNICAL COMMISSION（IEC）(2011)

[6-4-2] Radio Technical Commission for Aeronautics（RTCA）/DO-160G Environmental Conditions and Test Procedures for Airborne Equipment

[6-4-3] "SMART ™ 80 Reverb Chambers Specs" , ETS-Lindgren, http://www.ets- lindgren.com/specs/SMART80（2016.12.13 確認）

## 6．5　誘導雷試験概要

HEMP 後期によって発生する電磁界は、IEC61000-2-13 によると、図 6.5.1 に示すように概ね誘導雷の波形で模擬できるとされている。一般的な民生機器においても誘導雷の影響を受け、装置の故障や破損、最悪の場合には火災事故につながる可能性があるため、コンビネーション波形と呼ばれているパルスを電源線や通信線などに印加し安全性を確保している。

### 6．5．1　IEC61000-4-5 における試験概要 [6-5-1]

一般家庭内における誘導雷の被害はコンセントからの誘導雷または通信線からの誘導雷が多いため、電源線と通信線を有する場合には通信線の 2 通りを試験するケースが多い。

印加する波形は電源線と通信線の場合で異なり、いずれもコンビネーション波形が用いられる。すなわち印加する供試装置の負荷状態に応じて、波形が変わるようになっている。電源線と LAN 等の非シールド対象高速通信線に対しては開回路状態では 1.2μs / 50μs の電圧サージを供給し、短絡回路状態では 8μs / 20μs の電流サージを印加するように規定されている。また電話線等の屋外からの非シールド対称線からの通信

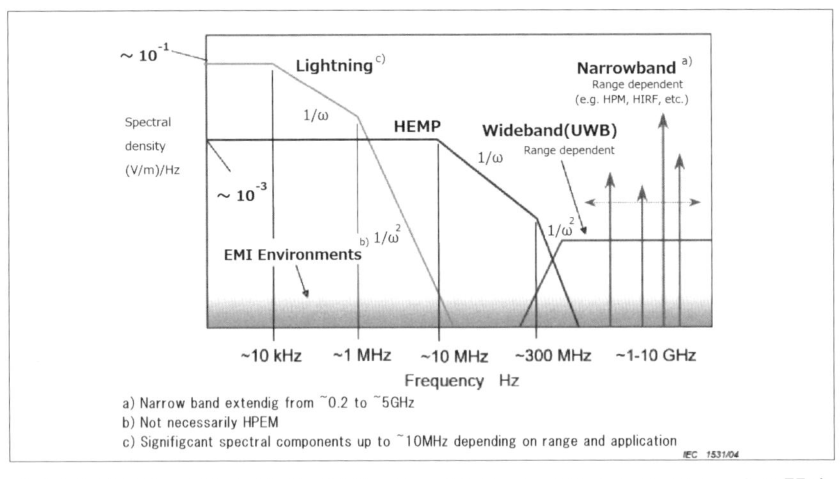


〔図 6.5.1〕IEC61000-2-13 に記載されている HEMP, HPEM と Lightning との関連

線に対しては開回路状態では 10μs /700μs の電圧サージを供給し、短絡回路状態では 5μs / 320μs の電流サージを供給するようになっている。このようなサージ発生器をコンビネーション波形発生器と呼ぶ。サージ波の印加によって、絶縁破壊や保護装置の作動により負荷条件が変化した場合には瞬時に切り替わらなければならない。図 6.5.2 と図 6.5.3 にコ

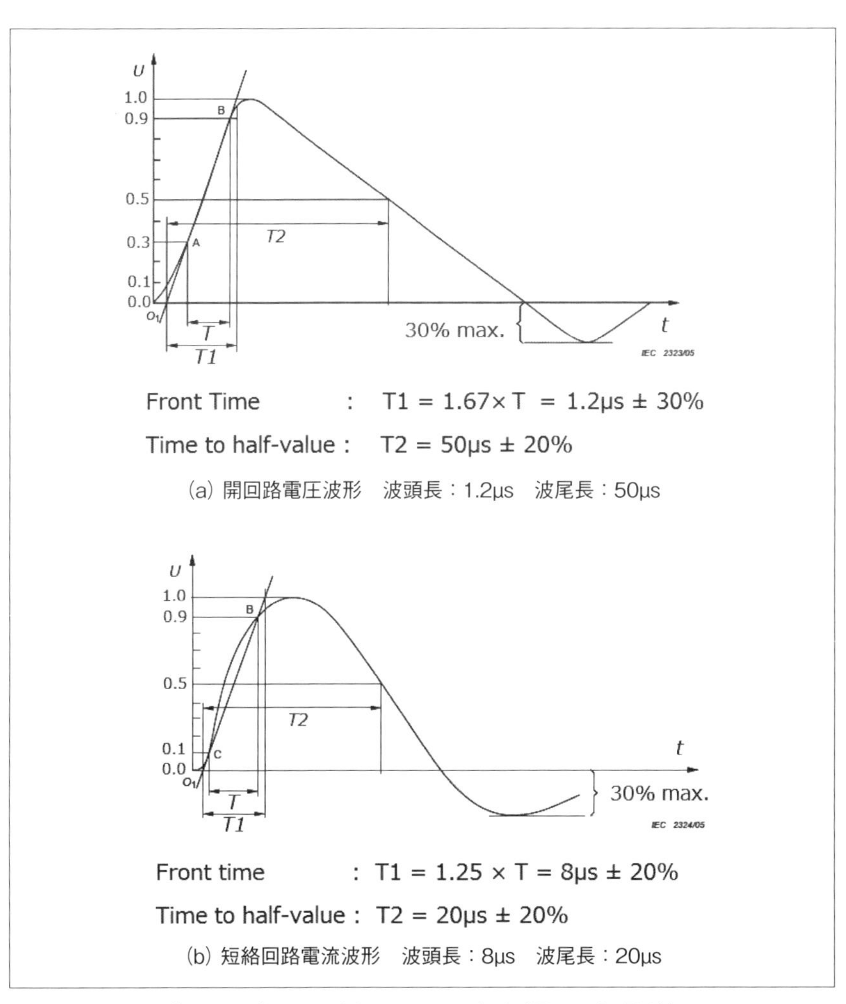


(a) 開回路電圧波形　波頭長：1.2μs　波尾長：50μs

(b) 短絡回路電流波形　波頭長：8μs　波尾長：20μs

〔図 6.5.2〕コンビネーション波形（電源 / 信号線）

ンビネーション波形を示す。

### 6．5．2　試験システム

試験システムは誘導雷を発生させる発生器と電源線または通信線に結合させるための回路網からなる。結合方法は容量結合による方法を優先して使用する。この場合の容量は以下の通りとなる。

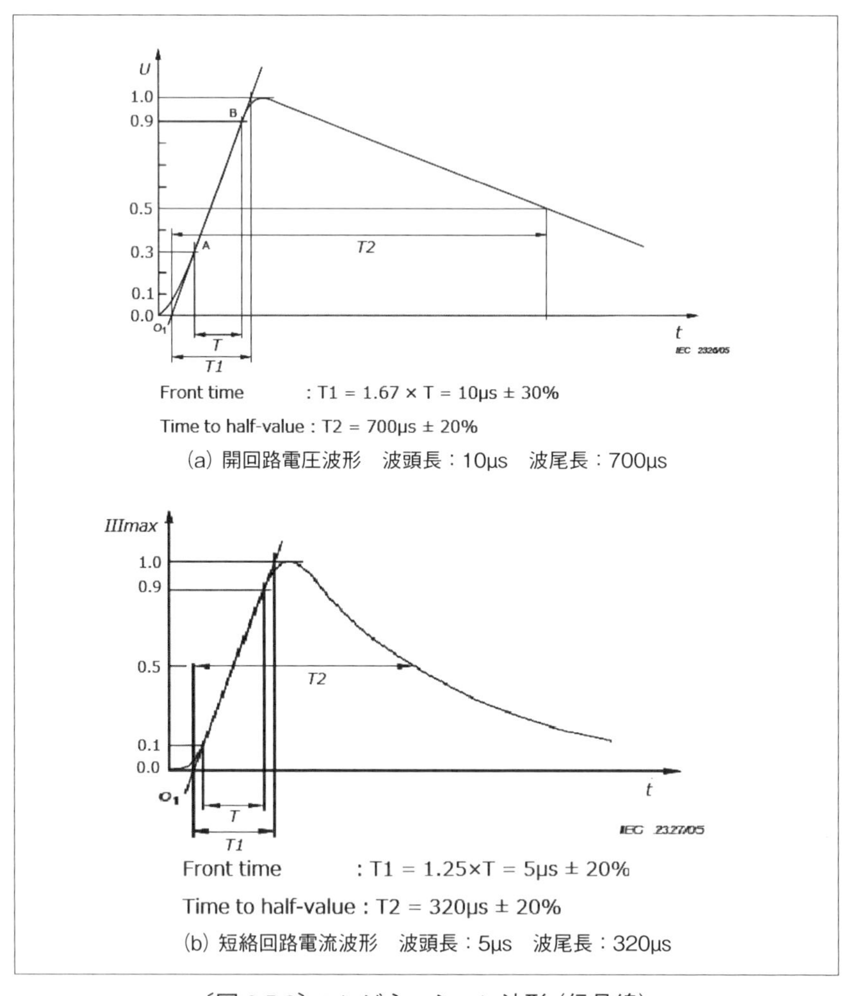

(a) 開回路電圧波形　波頭長：10μs　波尾長：700μs

(b) 短絡回路電流波形　波頭長：5μs　波尾長：320μs

〔図 6.5.3〕コンビネーション波形（信号線）

・ライン－ライン間へ印加する場合　　　18μF

・ライン－グラウンド間へ印加する場合　10Ω＋9μF

単相電源装置の場合における回路例を図 6.5.4（線間へ印加）に示す。また、実際の試験配置の一例を図 6.5.5 に示す。これらの図で示したように、反対方向へのサージ波は減結合回路網にて抑制される。また、特

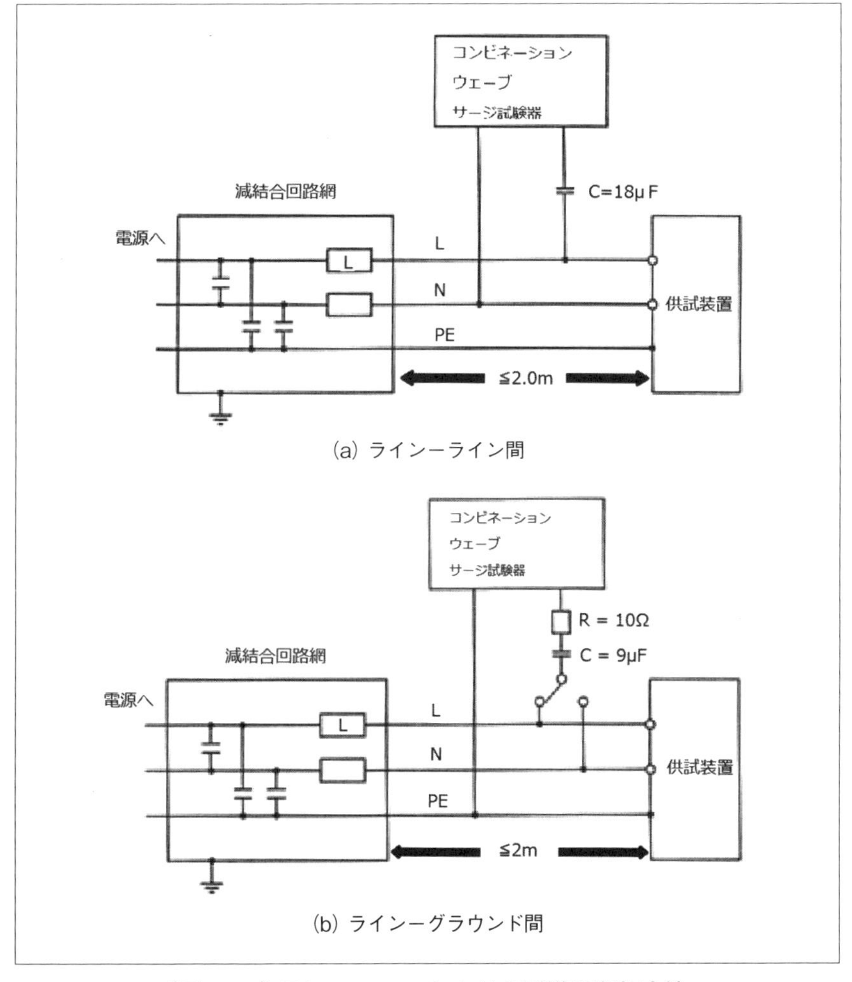


〔図 6.5.4〕IEC61000-4-5 における誘導雷印加方法

に指定がない限り、ACラインの位相の0°、90°、180°、270°に同期させて印加する。

一般的な民生機器に要求される試験レベルを表6.5.1に示す。この試験レベルはIECで定められた最小イミュニティレベルであり、市販されているIEC規格に従った誘導雷試験器は±15kVまで発生可能な製品物もあり、HEMPや意図的電磁攻撃を考慮した場合には、レベルXで特殊な要求を規定し対策を講じた製品が好ましいと言える。

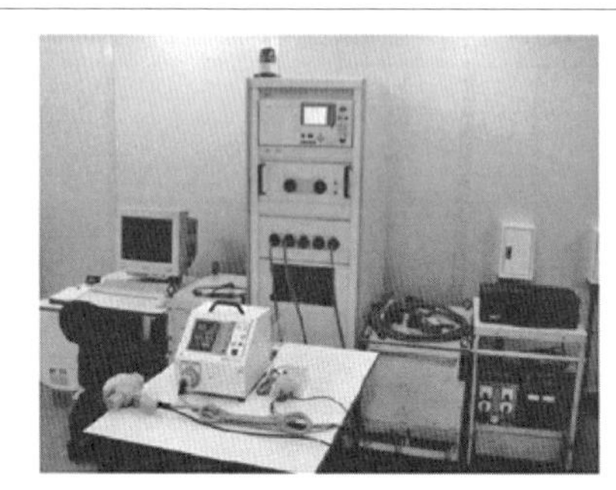
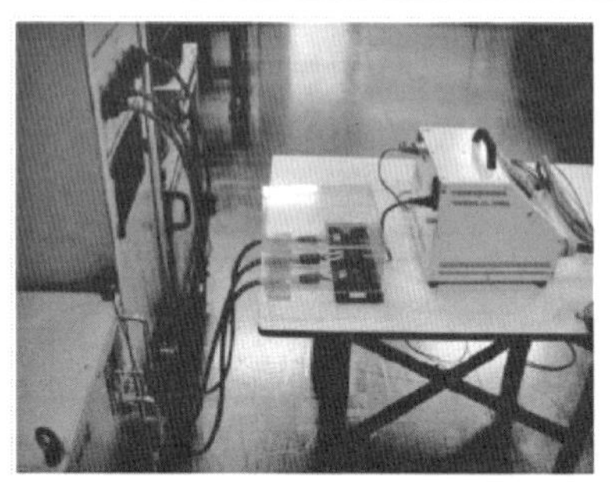

〔図6.5.5〕IEC61000-4-5における試験配置例（株式会社ノイズ研究所）

〔表6.5.1〕電源線に要求される試験レベル

| レベル | 開放端電圧（kV） | |
|---|---|---|
| | ライン ー ライン間 | ライン ー グラウンド間 |
| 1 | － | ±0.5 |
| 2 | ±0.5 | ±1 |
| 3 | ±1 | ±2 |
| 4 | ±2 | ±4 |
| X | Special | Special |

備考 レベルXは、製品規格にて指定して良い

## 【参考文献】

[6-5-1] IEC61000-4-5 Ed.3.0（2014）：Electromagnetic compatibility（EMC）- Part 4-5: Testing and measurement techniques - Surge immunity test, INTERNATIONAL ELECTROTECHNICAL COMMISSION（IEC）（2014）

## 6.6　各国が所有するHEMP試験設備

わが国ではEMPや意図的電磁攻撃に対する耐性を確認するための試験設備を有していない。従って実際のグリッドが意図的電磁攻撃による脆弱性があるのかどうかも不明である。しかしながら世界各国では軍関連装備品の試験が中心ではあるが、国有設備または民間ラボで、これらの試験が実際に行われている。また軍関連装備品だけではなく民間にも、一部の設備は開放されていることからEMPや意図的電磁攻撃に対する重要性が一般化されつつあると考えられる。

IEC61000-4-32およびIEC61000-4-35では、世界各国内で動作しているEMPや意図的電磁攻撃に対する試験設備が紹介されており、表6.6.1に一例を示し、図6.6.1にカナダで稼働しているEMP試験設備とその特性を示す。

Terminator-Transmission Line-Pulse Generator

Typical rise time

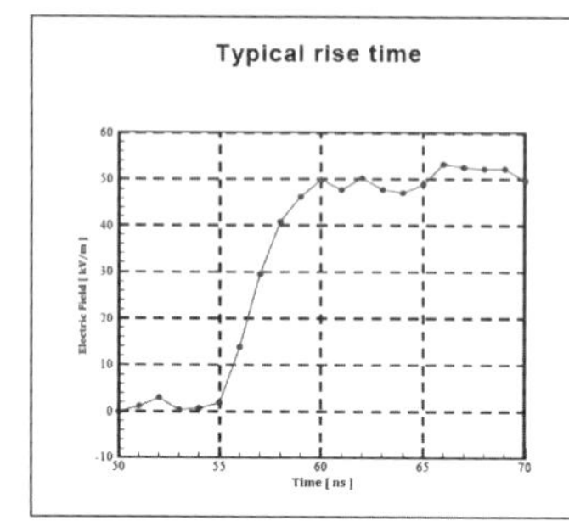

Typical time-domain waveform

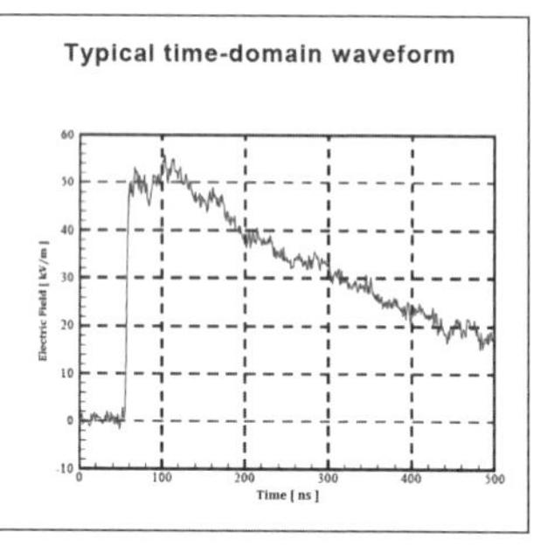

General Information
**Simulator Type:** Guided-wave
**Termination or Resistive Loading:** Output conic section with resistive load
**Major Simulator Dimension(s):** 10 m (high) by 20 m (wide) by 100 m (long)
**Test Volume Dimensions:** 5 m (high) by 10 m (wide) by 10m (long) [the first 10m beyond the input taper]
Simulator Input Options
**Primary Pulse Power:** 0,6-MV Marx generator with peaking capacitor
**Repetition Rate:** 2 shots per min.
Low -**voltage or CW Test Capability:** Operational in both polarities and as low as 0,2-MV
Electromagnetic Characteristics
(in test volume unless otherwise noted)
**Line Impedance:** 110 Ohms (input to terminator)
**Electric Field Polarization:** Vertical
**Wave Impedance:** 377 Ohms (HEMP sphericalwave)
**Peak Electric Field:** 20-55 kV/m
**Peak Magnetic Field:** 53-146 A/m
**Pulse Rise Time:** 5 ns (10 %-90 %)
**Prepulse:** < 5 %
**Pulse Width:** approx. 400 ns (1/e)
**Field Uniformity:** 10 % uniformity of vertical component from side to side approx. 10 % fall-off of peak field from front toback of test volume
**Other:** Information not provided
Other Information
**Location:** Ottawa, Ontario
**Owner:** Defence Research Establishment Ottawa(DREO)
**Point of Contact:** Joe Seregelyi, Microwave Analysis and Countermeasures Group,
3701 Carling Ave. Ottawa Ontario, Canada. K1A 0Z4.
Telephone: (613) 998-5576
Fax: (613) 998-9087
E-mail:joe.seregelyi@dreo.dnd.ca
**Initial Operation Date:** ~1994
**Status:** Operational
Availability
**Other Government:** Yes
**Industry:** Yes

〔図 6.6.1〕カナダが所有する HEMP 試験設備の概要と出力波形

〔表 6.6.1〕各国が所有する HEMP 試験設備一例

Tabel 1 — Guided-wave EMP simulators with conventional termination

| Characteristic \ Simulator | ALECS | ARES | Trestle | DREMPS | EMIS-III-TL | DM-1200 | GIN-1, 6-5 | GINT-12-30 | IEMI-M5M | IEMP-10 | SEMP-6M-2M | SEMP-12-3 | Pulse-M | SEMP-1,5 |
|---|---|---|---|---|---|---|---|---|---|---|---|---|---|---|
| Location | Albuq. USA | Albuq. USA | Albuq. USA | Ottawa Canada | The Hague NL | Beijing China | Kharkov Ukraine | Kharkov Ukraine | Kharkov Ukraine | Kharkov Ukraine | Sergiev Posad Russia | St.Pete. Russia | St.Pete. Russia | Istra Russia |
| Peak output voltage (MV) | 1 | 4 | 6-8 | 0,6 | 0,5 | 1,2 | 1,6 | 4,5 | 0,7 | 2,5 | 6 | 2,4 | 0,6 | 1,5 |
| Rise time (ns) | 10 | <10 | ~ 20 | 5 | 10 | 10 | 5-10 | 5-10 | 5-10 | 20-40 | 9 | Air>15<br>Earth>20 | 5 | 5-12 |
| Duration (ns) | 250 | 250 | 500 | 400 | ? | 200 | 200-2500 | 200-280 | 200-250 | 350-400 | 580 | Air<400<br>Earth<100 | 150 | 35-850 |
| Peak electric field (kV/m) | 100 | >100 | 50 | 55 | ~ 50 | 120 | 150 | 120 | 330 | 140 | 100 | Air<200<br>Earth<30 | 100 | 20-100 |
| Length (m) | 100 | 189 | ~ 400 | 100 | 50 | 54 | 48 | 254 | 23 | 110 | 80 | 170 | 15 | 100 |
| Plate spacing (m) | 13 | 40 | 105 | 10 | ~ 10 | 8,4 | 5 | 30 | 3 | 12 | 15 | 10 | 3-6 | ~ 15 |
| Wave-guided impedance (Ohms) | 100 | 125 | 300 | 110 | 100 | 180 | 100 | 100 | 100 | 100 | 120 | 110 | 150 | 100 |
| Initial operational capability (IOC) | mid-60s | 1970 | early 80s | Mid-90s | 1992 | 1985 | 1976 | 1992 | 1992 | 1970 | 1982 | 1992 | Early 90s | 1998 |
| Status[6] | 2 | 2 | 3 | 2 | 2 | 2 | 2 | 2 | 2 | 2 | 2 | 2 | 2 | 2 |
| Availability<br>Goverment Industry | ?<br>? | ?<br>? | ?<br>? | Yes<br>Yes | Yes<br>Yes | ?<br>? | Yes<br>No | Yes<br>No | Yes<br>No | Yes<br>No | Yes<br>No | MOD<br>? | MOD<br>? | Yes<br>? |
| IEC type simulator[7] | II | II | II | II | II | II | II | II | II | II | II | II | II | Cand. for Type I |
| Sub-clause | 7.17.1 | 7.17.2 | 7.17.4 | 7.1.1 | 7.10.2 | 7.2.1 | 7.15.1 | 7.15.2 | 7.15.3 | 7.15.4 | 7.12.2 | 7.12.4 | 7.12.3 | 7.12.5 |
| Compendium page | 92 | 94 | 98 |  | 56 | 26 | 82 | 84 | 86 | 88 | 62 | 66 | 64 | 68 |

## 6.7　スマートグリッドに接続される機器に対する適用

本章で述べた試験の必要に関して、電磁セキュリティ脅威に対する緩和方法の推奨事項がITU-T[6-7-1]で規定されている。その内容は通信設備のデータセンタや記録装置など電磁セキュリティ脅威によって破損または停止が許されないものから端末まで記載されている。

スマートグリッドの構造も発電設備、送電設備のほかに通信設備と同様に制御するためのデータセンタや端末まで含まれるため同様の考え方が適用できると考えられる。

電源ライン、通信ラインからの脅威に対する防護と電磁波による脅威に対する防護が述べられている。その適用するフローをスマートグリッドに関する装置・設備に置き換えた物を図6.7.1に示す。

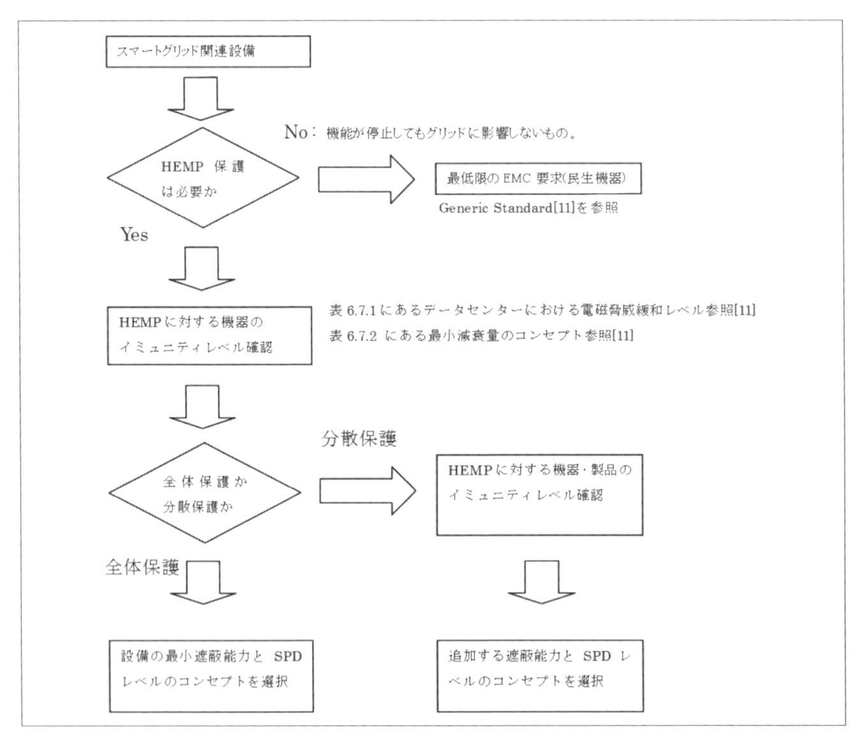


〔図 6.7.1〕スマートグリッドに接続される機器に対する電磁脅威適用例

**【参考文献】**

[6-7-1] ITU-T K.115（11/2015）：Mitigation methods against electromagnetic security threats, International Telecommunication Union - Telecommunication Standardization Sector（ITU-T）（2015）

# 付録

## 電磁的情報漏えい

## A　エミッションに起因する情報漏えい

スマートグリッドは、スマートメータ等の電力量（情報）通信機器や情報通信網を有効活用し、電力の流れを供給・需要の両方から制御して効率良く電力を利用する次世代電力網であり、その情報のセキュリティ確保は重要な要素の１つとなっている。現在、情報・通信システム等のセキュリティ対策を強化する目的で、国際的基準である情報セキュリティマネジメントシステム（ISMS: Information Security Management System）が制定されており [A-1] - [A-3]、日本においてもその適合性評価制度の運用が始められている [A-4]。この ISMS では、盗難・火事・水害等の物理的セキュリティの一部として、「電磁環境の管理に起因する脅威」への対応も要求しており、この電磁現象に起因する情報セキュリティ脅威の１つには、情報・通信機器の電磁放出（Emission、エミッション）を利用した意図的な情報漏えいがある。

一般に、スマートグリッドを構成するスマートメータやコンピュータ等の情報・通信機器のエミッションは、EMC（Electromagnetic Compatibility）の観点から国際規格・勧告が制定されており [A-5] - [A-9]、現在、市販・普及している製品は、それらの基準にもとづくエミッション限度値を保持することで運用されている。しかし、情報・通信機器が放出するこのエミッション限度値内の信号の受信から機器内部の情報信号が再現された場合、意図的な情報漏えいが生じることとなる。

近年は高利得なアンテナや高感度な受信機から構成される受信システム等が開発されており、情報・通信機器から放出する非意図的な電磁信号（漏えい電磁波）の観測から情報を復元する情報漏えいは、セキュリティ分野において、情報漏えいの新たな形態の１つとなっている。こうした状況の下、情報セキュリティの観点から情報・通信機器の漏えい電磁波による情報漏えいについて検討し、情報漏えいを防護するための技術的要件を明らかにすることが重要となっている [A-10]。そこで、本付録では、EMC と関わる情報・通信機器のエミッションに起因する情報漏えい問題について概説する [A-11]。

## A．1　TEMPEST 概要

情報・通信機器は、動作時に非意図的に微弱な電磁信号を放出しており、この放出電磁信号は、機器内部で生成・伝送する多くの ON/OFF 信号から派生的に発生することが古くから知られている。このエミッション信号は、通常、「電磁雑音またはエミッション」として取り扱われ、EMC の観点からその限度値が制限されている。一方、このエミッション信号と情報・通信機器内部の信号の対応・相関を解析することにより、エミッション受信信号から機器内部の情報信号を再現または推定することが可能である。このため、近年、情報セキュリティの観点から、この種の情報漏えい脅威が懸念されている。

情報・通信機器のエミッション受信による情報取得技術は，1950 年代から米国において主に軍事（諜報活動）目的で研究が行われており、この種の情報漏えいを防止する技術を TEMPEST と称して取り扱ってきた。その TEMPEST の定義は、文献 [A-12] によると、「The control of unintentional EMR（Electromagnetic radiation）that can compromise security of a mission」、文献 [A-13] によると、「A nickname for specifications and standards for limiting the strength of electromagnetic emanations from electrical and electronic equipment and thus reducing vulnerability to eavesdropping. This term originated in the U.S. Department of Defense.（See: emanation security.）」となっており、" Emanation Security" として、「An signal（electromagnetic, acoustic, or other medium）that is emitted by a system（through radiation or conductance）as a consequence（i.e. byproduct）of its operation, and that may contain information.」と定義されている。つまり、TEMPEST は、米国国家安全保障局（NSA: National Security Agency）が命名したコードネームであり、非意図的な電磁放射による情報漏えい防止技術を指していることが分かる。この TEMPEST 技術は、軍事技術の一部であったため、米国から公開された情報は非常に少ないが、学術分野において 1980 年代から情報機器のエミッションの受信信号から機器内部の情報を再現または推定する手法が報告され始めている。その情報信号解析の代表的な対象には、PC 等の情報端末のモニタ

画面情報、プリンタの印字情報、キーボードの入力キー情報、タッチパネル内ボタン入力情報等がある [A-14] - [A-19]。

## A．2　PC からの情報漏えい例

情報機器の 1 つである PC からの情報漏えいの代表例として、PC の放射エミッションからモニタ表示画像を再現した実験の様子を示す。図 A.1 (a) および (b) は、ノートブック PC とデスクトップ PC の放射エミッションの受信信号から、そのモニタ表示画像を再現する実験結果を示し、市販の受信機、アンテナ、信号発生器、再現用モニタを接続した非

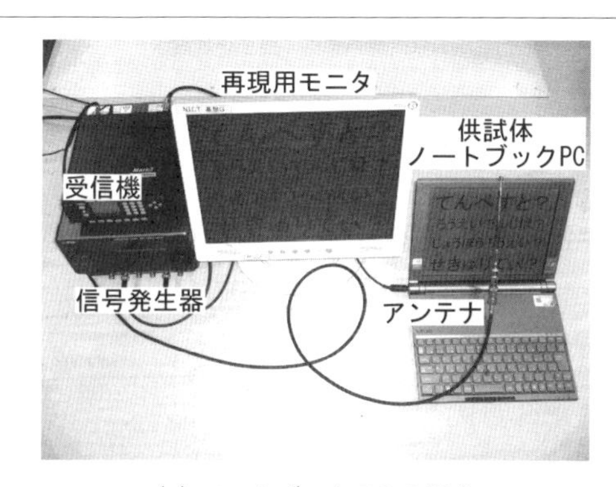


(a) ノートブック PC の場合

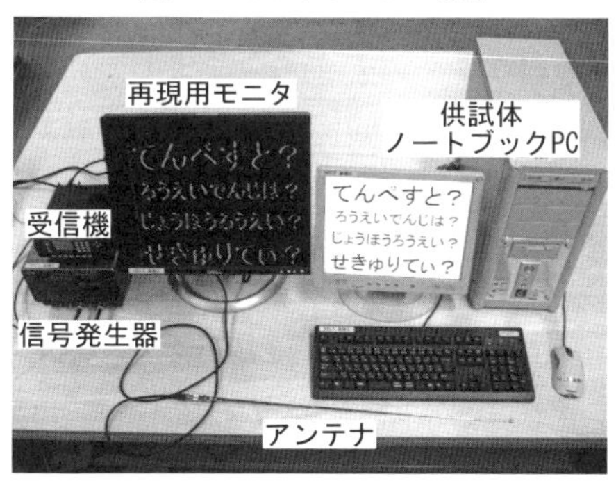


(b) デスクトップ PC の場合

〔図 A.1〕 PC の放射エミッションの受信からそのモニタ表示画像を再現した実験結果

常に簡易な実験システムを用いて、供試体PCのモニタ表示画像を再現している。本実験では、右側の供試体PC（ノートブックPCまたはデスクトップPC）の放射エミッションを、供試体PC手前に置いたモノポールアンテナを介して市販の受信機を用いて受信し、受信機のビデオ出力信号と信号発生器により生成したモニタ同期信号を用いて、左側の再現用モニタに供試体PCのモニタ表示画像を生成している。

この実験システムは、汎用型の安価な無線周波受信機やアンテナを用いた簡易な構成であるため、数m程度の距離でしかモニタ表示画像を再現することはできないが、広帯域な受信機や高利得アンテナ、再現画像の平均化等の信号処理装置等を用いることにより、数十m程度の距離で供試体PCのモニタ表示画像を再現することも可能となる。

## Ａ．３　TEMPEST（対策）

図A.2は情報・通信機器のエミッションによる情報漏えいを防止するTEMPESTの概念を示す。同図（a）は、TEMPESTの基本的考え方、同図（b）は、放射エミッションによる情報漏えいを防止するTEMPESTレベル試算図、同図（c）は、伝導エミッションによる情報漏えいを防止するTEMPESTレベル試算図を示す。同図において、A、B、C、D、Eは、放射電界強度または伝導電圧を示し、E’は受信システムの能力（受信感度）、rは情報・通信機器からの放射エミッションの受信アンテナまたは伝導エミッションのピックアップ機器までの距離を示す。

同図（a）に示すように、基本的にTEMPESTを検討する場合、その対策方法としては、情報･通信機器自体に対する対策、建物に対する対策、情報・通信機器とアンテナ間の距離確保（離隔）による対策がある。TEMPESTの実行では、情報・通信機器自体のエミッションレベルに対し、それぞれの対策による損失（減衰）および受信システムの能力を考慮し、対策を実施する必要がある。

放射エミッションおよび伝導エミッションによる情報漏えいを防止するTEMPESTレベル試算は、同図（b）および（c）を用いて行う。E’を受信システムの能力とした場合、放射エミッションに対するTEMPEST

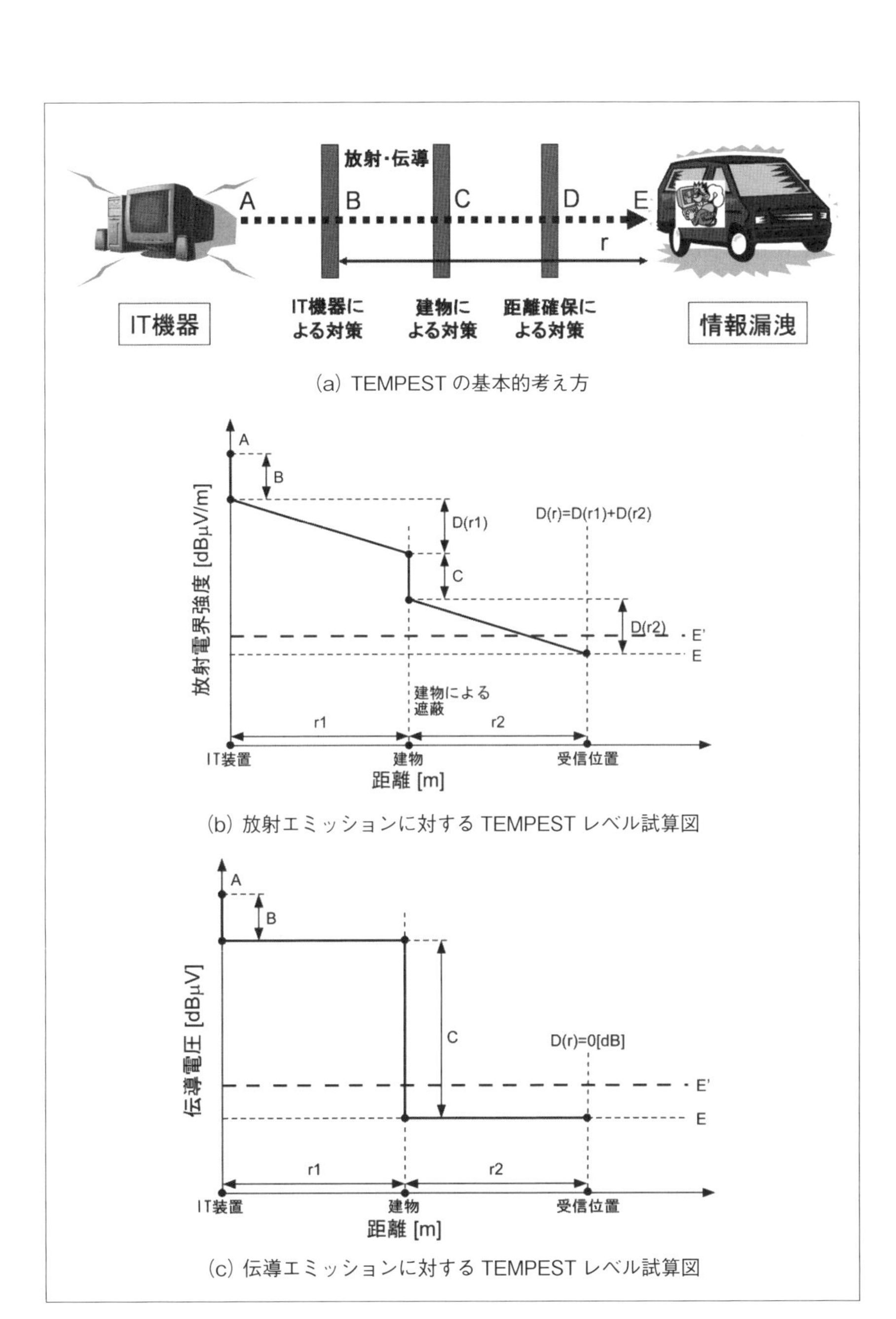


〔図 A.2〕TEMPEST 概念

の場合は、情報・通信機器、建物、距離確保による損失を考慮し、受信位置における電界強度Eが受信システムの能力E' より小さくなるように対策する。また、伝導エミッションに対するTEMPESTの場合は、線路における損失が少ないことから、情報・通信機器および建物による損失を考慮することにより、受信位置における伝導電圧Eが受信機器の能力E' より小さくなるように対策する。

## A．4　TEMPEST（対策）例

一般的に，情報・通信機器が使用される周辺の管理区域が狭い場合、図A.2に示した距離確保（隔離）による対策は困難であることが多く、TEMPESTのためには、情報・通信機器自体または建物による対策が必要となる。その情報・通信機器に対する対策としては、ハードウェア的対策方法とソフトウェア的対策方法があり､建物に対する対策としては、従来からEMC対策で用いられてきたフィルタや遮蔽技術を用いた対策方法がある。

米国では、TEMPEST製品が収録されたTEMPEST Preferred Product List（PPL）（製品カタログ）が頒布されており、NATO（North Atlantic Treaty Organization）諸国にも同様にNATO Recommended Products List（NRPL）がある[A-12]。しかしながら、これらはNATO圏外には頒布されないため、NATO圏外の国では、独自のTEMPESTを導入する必要がある。

以下、TEMPEST（対策）方法例を示す。

(1) 情報・通信機器に対するハードウェア的対策

情報・通信機器からのエミッションを低減させるため、各入出力ケーブル・コネクタ部にフィルタを取り付け、情報・通信機器自体を遮蔽材量で覆う対策方法がある。また、PCの放射エミッションを意図的な妨害波によってマスキングし、エミッション受信から有意な情報信号の抽出を防止する対策技術がある[A-20]。

(2) PCに対するソフトウェア的対策

PCモニタ画面内の文字情報等の漏えい防止対策として、再現画像内の文字画像等を判別し難くする目的で、PCモニタに表示する文字画像等の輪郭をぼかす技術があり、その技術を応用したソフトウェアの開発例がある[A-21],[A-22]。また、電子投票機や現金自動支払機(ATM: automatic teller machine、またはCD: cash dispenser等)に用いられるモニタ画面内に表示されるユーザインターフェース画像であるボタン入力情報の漏えいを防止する画像構成技術の開発例もある[A-19]。

(3) 建物に対する対策

建物に対する対策については、各建築・施工メーカが電磁波漏えいを防止するビルやシールドルームの施工・販売を行っている[A-23]。

## A.5 TEMPEST関連規格化動向

米国では、1970年に「NACSEM5100」規格が制定され本格運用が始められており、現在は、ゾーンニングの考え方(想定した脅威の接近距離に応じて規格値を緩和できる規定)を基に「NSTISSAM TEMPEST/2-95」(① Full TEMPEST, ② 20 m Standard, ③ 100 m Standard)が導入されている(この規格の骨格は公開されているが、規格値(数値)は非公開となっている)。また、NATO諸国では、NATOのTEMPEST Organizationを経由して米国から各国に情報がリリースされており、米国と同質の規格が運用されている[A-24]。

また、近年の情報セキュリティの関心の高まりから、各標準化国際機関は、表A.1に示すように、企業・団体向けの情報システムセキュリティマネジメント(ISMS: Information Security Management system)のガイ

〔表A.1〕情報セキュリティ関連国際規格

| 標準化国際機関 | 規格 |
|---|---|
| ISO/IEC | ISO/IEC 27001: Information technology － Security techniques － Information security management systems — Requirements |
| ISO/IEC | ISO/IEC 27002: Information technology － Security techniques － Code of practice for information security management |
| ISO/IEC | ISO/IEC 15408: Information technology － Security techniques － Evaluation criteria for IT security |
| ITU-T | X.1051: Information security management system － Requirements for telecommunications (ISMS-T) |

ドラインを制定している。これらの中で、電磁環境に起因するセキュリティは、物理的セキュリティの一部として取り上げられ、「電磁波の放射による情報漏えいのリスクを最小に管理すること」が求められている。

ITU-T では、通信事業者向け ISMS である X.1051 を実行する際に必要となるリスク評価ができるように、ITU-T K.84（2011）: Test method and requirements against information leak through unintentional EM emission を策定しており [A-25]、本勧告は、情報・通信機器からのエミッションに起因する情報漏えいの試験方法・基準に関する国際標準化規格としては最初のものとなっている。詳細については、5.2.5 節に記載。

一方、日本国内における TEMPEST 研究は、1988 年から防衛庁（現在は防衛省）が先行して開始し、現在は同省内で防衛省規格 NDS C 0013 が制定されている（詳細については、5.3.1.3 節を参照）[A-26]。また、各省・庁・センタは、セキュリティマネジメントの観点から表 A.2 に示すような告示を行っているが、その技術的評価方法や基準値は示していない。また、民間任意団体である新情報セキュリティ技術研究会は「電磁波セキュリティガイドライン」を作成・公開している [A-27]。

〔表 A.2〕国内の告示例

| 省・庁・センタ | 名称 | 告示日 |
|---|---|---|
| 郵政省<br>（現、総務省） | 情報通信ネットワーク安全・信頼性基準 | 昭和 62 年<br>（1987 年） |
| 通商産業省<br>（現、経済産業省） | 情報システム安全対策基準 | 平成 7 年<br>（1995 年） |
| 総務省 | 情報通信ネットワーク安全・<br>信頼性対策実施登録規定等の整備 | 平成 12 年<br>（2000 年） |
| 総務省 | 地方公共団体における<br>情報セキュリティポリシーに関するガイドライン | 平成 13 年<br>（2001 年） |
| 内閣官房情報<br>セキュリティセンタ | 政府機関の情報セキュリティ対策のための<br>統一基準（初版） | 平成 17 年<br>（2005 年） |
| 日本工業標準調査会<br>（経済産業省認定） | 日本工業規格 JIS Q 27002<br>（ISO/IEC 27002 日本語版） | 平成 18 年<br>（2006 年） |

【参考文献】

[A-1] ISO/IEC 27001 Ed.2.0（2013）：Information technology – Security techniques - Information security management systems - Requirements, International Organization for Standardization（ISO）and INTERNATIONAL ELECTROTECHNICAL COMMISSION（IEC）(2013)

[A-2] ISO/IEC 27002 Ed.2.0（2013）：Information technology – Security techniques - Code of practice for information security management, International Organization for Standardization（ISO）and INTERNATIONAL ELECTROTECHNICAL COMMISSION（IEC）(2013)

[A-3] ITU-T X.1051（07/2004）：Information Security Management System - Requirements for Telecommunications（ISMS-T）, International Telecommunication Union - Telecommunication Standardization Sector（ITU-T）(2004)

[A-4] ISMS 情報セキュリティマネジメントシステム適合性評価制度－ISMS 認証基準（Ver.2.0）－，日本情報処理開発協会（2003）

[A-5] CISPR 22 Ed.6.0（2008）：Information technology equipment - Radio disturbance characteristics - Limits and methods of measurement, INTERNATIONAL ELECTROTECHNICAL COMMISSION（IEC）(2008)

[A-6] IEC 61000-6-3 Ed.2.1（2011）：Electromagnetic Compatibility（EMC）- Part 6-3: Generic Standards - Emission Standard for Residential, Commercial and Light-Industrial Environments, INTERNATIONAL ELECTROTECHNICAL COMMISSION（IEC）(2011)

[A-7] ITU-T K.42（1998）：Preparation of emission and immunity requirements for telecommunication equipment – General principles, International Telecommunication Union - Telecommunication Standardization Sector（ITU-T）(1998)

[A-8] ITU-T K.48（09/2006）：EMC requirements for telecommunication equipment - Product family Recommendation, International Telecommunication Union - Telecommunication Standardization Sector（ITU-T）(2006)

[A-9] MIL-STD-461G（2015）：REQUIREMENTS FOR THE CONTROL OF ELECTROMAGNETIC INTERFERENCE CHARACTERISTICS OF SUBSYSTEMS AND EQUIPMENT, DEPARTMENT OF DEFENSE（2015）

[A-10] 富永哲欣、小林隆一、関口秀紀、瀬戸信二、“電磁波セキュリティに関連する標準化の取り組み”、NTT技術ジャーナル、Vol.20、No.8、pp.16-20（2008）

[A-11] 電気学会、電磁波と情報セキュリティ対策技術、オーム社（2011）

[A-12] Deborah Russell and G.T. Gangemi Sr., “Computer Security Basics”, O'Reilly & Associates Inc.（1991）

[A-13] IETF RFC 2828（2000）：Internet Security Glossary, Internet Engineering Task Force（IETF）（2000）

[A-14] Wim van Eck, ‘‘Electromagnetic radiation from video display units: an eavesdropping risk?,’’ Computers & Security, Vol.4, No.4, pp.269-286（1985）

[A-15] Markus G. Kuhn, “Compromising emanations: eavesdropping risks of computer displays,” University of Cambridge Computer Laboratory, Technical Report, UCAM-CL-TR-577（2003）

[A-16] 関口秀紀、瀬戸信二、“電磁波・情報セキュリティの概要－IT機器からの放出電磁波に伴う情報漏えいと侵入電磁波妨害によるIT機器の誤作動/破壊－”、電子情報通信学会 電磁環境工学研究専門委員会 第18回 電気・電子機器のEMCワークショップ、pp.63-70（2006）

[A-17] T. Tosaka, K. Taira, Y. Yamanaka, K. Fukunaga, A. Nishikata, and M. Hattori, “Reconstruction of Printed Image Using Electromagnetic Disturbance from Laser Printer”, IEICE Trans. Commun., Vol. E90-B, No.3, pp.711-715（2007）

[A-18] Martin Vuagnoux, and Sylvain Pasini, “Compromising Electromagnetic Emanations of Wired and Wireless Keyboards,” Proc. of the 18th USENIX Security Symposium, pp.1-18（2009）

[A-19] H. Sekiguchi, “Novel Information Leakage Threat for Input Operations on Touch Screen Monitors Caused by Electromagnetic Noise and its Countermeasure Method”, Progress In Electromagnetics Research B, Vol.

36, pp.399-419 (2012)

[A-20] Y. Suzuki, R. Kobayashi, M. Masugi, K. Tajima, and H. Yamane: "Development of Countermeasure Device to Prevent Leakage of Information Caused by Unintentional PC Display Emanations" , Proc. of EUROEM 2008 European Electromagnetics, CDROM, no. e177 (2008)

[A-21] 関口秀紀、"PCの放射電磁雑音によるモニタ表示画像内の文字の情報漏えいを防止する対策ソフトウェアの開発"、電子情報通信学会和文論文誌 (B)、Vol.J92-B、No.9、pp.1479-1486 (2009)

[A-22] 関口秀紀、"サーバ管理型Webアプリケーション TEMPEST ソフトウェアの開発"、電子情報通信学会和文論文誌 (D)、Vol.J93-D、No.4、pp.453-459 (2010)

[A-23] 清水建設、サイバービル、http://www.shimz.co.jp/tw/tech_sheet/rn0187/rn0187.html (平成29年1月31日確認)

[A-24] 瀬戸信二、"情報処理装置からの電磁波漏出にともなう情報漏えいの防止対策 (TEMPEST対策)"、防衛技術ジャーナル、Vol.15、No.6、pp.6-18 (1995)

[A-25] ITU-T K.84 (01/2011) : Test methods and guide against information leaks through unintentional electromagnetic emissions, International Telecommunication Union - Telecommunication Standardization Sector (ITU-T) (2011)

[A-26] 防衛庁規格 NDS C 0013 (平成15年)：漏えい電磁波に関する試験方法、(社) 日本防衛装備工業会 (2003)

[A-27] 新情報セキュリティ技術研究会、電磁波セキュリティガイドライン、新情報セキュリティ技術研究会 (2004)

## B　暗号モジュールを搭載したハードウェアからの情報漏えいの可能性の検討

スマートグリッドでは従来の電力網に通信インフラが重畳されることにより、電力需要に関わる情報を、HEMS（Home Energy Management System）、BEMS（Building Energy Management System）、CEMS（Cluster/Community Energy Management System）などの各システムにおいて収集し、情報を効果的に利用することで、電力需給の効率化を目指している。こうしたシステムを機能させるためには、電力需給に関する情報を空間・時間ともに高い分解能での収集が必要となり、これを実現するための情報収集端末を随所に配備する必要がある。この中核を担う情報収集端末の１つがスマートメータである。スマートメータでは、一定時間毎に電力使用量を計測し、電力会社に送信する他、HEMSとの連携により、電力使用量の見える化や家電機器等を制御することが可能となり、効率的な省エネを実現することが期待されている。

一方、スマートグリッドでは、上述したスマートメータなどの情報収集端末からのデータを基に電力需要の管理を行うことから、端末から送信されるデータのセキュリティ確保を十分に行うことが求められる。情報収集端末の核となるスマートメータに関しては、東京電力「スマートメーター通信機能 基本仕様（平成24年3月21日）」[B-1]などにおいて、送受信されるデータの信頼性を確保するために、信頼性を低下させる脅威として考えられる「通信傍受」、「なりすまし」、「改ざん」に対する確実なセキュリティ対策を施すとの記載がなされている。

具体的な対策としては、暗号技術を用いた上述の脅威への対策が検討されている。スマートメータにおける検針の頻度、省電力で動作することを考慮すると暗号化機能はハードウェア実装される可能性が高く、実装される暗号アルゴリズムは共通鍵方式が用いられることが予想される。実際、これまで市販されている海外のスマートメータ（Elster REX2 Smart Meter）、には鍵長128-bitのAdvanced Encryption Standard（AES）[B-2]がハードウェア実装されたモジュールが搭載されている[B-3]。

しかし、近年、こうした暗号モジュールに対しては、サイドチャネル攻撃（詳細は後述）などの脅威があり、スマートメータを初めとするスマートグリッドに接続される端末にもサイドチャネル攻撃に耐性を持つセキュリティ（ハードウェアセキュリティ）が求められる可能性が高い。スマートメータは需要家宅に設置されているため、スマートカードに対するサイドチャネル攻撃[B-4]と同様にユーザ自身が攻撃者になり得るため、同様の攻撃シナリオが成立する危険性がある。ただし、スマートメータはスマートカードと異なり、筐体により保護されているため、開封検知などのセキュリティ機能を有することが可能であることから、暗号モジュール近傍におけるサイドチャネル情報の取得は困難であると考えられる。一方で、スマートメータを分解せずに、放射電磁波などからサイドチャネル情報を計測され秘密鍵情報を取得された場合、スマートメータにおける通信の機密性や完全性が失われスマートメータにより構築される電力網の安全性が損なわれる可能性がある。

そこで、本章では、一般的な情報通信機器などで幅広く利用されており、また、一部のスマートメータにも既に搭載されている共通鍵方式の暗号アルゴリズムを対象とし、スマートメータと同程度の物理サイズの小型省電力機器にAESをハードウェア実装することでスマートメータを模擬し、動作した際に生じる放射電磁波を通じたサイドチャネル情報を計測することでセキュリティ評価を行った。

## Ｂ．１　サイドチャネル攻撃の概要

実際の評価に入る前に、暗号ハードウェアに対するサイドチャネル攻撃について概説する。暗号ハードウェアには、前節で述べたAESを初めとする通常第三者による安全性確認が十分に行われた暗号アルゴリズムが搭載されている。そのため、アルゴリズムの欠陥から暗号化前のデータ（平文）や秘密鍵が暗号文から解読されてしまう心配は（現在の計算機能力や知られている解読法では）ほとんどない。しかし、近年、その実装上の脆弱性から実時間で秘密情報を奪う可能性のある実装攻撃の脅威が指摘されている。実装攻撃は、ハードウェアのパッケージを剥がして内部構造や回路動作を解析する侵襲攻撃と、ハードウェアに手を加えない非侵襲攻撃に大別される。侵襲攻撃は極めて強力である一方、高価な装置と高いスキルが必要となり、実行できる攻撃者は限られる。これに対して非侵襲攻撃は、オシロスコープやパソコンといった比較的安価な設備で実行できて攻撃の痕跡も残らないため、より現実的な脅威と考えられている。特に注目を集めているのが、モジュール動作中に観測されるサイドチャネル情報を利用するサイドチャネル攻撃である。

図B.1にサイドチャネル攻撃のイメージを示す。サイドチャネル攻撃には受動的な攻撃と能動的な攻撃がある。サイドチャネル情報の観測を基本とする受動的な攻撃には、処理時間を利用するタイミング攻撃、電力変動を利用する電力解析攻撃、漏えい電磁波を利用する電磁波解析攻撃などが知られている。一方、能動的な攻撃には、外部から暗号ハードウェアが誤動作するような操作を能動的に加えて、その誤った演算結果から秘密情報を導出する故障利用攻撃がある。誤動作の誘発に電磁波パルスやクロック信号といった非正規の入出力を用いることから故障利用攻撃もサイドチャネル攻撃の一つとみなされる。

サイドチャネル攻撃の中でも最もよく知られる攻撃が電力解析攻撃である。電力解析攻撃では、通常、電流や電圧の時間変化をディジタルオ

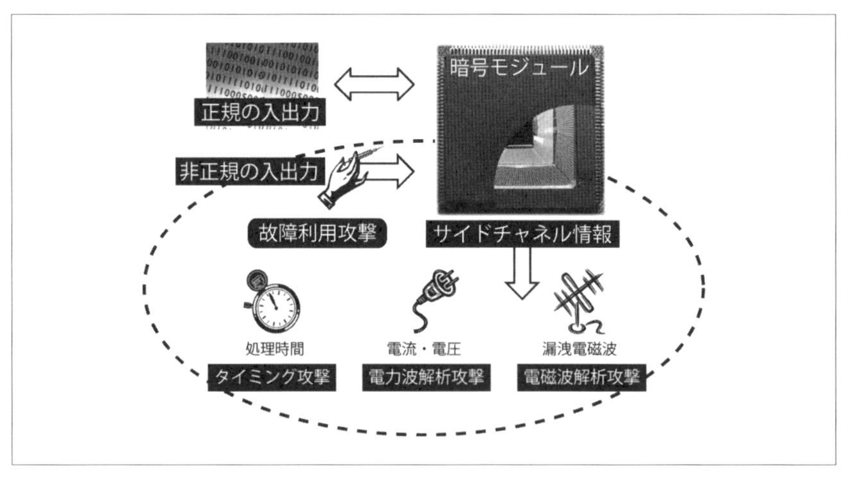


〔図B.1〕暗号モジュールに対するサイドチャネル攻撃

シロスコープなどの計測器で観測し、その波形をPCで加工・処理して暗号化・復号処理の内容を推定する。1990年代後半にKocherらによって単純電力解析（SPA : Simple Power Analysis）と差分電力解析（DPA : Differential Power Analysis）が発表されたのを機に、現在もその拡張や対策が盛んに研究されている。また、電力の代わりに漏えい電磁波の波形を用いても同様の攻撃（電磁波解析攻撃、SEMA : Simple Electromagnetic Analysis, DEMA : Differential Electromagnetic Analysis）が可能であることが知られている[B-4]。電磁波解析攻撃では、図B.2のように暗号モジュールに対して磁界プローブなどで漏えい電磁波を計測することが行われる。以下では、スマートグリッド末端に接続されるスマートメータの様な省電力デバイスにおいても、特段の手を加えることなく、サイドチャネル攻撃が実行される可能性について検討する。

## B．2　スマートメータからのサイドチャネル情報漏えい評価

本実験では実際のスマートメータからのサイドチャネル情報の漏えいを模擬した評価系（図B.3（a）参照）を構築し、評価を行った。本評価では、評価対象としてスマートメータを模擬する小型省電力端末として、

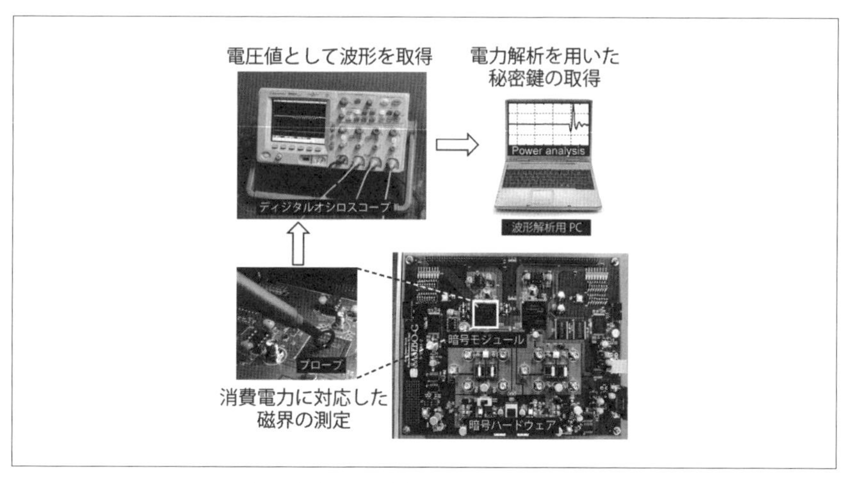


〔図B.2〕電力・電磁波解析攻撃の概要

DE0-Nano Development and Education Board[B-5]を用い、暗号アルゴリズムAES[B-2]を同FPGA上にハードウェア実装した。対象のAES回路は、一般的に用いられる鍵長128ビットであり、暗号化10ラウンドを11クロックで処理する。解析においては、AESの最終ラウンドにおけるレジスタのHamming distanceを電力モデルとして選択関数を作成し[B-4]、ピアソンの相関係数を用いて計測波形との線形性を評価した[B-6]。秘密鍵の値は、アルゴリズム仕様書に示されたテストベクタ[B-2]とした。平文としては128ビットのデータで0～0×1387までの5,000個を入力し、対応する5,000波形を取得した。

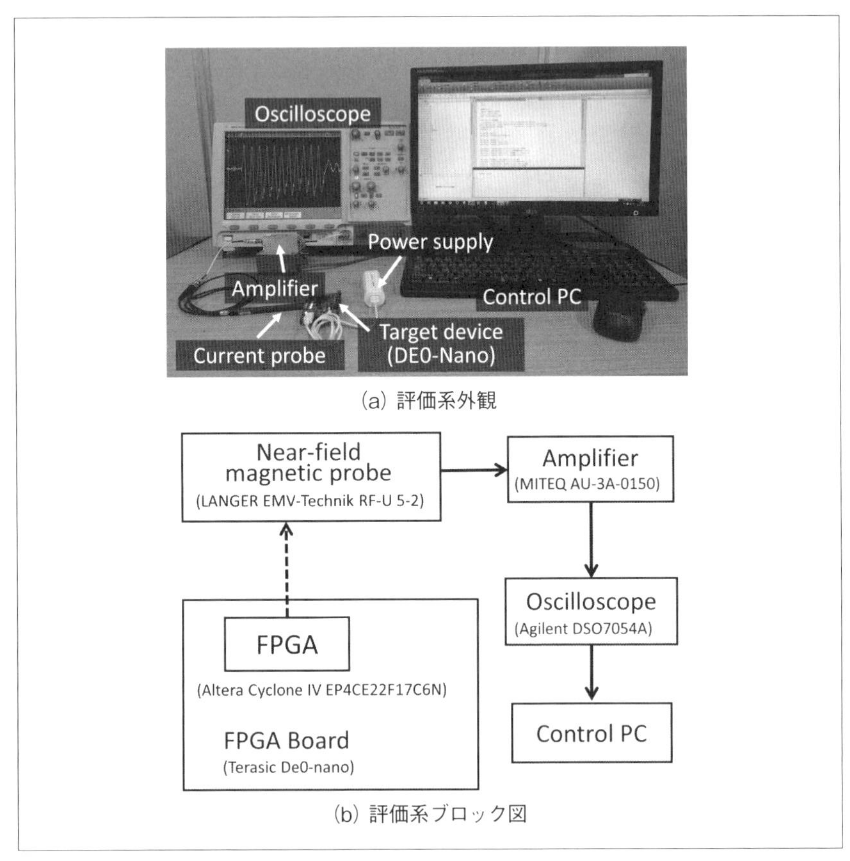


〔図B.3〕スマートメータからのサイドチャネル情報の漏えいを模擬した評価系

## Ｂ．３　漏えい電磁波をサイドチャネルとした秘密鍵の推定

秘密鍵の解析には、電力解析攻撃の一手法であるCorrelation Power Analysis (CPA) を用いた[B-6]。また、サイドチャネル情報として、スマートメータ内の暗号モジュールから生じた漏えい電磁波を図3 (b) に示す計測ポイントで測定し、解析した。図B.4は測定点における観測データを示している。観測された漏えい電磁波にはAESの暗号化処理に対応した11個のピークが観測されている。

評価結果を図B.5に示す。図B.5は暗号鍵を抽出するためにサイドチャネル情報として用いる計測波形がどの程度必要となるかを示している。本実験では､鍵を抽出するために､3,500波形が必要となっているが、この計測は数十分程度で行うことが可能であり、現実的な時間で鍵を抽出できることが判る。

また、本実験では暗号モジュールのごく近傍で計測を行ったが、パッケージに覆われた場合でも、周波数フィルタ、アンプなどを効果的に用いる他､利得の高いアンテナや計測波形の平均化などを行うことにより、パッケージ外においても攻撃が成立する可能性がある。また、スマートメータには計測対象となる電力線がかならず接続されているため、こう

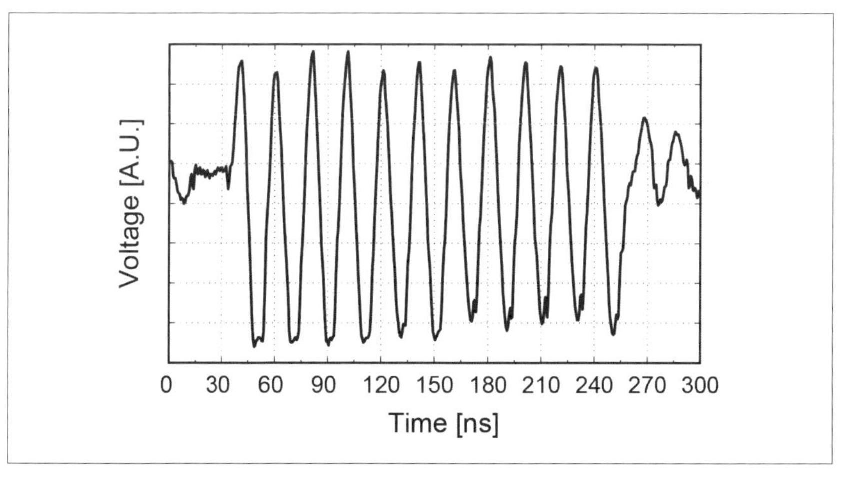


〔図B.4〕放射電磁波として計測されたサイドチャネル情報

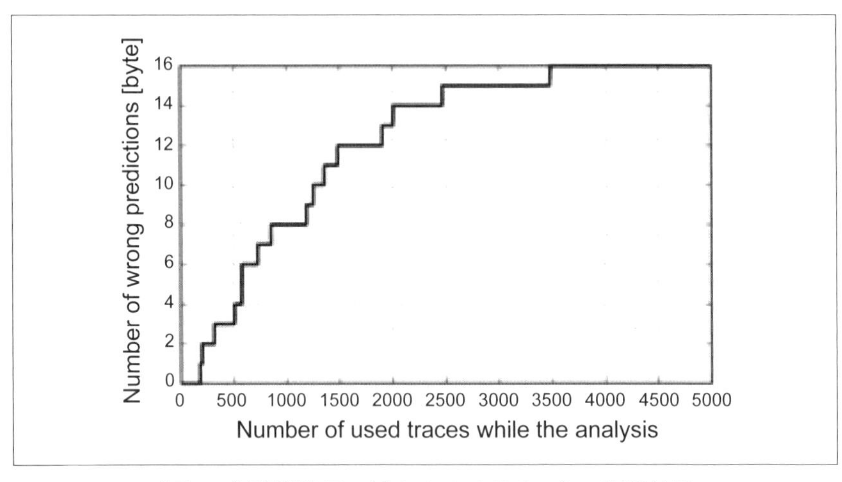


〔図 B.5〕計測結果に対するサイドチャネル解析結果

した線路からの伝導放射を用いても同様の攻撃が成立する可能性がある。

## B．4　スマートメータに対する情報セキュリティ

本章では、需要家宅に設置されるスマートメータ、従来のスマートカードへのサイドチャネル攻撃 [B-4] と同様に、ユーザ自身が攻撃者になり得るため、同様の攻撃シナリオが成立する危険性があることから、ユーザが機器に特殊な改造などを施すことなく、機器外部に漏えいするサイドチャネル情報を用いて暗号処理に用いられる秘密鍵が取得可能か否かについて模擬的な装置を用いて評価を行った。測定の結果、モジュールへの直接なアクセスに比べ、サイドチャネル情報の観測に必要となる時間は増加するものの、機器外部の観測においても秘密鍵が取得できることを実験的に示した。こうした漏えい情報は EMC の規格規制値をクリアし出荷されたスマートメータにおいても、十分な時間をかけて、それらのサイドチャネル情報を取得することにより、ノイズ成分を低減し秘密鍵の取得が可能となる恐れがある。

今後は、こうした問題を解決するために、機器外部へ漏えいするサイ

ドチャネル情報を含む周波数成分などを明確にし、秘密鍵情報などの意味ある情報の漏えいを抑止する為に必要な規制値について、EMC・情報セキュリティ両分野の取り組みを合わせ議論する必要があると考えられる。

**【参考文献】**


[B-1] 東京電力、スマートメーター通信機能基本仕様（平成24年3月21日）」、東京電力（2012）

[B-2] NIST FIPS PUB.197（2001）：Advanced encryption standard（AES），National Institute of Standards and Technology（NIST）（2001）

[B-3] Elster REX2 Smart Meter Teardown, iFixit（2011）, http://www.ifixit.com/Teardown/Elster+REX2+Smart+Meter+Teardown/5710（平成28年12月6日確認）

[B-4] S.Mangard, E.Oswald, T.Popp, "Power Analysis Attacks: Revealing the Secrets of Smart Cards（Advances in Information Security）," Springer-Verlag New York, Inc., Secaucus, NJ, USA, 2007

[B-5] DE0-Nano Development and Education Board, terasic（2016）, http://www.terasic.com.tw/cgi-bin/page/archive.pl?CategoryNo=139&No=593（平成28年12月6日確認）

[B-6] E.Brier, C.Clavier and F.Olivier, "Correlation power analysis with a leakage model," Proc. of CHES 2004, Lecture Notes in Computer Science, Vol.3156, Springer, pp.16-29（2004）

# 関連規格目録

【国際規格】

**International Organization for Standardization（ISO）/ International Electrotechnical Commission（IEC）**


- ISO/IEC 15408-1（2009）, Information technology -- Security techniques -- Evaluation criteria for IT security -- Part 1: Introduction and general model.
- ISO/IEC 15408-2（2008）, Information technology -- Security techniques -- Evaluation criteria for IT security -- Part 2: Security functional components.
- ISO/IEC 15408-3（2008）, Information technology -- Security techniques -- Evaluation criteria for IT security -- Part 3: Security assurance components.
- ISO/IEC 27000（2009）, Information technology -- Security techniques -- Information security management systems -- Overview and vocabulary.
- ISO/IEC 27001（2005）, Information technology -- Security techniques -- Information security management systems – Requirements.
- ISO/IEC 27002（2005）, Information technology -- Security techniques -- Code of practice for information security management.
- ISO/IEC 27003（2010）, Information technology -- Security techniques -- Information security management system implementation guidance.
- ISO/IEC 27004（2009）, Information technology -- Security techniques -- Information security management – Measurement.
- ISO/IEC 27005（2008）, Information technology - Security techniques - Information security risk management.
- ISO/IEC 27006（2007）, Information technology -- Security techniques -- Requirements for bodies providing audit and certification of information security management systems.


**International Electrotechnical Commission（IEC）**


- IEC/TR61000-1-3（2002）, Electromagnetic compatibility（EMC）- Part

1-3: General - The effects of high-altitude EMP (HEMP) on civil equipment and systems

- IEC/TR 61000-1-5 (2004), Electromagnetic compatibility (EMC) - Part 1-5: General - High power electromagnetic (HPEM) effects on civil systems
- IEC 61000-2-9 (1996), Electromagnetic compatibility (EMC) - Part 2: Environment - Section 9: Description of HEMP environment - Radiated disturbance. Basic EMC publication
- IEC 61000-2-10 (1998), Electromagnetic compatibility (EMC) - Part 2-10: Environment - Description of HEMP environment - Conducted disturbance
- IEC 61000-2-11 (1998), Electromagnetic compatibility (EMC) - Part 2-11: Environment - Classification of HEMP environments
- IEC 61000-2-13 (2005), Electromagnetic compatibility (EMC) - Part 2-13: Environment - High-power electromagnetic (HPEM) environments - Radiated and conducted
- IEC 61000-4-2 ed2.0 (2008-12), Electromagnetic compatibility (EMC) - Part 4-2: Testing and measurement techniques-Electrostatic discharge immunity test.
- IEC 61000-4-3 (2010), Electromagnetic compatibility (EMC) - Part 4-3: Testing and measurement techniques - Radiated, radio-frequency, electromagnetic field immunity test
- IEC 61000-4-4 ed2.0 (2004-07), Electromagnetic compatibility (EMC) - Part 4-4: Testing and measurement techniques - Electrical fast transient/burst immunity test.
- IEC 61000-4-5 ed2.0 (2005-11), Electromagnetic compatibility (EMC) - Part 4-5: Testing and measurement techniques-Surge immunity test.
- IEC 61000-4-6 ed3.0 (2008-10), Electromagnetic compatibility (EMC) - Part 4-6: Testing and measurement techniques - Immunity to conducted disturbances, induced by radio-frequency fields.
- IEC 61000-4-8 ed2.0 (2009-09), Electromagnetic compatibility (EMC) -

Part 4-8: Testing and measurement techniques - Power frequency magnetic field immunity test.
· IEC 61000-4-18 ed1.0 (2006-11), Electromagnetic compatibility (EMC) - Part 4-18: Testing and measurement techniques - Damped oscillatory wave immunity test.
· IEC 61000-4-23 (2000), Electromagnetic compatibility (EMC) - Part 4-23: Testing and measurement techniques - Test methods for protective devices for HEMP and other radiated disturbances
· IEC 61000-4-24 (1997), Electromagnetic compatibility (EMC) - Part 4: Testing and measurement techniques - Section 24: Test methods for protective devices for HEMP conducted disturbance - Basic EMC Publication
· IEC 61000-4-25 (2012), Electromagnetic compatibility (EMC) - Part 4-25: Testing and measurement techniques - HEMP immunity test methods for equipment and systems
· IEC 61000-4-32 (2002), Electromagnetic compatibility (EMC) - Part 4-32: Testing and measurement techniques - High-altitude electromagnetic pulse (HEMP) simulator compendium
· IEC 61000-4-33 (2005), Electromagnetic compatibility (EMC) - Part 4-33: Testing and measurement techniques - Measurement methods for high-power transient parameters
· IEC/TR 61000-4-35 (2009), Electromagnetic compatibility (EMC) - Part 4-35: Testing and measurement techniques - HPEM simulator compendium
· IEC/TR61000-5-3 (1999), Electromagnetic compatibility (EMC) - Part 5-3: Installation and mitigation guidelines - HEMP protection concepts
· IEC/TS61000-5-4 (1996), Electromagnetic compatibility (EMC) - Part 5: Installation and mitigation guidelines - Section 4: Immunity to HEMP - Specifications for protective devices against HEMP radiated disturbance. Basic EMC Publication
· IEC 61000-5-5 (1996), Electromagnetic compatibility (EMC) - Part 5:

Installation and mitigation guidelines - Section 5: Specification of protective devices for HEMP conducted disturbance. Basic EMC Publication

- IEC/TR 61000-5-6（2002）, Electromagnetic compatibility（EMC）- Part 5-6: Installation and mitigation guidelines - Mitigation of external EM influences
- IEC 61000-5-7（2001）, Electromagnetic compatibility（EMC）- Part 5-7: Installation and mitigation guidelines - Degrees of protection provided by enclosures against electromagnetic disturbances（EM code）
- IEC/TS 61000-5-8（2009）, Electromagnetic compatibility（EMC）- Part 5-8: Installation and mitigation guidelines - HEMP protection methods for the distributed infrastructure
- IEC/TS 61000-5-9（2009）, Electromagnetic compatibility（EMC）- Part 5-9: Installation and mitigation guidelines - System-level susceptibility assessments for HEMP and HPEM
- IEC 61000-6-2（2016）, Electromagnetic compatibility（EMC）- Part 6-2: Generic standards - Immunity standard for industrial environments.
- IEC 61000-6-5（2015）, Electromagnetic compatibility（EMC）- Part 6-5: Generic standards - Immunity for equipment used in power station and substation environment.
- IEC 61000-6-6（2003）, Electromagnetic compatibility（EMC）- Part 6-6: Generic standards - HEMP immunity for indoor equipment
- IEC 60255-26（2013）, Measuring relays and protection equipment - Part 26: Electromagnetic compatibility requirements.

**International Telecommunication Union（ITU）**

- ITU-T Recommendation X.1051（2004）, Information security management system – Requirements for telecommunications（ISMS-T）.
- ITU-T Recommendation K.11（2009）, Principles of protection against overvoltages and overcurrents

· ITU-T Recommendation K.20 (2016), Resistibility of telecommunication equipment installed in a telecommunications centre to overvoltages and overcurrents.
· ITU-T Recommendation K.21 (2011), Resistibility of telecommunication equipment installed in customer premises to overvoltages and overcurrents.
· ITU-T Recommendation K.27 (2015), Bonding configurations and earthing inside a telecommunication building.
· ITU-T Recommendation K.42 (1998), Preparation of emission and immunity requirements for telecommunication equipment – General principles.
· ITU-T Recommendation K.43 (2009), Immunity requirements for telecommunication network equipment.
· ITU-T Recommendation K.45 (2016), Resistibility of telecommunication equipment installed in the access and truck networks to overvoltages and overcurrents.
· ITU-T Recommendation K.46 (2012), Protection of telecommunication lines using metallic symmetric conductors against lightning-induced surges.
· ITU-T Recommendation K.47 (2012), Protection of telecommunication lines against direct lightning flashes.
· ITU-T Recommendation K.48 (2006), EMC requirements for telecommunication equipment – Product family Recommendation.
· ITU-T Recommendation K.66 (2011), Protection of customer premises from overvoltages
· ITU-T Recommendation K.78 (2016), HEMP immunity guide for telecommunication centres
· ITU-T Recommendation K.81 (2016), HPEM immunity guide for telecommunication systems
· ITU-T Recommendation K.81 Supplement 5 (2016), Estimation examples

of the high-power electromagnetic threat and vulnerability for telecommunication systems

- ITU-T Recommendation K.84 (2011), Test methods and guide against information leaks through unintentional electromagnetic emissions.
- ITU-T Recommendation K.115 (2015), Mitigation methods against electromagnetic security threats

**Institute of Electrical and Electronics Engineers (IEEE)**

- IEEE P1642 Draft (2009): Recommended Practice for Protecting Public Accessible Computer Systems from Intentional EMI
- IEEE P1643 Draft (2003): Recommended Practice for Protecting Voting Equipment and Systems from Intentional EMI

**Conseil Internationale des. Grands Reseaux Electriques (CIGRE)**

- WG C4.206 Draft (2008): R Protection of the High Voltage Power Network Control Electronics against Intentional Electromagnetic Interference (IEMI)

**Internet Engineering Task Force (IETF)**

- RFC(Request for Comments) 2828 (2000), Internet Security Glossary

**【国内規格】**

日本工業規格：**JIS**

- JISQ27001 (2006)、情報技術―セキュリティ技術―情報セキュリティマネジメントシステム―要求事項
- JISQ27002 (2006)、情報技術―セキュリティ技術―情報セキュリティマネジメントの実践のための規範
- JISQ27006 (2008)、情報技術―セキュリティ技術―情報セキュリティマネジメントシステムの審査及び認証を行う機関に対する要求事項
- JISC61000-3-2 (2005)、電磁両立性―第3-2部：限度値―高調波電流

発生限度値（1相当たりの入力電流が20A以下の機器）
・JISC61000-4-2（1999）、電磁両立性－第4-2部：試験及び測定技術－静電気放電イミュニティ試験
・JISC61000-4-3（2005）、電磁両立性－第4-3部：試験及び測定技術－放射無線周波電磁界イミュニティ試験
・JISC61000-4-4（2007）、電磁両立性－第4-4部：試験及び測定技術－電気的ファストトランジント／バーストイミュニティ試験
・JISC61000-4-5（2009）、電磁両立性－第4-5部：試験及び測定技術－サージイミュニティ試験
・JISC61000-4-6（2006）、電磁両立性－第4-6部：試験及び測定技術－無線周波電磁界によって誘導する伝導妨害に対するイミュニティ
・JISC61000-4-7（2007）、電磁両立性－第4-7部：試験及び測定技術－電力供給システム及びこれに接続する機器のための高調波及び次数間高調波の測定方法及び計装に関する指針
・JISC61000-4-8（2003）、電磁両立性－第4-8部：試験及び測定技術－電源周波数磁界イミュニティ試験
・JISC61000-4-11（2008）、電磁両立性－第4-11部：試験及び測定技術－電圧ディップ，短時間停電及び電圧変動に対するイミュニティ試験
・JISC61000-4-14（2004）、電磁両立性－第4-14部：試験及び測定技術－電圧変動イミュニティ試験
・JISC61000-4-16（2004）、電磁両立性―第4-16部：試験及び測定技術―直流から150kHzまでの伝導コモンモード妨害に対するイミュニティ試験
・JISC61000-4-17（2004）、電磁両立性－第4-17部：試験及び測定技術－直流入力電源端子におけるリプルに対するイミュニティ試験
・JISC61000-4-20（2006）、電磁両立性－第4-20部：試験及び測定技術―TEM（横方向電磁界）導波管のエミッション及びイミュニティ試験
・JISC61000-4-23（2006）、電磁両立性－第4-23部：試験及び測定技術―HEMP及び他の放射妨害の保護装置試験法

・JISC61000-4-34（2008）、電磁両立性－第4-34部：試験及び測定技術－1相当たりの入力電流が16Aを超える電気機器の電圧ディップ，短時間停電及び電圧変動に対するイミュニティ試験
・JISC61000-6-1（2008）、電磁両立性－第6-1部：共通規格－住宅，商業及び軽工業環境におけるイミュニティ
・JISC61000-6-2（2008）、電磁両立性－第6-2部：共通規格－工業環境におけるイミュニティ

**防衛省規格：NDS**

・NDS C 0011C（2011）、電磁干渉試験方法
・NDS C 0012B（2013）、電磁シールド室試験方法
・NDS C 0013（2003）、漏えい電磁波に関する試験方法
・NDS Z 9011B（2014）、信頼度予測

**電気規格調査会規格：JEC**

・JEC-0103（2005）、低圧制御回路試験電圧標準
・JEC-2501（2010）、保護継電器の電磁両立性試験
・JEC-0202（1994）、インパルス電圧・電流試験一般

# 用語集

**引用は次のとおり**

① IS C 60050-161 EMC に関する IEV 用語
②定義の規格確認中→「サイドチャネルアタック」
③ IEC 61000-5-9 System-level Susceptibility Assessments for HEMP and HPEM（未確定）
④ IEC 61000-4-35　High Power Electromagnetic（HPEM）simulator compendium（未確定）
⑤ MIL-STD-464 Electromagnetic Environmental Effects Requirements for Systems
⑥ MIL-STD-461F Requirements for the Control of Electromagnetic Interference Characteristics Subsystems and Equipment
⑦ ANSI C63.14-1992 American National Standard Dictionary　for Technologies of Electromagnetic Compatibility（EMC）, Electromagnetic Pulse（EMP）, and Electromagnetic Discharge（ESD）
⑧ IETF RFC2828 Internet Security Glossary
⑨防衛省規格　NDS C 0013 漏えい電磁波に関する試験方法
⑩防衛省規格　NDS C 0011C 電磁干渉試験方法
⑪ JISC61000-4-5 電磁両立性－第 4-5 部：試験及び測定技術－サージイミュニティ試験
⑫ JEC-2501 保護継電器の電磁両立性試験
⑬ JEC-0103 低圧制御回路試験電圧標準
⑭ JEC-0202 インパルス電圧・電流試験一般
⑮ JEC-2374 酸化亜鉛形避雷器
⑯ JEC-2500 電力用保護継電器
⑰ JEC-1201 計器用変成器（保護継電器用）
＊この用語集のオリジナル

1. 共通的な用語（アルファベット順）

| 番号 | 用語（英語） | 用語（日本語） | 定義 | 引用 | 補足説明など |
|---|---|---|---|---|---|
| 1-1 | Active phased array | アクティブフェーズドアレー | アレーアンテナの放射素子毎に固体化半導体増幅器を接続して、送信または受信するフェーズドアレー。 | * | |
| 1-2 | Array antenna | アレーアンテナ | 複数の放射素子を配列し、各放射素子に所定の振幅・位相を与えてビーム形成するアンテナ。 | * | |
| 1-3 | asymmetrical terminal voltage | コモンモード端子電圧 | デルタ回路網を使用して測定した、指定の端子間のコモンモード電圧。 | ① 04-12 | |
| 1-4 | back door coupling | バックドアカップリング | 機器のケーブルや開口部分などの欠陥部位等の正規入力経路以外の侵入経路からの電磁波の結合。 | ③④ | |
| 1-5 | bandwidth (of a device) | 帯域幅（機器の） | その帯域内では、装置又は送信チャネルの特性がその基準値より規定の量又は比以上に大きく異ならない周波数帯域幅。 | ① 06-09 | |
| 1-6 | bandwidth (of an emission or signal) | 帯域幅（発射または信号の） | その帯域幅の外側では、いかなるスペクトル成分のレベルも基準レベルの規定の比率（パーセント）を超えない周波数帯域幅。 | ① 06-10 | |
| 1-7 | balun | バラン | 不平衡電圧を平衡電圧に、又はその逆に変換するデバイス。 | ① 04-33 | balance と unbalance の合成語 |
| 1-8 | common mode conversion | コモンモード変換 | コモンモード電圧に応じてディファレンシャル電圧が発生する過程。 | ① 04-10 | |
| 1-9 | common mode current | コモンモード電流 | シールドや吸収体の有無を含め、複数導体のケーブルにおいて、導体のそれぞれでの電流ベクトルの和が振幅（絶対値）となる電流。 | ① 04-39 | |
| 1-10 | common mode impedance | コモンモードインピーダンス | コモンモード電流でコモンモード電圧を割った数値。 | ① 04-40 | |
| 1-11 | common mode voltage | コモンモード電圧 | 規定の基準、通常は大地又はきょう体と各導体との間の電圧ベクトル的平均。 | ① 04-09 | |

| | | | | | |
|---|---|---|---|---|---|
| 1-12 | COTS（commercial off-the-shelf equipments） | 市販品 | 市販品。特に軍用機器の一部として組み込み使用する場合にCOTSと呼ばれ、ITEが使用される場合が多い。 | * | 市販品の厨房用などへの使用はCOTSとは呼ばない。 |
| 1-13 | current probe | 電流プローブ | 導体の機能を損ねず、かつ付帯する回路のインピーダンスに影響することなく、導体を流れる電流を測定するデバイス。 | ① 04-34 | |
| 1-14 | CW（continuous wave） | 連続波 | パルス変調しない連続信号。 | * | |
| 1-15 | differential mode | ディファレンシャルモード電流 | 2導体又は多導体ケーブルの中の2導体において、個々の導体の電流ベクトルの差の振幅（絶対値）が1／2となる電流。 | ① 04-38 | |
| 1-16 | E3：electromagnetic environmental effects | 電磁環境の影響 | | ⑤ | |
| 1-17 | effective selectivity | 実効選択度 | 受信機入力回路に過大入力が入った場合のような、規定された特別の条件下における選択度。 | ① 06-16 | |
| 1-18 | electromagnetic compatibility | 電磁両立性、EMC（略語） | 装置又はシステムの存在する環境において、許容できないような電磁妨害をいかなるものに対しても与えず、かつ、その電磁環境において満足に機能するための装置又はシステムの能力。 | ① 01-06 | |
| 1-19 | electromagnetic disturbance | 電磁妨害 | 機器、装置又はシステムの性能を低下させる可能性があり、又は生物、無生物にかかわらずすべてのものに悪影響を及ぼす可能性がある電磁現象。 | ① 01-05 | |
| 1-20 | （electromagnetic） emission | （電磁）エミッション | ある発生源から電磁エネルギーが放出する現象。 | ① 01-08 | |
| 1-21 | electromagnetic environment | 電磁環境 | ある場所に存在する電磁現象の全て。注：一般にこの電磁環境は時間的に変動しており、その記述に統計的アプローチが必要となる場合がある。 | ① 01-01 | |
| 1-22 | electromagnetic interference | 電磁障害、EMI（略語） | 電磁妨害によって引き起こされる装置、伝送チャネル又はシステムの性能低下。 | ① 01-06 | |

| | | | | | |
|---|---|---|---|---|---|
| 1-23 | electromagnetic noise | 電磁雑音 | 時間的に変化する電磁的現象の一種で、明らかに情報を伝えず、かつ希望信号に重畳又は結合する可能性があるもの。 | ① 01-02 | |
| 1-24 | (electromagnetic) radiation | (電磁) 放射 | 1. 発生源から電磁波の形態でのエネルギーが空間に放出する現象。2. 電磁波の形態で空間を伝搬するエネルギー。 | ① 01-10 | |
| 1-25 | electromagnetic shielding | 電磁遮へい | 金属系隔壁などを使用して、一方から他方への電磁波の伝達を阻止・低減すること。 | ① 03-26 | |
| 1-26 | energy bandwidth | エネルギーバンド幅 | | | |
| 1-27 | EW (electronic warfare) | 電子戦 | ES (電子戦支援) /EA (電子攻撃) /EP (電子防護) で構成される電子的戦闘行動で、電磁波を用いて電磁スペクトルを支配又は敵を攻撃する全軍事行動。 | * | 軍事用語 ES、EA、EP 参照 |
| 1-28 | front door coupling | フロントドアカップリング | アンテナ、センサなどの信号伝達経路 (入出力回路等) を侵入経路とする電磁波の結合。 | ③④ | |
| 1-29 | information technology equipment | 情報技術装置 ITE (略称) | 次の目的のために設計した装置:a) 外部からデータを入力する。b) 入力データについて何らかの処理を行う。c) データを出力する。 | ① 05-04 | ⑨では、IT 機器 |
| 1-30 | information and communications technology equipment | 情報通信技術装置 ICT 装置 (略称) | ITE、及び ITE どうしを接続するための通信路を構成する機器・装置。 | * | |
| 1-31 | impulse | インパルス | ある用途のために単位インパルス又はディラック関数を近似するパルス。 | ① 02-03 | |
| 1-32 | interfering signal | 妨害信号 | 希望信号の受信に害を及ぼす信号。 | ① 01-04 | 無線通信の観点 |
| 1-33 | interference suppression | 障害抑圧 | 電磁障害を減少又は除去させること。 | ① 03-23 | |
| 1-34 | ISM | ISM (修飾語) | 産業用、科学用、医療用、家庭用または類似の目的のために局部的に無線周波エネルギーを発生し、利用するよう設計した装置又は機器の修飾語。 | ① 05-01 | |

| | | | | | |
|---|---|---|---|---|---|
| 1-35 | ISM frequency band | ISM 周波数帯 | ISM 装置に使用するために割り当てられた周波数帯。 | ① 05-03 | |
| 1-36 | ISMS (information security management system) | 情報セキュリティ管理システム | 情報セキュリティ規則の制定、組織運用などをいう。 | * | |
| 1-37 | line impedance stabilization network | 擬似電源回路網 (LISN) | 供試装置の電源供給線に挿入したとき、所定の周波数範囲において妨害電圧測定のための規定の負荷インピーダンスを与え、かつ、その周波数範囲において供試装置を電源供給線から分離する回路。 | ① 04-05 | |
| 1-38 | mitigation | 改善方策（軽減対処） | EMI/EMS 性能の改善手段・方策。 | * | |
| 1-39 | peak detector | せん頭（ピーク）値検波器 | 与えられた信号のピーク値が出力電力となる検波器。 | ① 04-24 | |
| 1-40 | Phased array | フェーズドアレー | アレーアンテナの放射素子毎の位相によりアンテナビームの指向方向を制御するアレイアンテナ。 | * | |
| 1-41 | pulse | パルス | 短時間における物理量の急激な変化で、変化後急速に初期値に復帰するもの。 | ① | |
| 1-42 | Radar | レーダ | 電波を目標物方向に送信し、その反射波を受信して、目標物までの距離や方向を測定する装置。 | * | |
| 1-43 | radio frequency noise | 無線（周波）妨害 | 無線周波数帯の成分をもつ電磁妨害。 | ① 01-13 | |
| 1-44 | rise time | 立ち上がり時間 | パルスの瞬時値が最初に規定した下限値に到達し、その後規定された上限値に到達するまでの時間間隔。 | ① 2-05 | |
| 1-45 | selectivity | 選択度 | 希望信号と不要信号を識別する受信機の能力又は能力の尺度。 | ① 06-15 | |
| 1-46 | shielded enclosure/ screened room | シールドルーム | 内部と外部の環境を電磁的に分離するために、特殊設計された金属シート又は金属メッシュの部屋。 | ① 04-37 | |

| | | | | | |
|---|---|---|---|---|---|
| 1-47 | side channel attack | サイドチャネルアタック | 電子機器における信号入出力時の電磁波の波形を解析することにより、暗号アルゴリズムの特徴を捉え、暗号鍵の解読を行う手法（攻撃）のこと。 | ② | |
| 1-48 | spike | スパイク | 比較的短時間の単方向性パルス。 | ① 02-04 | |
| 1-49 | symmetrical terminal voltage | ディファレンシャルモード端子電圧 | デルタ回路網を使用して測定した、指定の端子間のディファレンシャルモード電圧。 | ① 04-11 | |
| 1-50 | TEM cell | TEM セル | 矩形の同軸線路で、試験のために定められた電磁波を発生させるため、TEM 波を伝搬させる閉じられた容器。 | ① 04-32 | |

## 2. 漏えい電磁波に関連する用語（アルファベット順）

| 番号 | 用語（英語） | 用語（日本語） | 定　　義 | 引用 | 補足説明など |
|---|---|---|---|---|---|
| 2-1 | averaging | アベレージング | 平均化処理：繰り返し信号の SN 比改善に使用される一手法。 | * | |
| 2-2 | compromised emanation | 情報を含有する非意図的電磁波放出 | ITE が非意図的に（伝導的 / 放射的に）放出する電磁波のうち、情報を含有する放出。 | * | |
| 2-3 | cabinet radiation | きょう体放射 | 装置を収容しているきょう体からの放射で、接続されているアンテナ又はケーブルからの放射を除く。 | ① 03-05 | |
| 2-4 | conducted emanation | 伝導的非意図的電磁波放出 | ITE の入出力線路（導線）等を経由する電磁波の非意図的放出。 | * | ⑨では、伝導漏えい |
| 2-5 | electromagnetic emanation | 非意図的電磁波放出 | ITE からの非意図的な電磁波放出。 | * | ⑨では、電磁漏えい |
| 2-6 | electromagnetic eavesdropping | 電磁手段的盗聴 | IT 機器が放出する情報を含有する不要電磁波を受信して情報を取得（盗聴）する行為。 | * | |
| 2-7 | emission limit | エミッション限度値 | 電磁妨害源から規定された最大エミッションレベル。 | ① 03-12 | |
| 2-8 | emission level | エミッションレベル | 特定の機器、装置又はシステムから放出される電磁妨害のレベル。 | ① 03-11 | |
| 2-9 | EMSEC（emanations security） | EMSEC | TEMPEST（下記）と同義。 | ⑧ | |
| 2-10 | processing gain | 処理利得 | 信号処理過程での SN 比の改善の程度。 | * | |
| 2-11 | radiated emanation | 放射的非意図的電磁波放出 | 電磁波を非意図的アンテナを経由して空中に対して非意図的に放出すること。 | * | ⑨では、放射漏えい |
| 2-12 | TEMPEST | TEMPEST（使用しないことが望ましい） | IT 機器が放出する情報を含有する電磁波放出を低減するなどの手段により、受信設備を持つ脅威による情報取得を困難にする対策。（「TEMPEST」は、米国 NSA が「情報を含有する非意図的電磁波放出の漏えい対策（プロジェクト）」に名付けたコードネーム） | * | TEMPEST は省略語ではない。 |

| | | | | | |
|---|---|---|---|---|---|
| 2-13 | ――― | 繰り返しを伴う<br>情報放出 | PC などのラスタスキャンによる表示機能から生じるような連続的繰り返しを伴う放出。(脅威に対して多数回数の受信機会を与えることになる)。 | * | ⑨では、<br>繰り返し漏えい |
| 2-14 | ――― | 繰り返しを伴わない<br>情報放出 | プリンタなどが放出する情報を含有する非意図的電磁波放出のように、繰り返しを伴わない情報放出 | * | ⑨では、<br>非繰り返し漏えい |

## 3. 侵入電磁波に関連する用語（アルファベット順）

| 番号 | 用語（英語） | 用語（日本語） | 定　義 | 引用 | 補足説明など |
|---|---|---|---|---|---|
| 3-1 | broadband disturbance | 広帯域妨害 | 特定の送受信機、受信機、又は感受性のある機器の帯域幅より広い帯域幅をもつ電磁妨害。 | ① 06-11 | |
| 3-2 | burst | バースト（パルス又は振動の） | ある限られた個数の異なるパルスからなるパルス列又は限られた時間の間継続する振動。 | ① 02-07 | |
| 3-3 | BWO（backward wave oscillator） | 後退波発振器 | 相対論的電子ビームを用いた高出力信号の発振器で、短パルス動作が可能で広帯域動作にも用いられる。 | * | |
| 3-4 | CHAMP（counter-electronics high-powered microwave advanced missile project） | CHAMP | 米空軍研究所で実施しているミサイルの開発プログラム。 | * | |
| 3-5 | conducted disturbance | 伝導妨害 | 機器に接続される電線、線路を経由して伝導的に侵入する妨害波。 | ① 03-27 | |
| 3-6 | continuous disturbance | 連続妨害 | 特定の機器に与えるその影響が、個別の影響のつながりとしては分解できない電磁妨害。 | ① 02-11 | |
| 3-7 | continuous noise | 連続雑音 | 特定の機器に与えるその影響が、個別の影響のつながりとしては分解できない電磁雑音。 | ① 02-10 | |
| 3-8 | crossmodulation | 混変調 | 不要信号による希望信号搬送波の変調であり、非直線特性をもつ装置、電気的回路網又は伝送媒体において信号の相互干渉によって生じるもの。 | ① 06-19 | |
| 3-9 | Degradation（of performance） | 性能の低下<br>低下・劣化<br>誤動作・停止<br>破損（故障） | 機器、装置又はシステムの動作性能が、意図する性能から好ましくない方に外れること。 | ① 01-19 | |
| 3-10 | DEW（directed-energy weapon） | 指向性エネルギー兵器 | 高出力レーザ／大電力マイクロ波等の強力な電磁波を、指向性をビーム状に高度に集中させて放射し、目標を熱的に破壊、又は敵の通信電子装備（通信機器、レーダ機器等）を無力化、機能阻害する兵器 | * | 軍事用語 |

| 3-11 | disturbance field | 妨害電磁界 | 電磁妨害によって生じた電磁界 | ＊ | |
|---|---|---|---|---|---|
| 3-12 | disturbance field strength | 妨害電磁界強度 | 電磁妨害によって所定の位置に生じ、規定の条件で測定した電磁界強度。 | ① 04-02 | |
| 3-13 | disturbance level | 妨害レベル | すべての妨害源からもたらされる結果として、ある場所に存在する電磁妨害レベル。 | ① 03-29 | |
| 3-14 | disturbance power | 妨害電力 | 規定の条件で測定した電磁妨害電力。 | ① 04-03 | |
| 3-15 | disturbance voltage | 妨害電圧 | 電磁妨害によって二つの別個の導体上の2点間に生じ、規定の条件で測定した電圧。 | ① 04-01 | |
| 3-16 | e-bomb | 電磁爆弾 | 相手方のITEを誤動作・破壊することを目的とし、強力電磁波を放射する爆弾。 | ＊ | |
| 3-17 | ECCM（electronic counter-countermeasures） | ECCM 対電子対策 | EP（electronic protection）の以前の呼称 | ＊ | 軍事用語EP参照 |
| 3-18 | ECM（electronic countermeasures） | ECM 電子対策 | EA（electronic attack）の以前の呼称。 | ＊ | 軍事用語EA参照 |
| 3-19 | ——— | 電磁波攻撃 | 大電力電磁波を手段とする攻撃。 | ＊ | |
| 3-20 | （electromagnetic）susceptibility | （電磁）感受性 | 電磁妨害による機器、装置又はシステムの性能低下の発生しやすさ。 | ① 01-21 | ⑩に、伝導感受性、放射感受性 |
| 3-21 | EMP（electromagnetic pulse） | EMP（高レベル電磁パルス） | 核爆発や、爆発発電装置、雷等が発生放射する極めて高レベルの電磁パルス。 | ⑦ | 軍事用語 |
| 3-22 | EM weapon（electro-magnetic weapon） | 電磁波攻撃兵器 | 電磁波を利用して相手方電子機器等を誤動作または破壊させることを意図した兵器。 | ＊ | |
| 3-23 | ESD（electrostatic discharge） | 静電気放電 | 静電気電位が異なる物体どうしが近接又は直接接触することによって、物体間に起こる電荷の移動。 | ① 01-22 | |
| 3-24 | ERP（effective radiated power） | 実効放射電力 | ある装置によって放射されたのと同じ電力密度を、その装置から所与の方向の任意の距離の場所において、無損失の基準アンテナ（無指向性アンテナ）が発生するのに要する入力電力。 | ① 04-16 | |

| 3-25 | external immunity | 外部イミュニティ | 正規の入力端子又はアンテナ以外を経由して侵入する電磁妨害に対して、機器、装置又はシステムが（性能）低下なしに動作する能力。 | ① 03-07 | |
|---|---|---|---|---|---|
| 3-26 | FCG（Flux Compression Generator） | 磁束圧縮発電機 | 高性能爆薬を用いて、磁束を圧縮して強い電磁パルスを発生する器材。 | * | |
| 3-27 | GaN（Gallium Nitride） | 窒化ガリウム | ガリウムの窒化物の半導体であり、熱伝導率が大きく、高温・高耐圧での動作が可能である。 | * | |
| 3-28 | HEL（high energy lasers） | 高エネルギーレーザー | 大電力を放出するレーザ現象又はレーザ機器。 | * | 軍用語 |
| 3-29 | HEMP（high-altitude electromagnetic pulse） | HEMP 高々度核爆発電磁パルス | 高々度（数十 km 上空）の核爆発により発生する極めて強いエネルギーの電磁パルス。地表に到達する電磁界強度（ピーク値）は約 50kV/m といわれている。 | * | 軍事用語 |
| 3-30 | HERF（hazards of electromagnetic radiation to fuel） | HERF | 高周波大電力被曝における燃料など（可燃物）への影響（発火の可能性）。主として艦船内における影響が主題となる。 | * | 軍用語 |
| 3-31 | HERP（hazards of electromagnetic radiation to personnel） | HERP | 高周波大電力被曝における兵員への健康影響。 | * | 軍用語 |
| 3-32 | HERO（hazards of electromagnetic radiation to ordnance） | HERO | 高周波大電力被曝における砲弾など（爆発物）への影響。主として艦船内における影響が主題となる。 | * | 軍用語 |
| 3-33 | HPEM（high power electro-magnetic） | HPEM 大電力電磁波 | 電磁波攻撃を意味する最上位概念で、HEMP や HPM を含む。 | * | |
| 3-34 | HPM（high power microwave） | HPM 大電力マイクロ波 | 大電力のマイクロ波放出。相手の電子機器を電子攻撃する手段としての利用が目的。 | * | |
| 3-35 | I-EMI（intentional electromagnetic interference） | 意図的電磁波放出 | 他者への影響を利用することを目的とする電磁波の意図的放出。（通常の EMI が「非意図的」であるに対する対語） | * | |

| | | | | | |
|---|---|---|---|---|---|
| 3-36 | immunity | イミュニティ | 電磁妨害が存在する環境で、機器・装置又はシステムが性能低下せずに動作することができる能力。 | ① 01-20 | |
| 3-37 | immunity level | イミュニティレベル | 特定の機器、装置又はシステムにおいて、それらが要求される程度の性能で動作し得る電磁妨害の最大印加レベル。 | ① 03-14 | |
| 3-38 | immunity limit | イミュニティ限度値 | 規定された最小イミュニティレベル。 | ① 03-15 | |
| 3-39 | impulsive disturbance | インパルス妨害 | 特定の機器又は装置に加わった場合に、異なるパルス列のつながり又はトランジェントとして現れる電磁妨害。 | ① 02-09 | |
| 3-40 | impulse noise | インパルス雑音 | 特定の機器又は装置に加わった場合に、異なるパルス列のつながり又はトランジェントとして現れる電磁妨害。 | ① 02-08 | |
| 3-41 | internal immunity | 内部イミュニティ | 正規の入力端子又はアンテナに現れる電磁妨害に対して、機器、装置又はシステムが（性能）低下なしに動作する能力。 | ① 03-06 | |
| 3-42 | intermodulation | 相互変調 | 非直線特性をもつ機器又は伝送媒体において発生する現象で、単一又は複数の入力信号のスペクトル成分が相互に干渉して、入力成分の周波数の整数倍の周波数の線形結合（和及び差）に等しい周波数をもつ新しい成分を生じること。 | ① 06-20 | |
| 3-43 | IRA（impulse radiating antenna） | インパルス放射アンテナ | インパルス電力を放射する高周波広帯域アンテナ。 | * | |
| 3-44 | limit of disturbance | 妨害の限度値 | 規定された方法で測定された場合の最大許容電磁妨害レベル | ① 03-08 | |
| 3-45 | limit of interference | 障害の限度値 | 電磁妨害によって機器、装置またはシステムに生じる性能の最大許容低下。注：多くのシステムにおいて、障害の程度を測定するのは難しいため、しばしば英語では“妨害の限度（値）”の代わりに“障害の限度（値）”が用いられる。 | ① 03-09 | |

| | | | | | |
|---|---|---|---|---|---|
| 3-46 | mains-borne disturbance | 電源線伝導妨害 | 電源に接続された線を経由して機器に伝導される電磁妨害。 | ① 03-02 | |
| 3-47 | mains immunity | 電源線イミュニティ | 電源線伝導妨害に対するイミュニティ。 | ① 03-03 | |
| 3-48 | Magnetron | マグネトロン | 高周波信号を発振する電子管。 | * | |
| 3-49 | MILO（magnetically insulated line oscillator） | 磁気絶遠伝送線発振器 | 相対論的電子ビームを用いた高出力信号の発振器で、単一周波数で用いられる。 | * | |
| 3-50 | Missile | ミサイル | 自律制御か誘導制御を受けて、目標に向かって飛翔する兵器。 | * | |
| 3-51 | Marx Generator | 多段式インパルス電圧発生器 | 高圧直流電圧を多段のコンデンサと抵抗回路に入力し、高電圧のインパルスを発生する器材。 | * | |
| 3-52 | narrowband disturbance | 狭帯域妨害 | 特定の送受信機、受信機、又は感受性のある機器の帯域幅より狭い帯域幅をもつ電磁妨害、又はそのスペクトル成分。 | ① 06-13 | |
| 3-53 | NEMP（nuclear electromagnetic pulse） | 核電磁パルス | 核爆発に起因する電磁パルスをいい、LEMP（lightning electromagnetic pulse：雷に起因する電磁パルス）に対比して用いられる。 | * | HEMPと同義語 |
| 3-54 | N2EMP（non-nuclear EMP） | 非核電磁パルス | 自然現象に起因する電磁パルスをいい、NEMP（nuclear electromagnetic pulse：核爆発に起因する電磁パルス）に対比して用いられる。 | * | 雷により発生する電磁パルス |
| 3-55 | Phase Shifter | 移相器 | 高周波信号の位相を制御する部品。 | * | |
| 3-56 | protection | 防護（防護策） | | * | |
| 3-57 | protection ratio | 保護比 | 機器又は装置の既定の性能を満足させるために必要な信号対妨害比の最小値。 | ① 06-05 | |
| 3-58 | radiated disturbance | 放射妨害 | 機器に対して空間を経由して放射的に侵入する妨害波。 | ① 03-28 | |
| 3-59 | RADHAZ（radiation hazards） | ラジエーションハザード | 高周波大電力被曝における人体・機器・資材などへの影響。ただし、人体への影響に限って用いられることが多い。 | * | |
| 3-60 | random noise | ランダム雑音 | ある瞬間にはその値を予測できない電磁雑音。 | ① 02-14 | |

| 3-61 | Signal-to-disturbance ratio | 信号対妨害比 | 規定された条件で測定されたときの電磁妨害レベルに対する信号レベルの比。 | ① 06-03 | |
|---|---|---|---|---|---|
| 3-62 | Signal-to-noise ratio | 信号対雑音比（SN 比） | 規定された条件で測定されたときの電磁雑音レベルに対する希望信号レベルの比。 | ① 06-04 | |
| 3-63 | SPD（surge protection device） | サージ保護部品 | インパルス的な電圧を安全に放電するために使用される避雷器、バリスタなどの部品。 | * | |
| 3-64 | suppressor ; suppression component | 抑圧素子 | 妨害抑圧のために特別に設計された素子。 | ① 03-24 | |
| 3-65 | Susceptible device | 感受性のある機器 | 電磁妨害によって性能が低下する可能性のある機器、装置又はシステム。 | ① 01-24 | |
| 3-66 | TWT（traveling wave tube） | 進行波管 | 高周波の入力信号の増幅器として用いる電子管。 | * | |
| 3-67 | UAS（unmanned aircraft system） | 無人機システム | 人が搭乗していない航空機と、それを制御するための地上装置を含めたシステム。 | * | |
| 3-68 | UAV（unmanned aerial vehicle） | 無人機 | 人が搭乗していない航空機。 | * | |
| 3-69 | Vircator（virtual cathode oscillator） | バーカトール | 空間電化効果を用いて仮想電極を形成し、振動と電子ビームの相互作用を利用して高出力の高周波信号を発振する電子管。 | * | |
| 3-70 | Virtual cathode | 仮想陰極 | 空間電化効果により形成される電極。 | * | |
| 3-71 | vulnerability | 脆弱性 | | * | |

4. 雷に関連する用語（アルファベット順）

| 番号 | 用語（英語） | 用語（日本語） | 定　義 | 引用 | 補足説明など |
|---|---|---|---|---|---|
| 4-1 | Avalanche device | アバランシェ素子 | 規定した電圧でブレークダウン及び導通するように設計したダイオード、ガスアレスタ又はその他の部品。 | ⑪ | |
| 4-2 | Burst | バースト | ある限られた個数の個別のパルスからなるパルス列または限られた時間の間継続する振動。 | ⑫ | |
| 4-3 | Combination wave generator | コンビネーション波形発生器 | 1.2/50 μs 又は 10/700 μs の開回路電圧波形，及び 8/20 μs 又は 5/320 μs の短絡電流波形をそれぞれ備える発生器。 | ⑪ | |
| 4-4 | Clamping device | クランプ素子 | 指定値を超える印加電圧を制限するように設計したダイオード、バリスタ又はその他の部品。 | ⑪ | |
| 4-5 | Damped oscillatory wave | 減衰振動波 | 包絡線が時間と共に単調に減衰する振動性波形。 | ⑬ | |
| 4-6 | EFT/B（Electrical fast transient/Burst） | 電気的ファストトランジエント／バースト | 誘導性負荷の開閉によって生じるトランジェント波形で、バーストを構成するもの。 | ⑫ | |
| 4-7 | Electrostatic discharge | 静電気放電 | 静電気電位が異なる物体どうしが近接または直接接触することによって、物体間に起こる電荷の移動。 | ⑫ | |
| 4-8 | Front time | 波頭長 | 波頭の継続時間をいう。 | ⑭ | |
| 4-9 | IKL（IsoKeraunic Level） | 年間雷雨日数 | ある地域で雷鳴を耳で聞いたり、雷光を目視で確認した日数を1年間にわたって合計した日数。 | ⑬ | |
| 4-10 | Impulse | インパルス | 突発的に発生するパルス波形。 | ⑬ | |
| 4-11 | Instrumental transformer | 計器用変成器 | 保護継電器などとともに使用する電流および電圧の変成用機器で、変流器、零相変流器および計器用変圧器の総称。 | ⑰ | |
| 4-12 | Lightning impulse withstand voltage | 雷インパルス耐電圧 | 規定の試験条件下で、供試装置が絶縁破壊を起こさない規定された波形および極性をもつ雷インパルス電圧。電圧値は、波高値で表す。 | ⑬ | |

| 4-13 | Non-linear metal-oxide resistor | 酸化亜鉛素子 | 酸化亜鉛を主成分とする焼結体で、その非直線電圧電流特性により、放電の際は大電流を通過させて端子間電圧を制限し、放電後は原状に復帰する作用をなす避雷器の構成要素。 | ⑮ | |
|---|---|---|---|---|---|
| 4-14 | Power-frequency withstand voltage | 商用周波耐電圧 | 規定の試験条件下で、供試装置などが絶縁破壊を起こさない商用周波数の正弦波電圧。電圧値は通常、実効値で表す。 | ⑬ | |
| 4-15 | Protection relay unit | 保護継電装置 | 保護継電器・補助継電器あるいは論理回路などの組み合わせにより、電力線・電力機器などの異常状態を検出して所定の機能により、保護動作を指令する装置。 | ⑯ | |
| 4-16 | Square wave | 方形波 | 直角波状の波形をもつインパルス。 | ⑫ | |
| 4-17 | Surge | サージ | 急激な上昇の後に緩やかに減少する特徴をもったライン又は回路を伝搬する電流、電圧又は電力の過渡的波形。 | ⑪ | |
| 4-18 | Surge arrester | 避雷器 | 雷又は回路の開閉などに起因する過電圧の波高値がある値を超えた場合、放電することにより過電圧を制限して電気施設の絶縁を保護し、かつ続流を短時間のうちに遮断して、系統の正常な状態を乱すことなく原状に復帰する機能を有する装置。 | ⑮ | |
| 4-19 | Tail time | 波尾長 | 波尾の継続時間をいう。 | ⑭ | |
| 4-20 | Transient | 過渡現象 | 対象とする時間スケールに比べて短い時間間隔で、二つの連続する定常状態の間を変化する現象若しくは量に関係するもの、又はその呼称。 | ⑬ | |
| 4-21 | Virtual Front time | 規約波頭長 | 電圧：インパルスのピーク値の30%と90%との間の間隔の1.67倍として定義した規約パラメータ。<br>電流：インパルスのピーク値の10%と90%との間の間隔の1.25倍として定義した規約パラメータ。 | ⑬ | |
| 4-22 | Virtual time to half-value | 規約波尾長 | 規約原点と電圧がピーク値の半分に減少するまでの時間間隔として定義する規約パラメータ。 | ⑬ | |

5. その他の関連用語

| 番号 | 用語（英語） | 用語（日本語） | 定　義 | 引用 | 補足説明など |
|---|---|---|---|---|---|
| 5-1 | COMINT (communications intelligence) | コミント<br>通信情報 | 外国の通信活動を主たる資料源として得られる情報（通信内容等）及び通信に関する技術的知識（通信方式、通信機器の諸元等）。 | * | 軍事用語。<br>一般には、その収集活動も指す。 |
| 5-2 | EA (electronic attack) | 電子攻撃 | 敵による電磁波の利用を逆用・減殺・阻止するために電磁波を利用する軍事行動で、敵による電磁波の使用（通信、レーダ等の電波利用機器の使用）を妨害するために実施するジャミング（電子 / 電波妨害）や電磁欺まん等の行動。 |  | 軍事用語<br>旧称は ECM |
| 5-3 | ECM (electronic countermeasures) | 電子対策 | EA (electronic attack) の以前の呼称。 | * | 軍事用語<br>EA 参照 |
| 5-4 | ELINT (electronic intelligence) | エリント<br>電子情報 | 外国の発射する通信用以外の電磁波信号源からの電子的放射を収集・分析して得た情報（レーダ等の電波利用機器の識別、配置等）及び電子に関する技術的知識（レーダ等の電波利用機器の方式、諸元等）。 | * | 軍事用語。<br>一般には、その収集活動も指す。 |
| 5-5 | EOCM (electro-optical countermeasures) | 電子光学対策 | 電子光学（可視及び赤外線）分野の敵脅威（パッシブ赤外線監視追尾装置、ミサイルの目標追尾赤外線シーカ等の光学利用機器）に対する対抗措置で、敵装備及び戦術の効果を妨げ減殺する電子光学的対策。 | * | 軍事用語 |
| 5-6 | EOSM (electro-optical support measures) | 電子光学支援対策 | 敵の光学利用機器（パッシブ赤外線監視追尾装置、ミサイルの目標追尾赤外線シーカ等）の諸元や稼働状況等の情報を収集し、EOCM（電子光学支援対策）の任務遂行を支援する活動。 | * | 軍事用語 |
| 5-7 | EP (electronic protection) | 電子防護 | 味方の電磁波利用（通信、レーダ等の電波利用機器の使用）を確保するための軍事行動で、友軍又は敵の電子戦の実施（EA; 電子攻撃）によって友軍の戦闘能力が減殺、無力化又は撃破されるようなことがないよう友軍の人員・施設・装備を防護するための行動。 |  | 軍事用語<br>旧称は ECCM |

| | | | | | |
|---|---|---|---|---|---|
| 5-8 | ES（electronic support） | 電子戦支援 | 敵による電磁波の利用を監視・逆用するために電磁波を利用する軍事行動で、電磁波源（通信、レーダ等の電波利用機器）を捜索、探知、諸元分析、識別し、位置を特定して、電子戦の任務遂行を支援する活動。 | | 軍事用語旧称は ESM |
| 5-9 | ESM（electronic support measure） | 電子支援対策 | ES（electronic support）の以前の呼称。 | * | 軍事用語 ES 参照 |
| 5-10 | SIGINT（signal intelligence） | シギント 信号情報 | 外国または敵の電磁波から得られる情報で、通信情報（COMINT）、電子情報（ELINT）及びテレメトリ情報（TELINT）の総称。 | * | 軍事用語 |

日本語による索引（五十音順）…前記用語集を五十音順としたもの

| 五十音 | 用語（日本語） | 用語（英語） | 前記用語集の番号 |
|---|---|---|---|
| ア | ISM（修飾語） | ISM | 1-34 |
| | ISM 周波数帯 | ISM frequency band | 1-35 |
| | アバランシェ素子 | Avalanche device | 4-1 |
| | アベレージング | averaging | 2-1 |
| イ | EMSEC | EMSEC（emanations security） | 2-9 |
| | ECM | ECM（electronic countermeasures） | 3-18 |
| | ECCM | ECCM（electronic counter-countermeasures） | 3-17 |
| | EMP | EMP（electromagnetic pulse） | 3-21 |
| | 意図的電磁波放出 | I-EMI（intentional electromagnetic interference） | 3-35 |
| | イミュニティ | immunity | 3-36 |
| | イミュニティ限度値 | immunity limit | 3-38 |
| | イミュニティレベル | immunity level | 3-37 |
| | インパルス | impulse | 1-31, 4-10 |
| | インパルス雑音 | impulse noise | 3-40 |
| | インパルス妨害 | impulsive disturbance | 3-39 |
| | インパルス放射アンテナ | IRA（impulse radiating antenna） | 3-43 |
| エ | HEMP | HEMP（high-altitude electromagnetic pulse） | 3-29 |
| | HERF | HERF（hazards of electromagnetic radiation to fuel） | 3-30 |
| | HERO | HERO（hazards of electromagnetic radiation to ordnance） | 3-32 |
| | HERP | HERP（hazards of electromagnetic radiation to personnel） | 3-31 |
| | HPEM | HPEM（high power electro-magnetic） | 3-33 |
| | HPM | HPM（high-power microwave） | 3-34 |
| | エネルギーバンド幅 | energy bandwidth | 1-26 |
| | （電磁）エミッション | （electromagnetic）emission | 1-20 |
| | エミッション限度値 | emission limit | 2-7 |
| | エミッションレベル | emission level | 2-8 |

| 五十音 | 用語（日本語） | 用語（英語） | 前記用語集の番号 |
|---|---|---|---|
| エ（つづき） | エリント（電子情報） | ELINT（electronic intelligence） | 5-4 |
| カ | 改善方策（軽減対処） | mitigation | 1-38 |
| | 外部イミュニティ | external immunity | 3-25 |
| | 核電磁パルス | NEMP（nuclear electromagnetic pulse） | 3-53 |
| | 過渡現象 | Transient | 4-20 |
| | 雷インパルス耐電圧 | Lightning impulse withstand voltage | 4-12 |
| | （電磁）感受性 | （electromagnetic）susceptibility | 3-20 |
| | 感受性のある機器 | Susceptible device | 3-65 |
| キ | 擬似電源回路網（LISN） | line impedance stabilization network | 1-37 |
| | 規約波頭長 | Virtual Front time | 4-21 |
| | 規約波尾長 | Virtual time to half-value | 4-22 |
| | 狭帯域妨害 | narrowband disturbance | 3-52 |
| | きょう体放射 | cabinet radiation | 2-3 |
| ク | クランプ素子 | Clamping device | 4-4 |
| | 繰り返しを伴う情報放出 | — | 2-13 |
| | 繰り返しを伴わない情報放出 | — | 2-14 |
| ケ | 計器用変成器 | Instrumental transformer | 4-11 |
| | 減衰振動波 | Damped oscillatory wave | 4-5 |
| コ | 高エネルギーレーザー | HEL（high energy lasers） | 3-28 |
| | 広帯域妨害 | broadband disturbance | 3-1 |
| | コミント（通信情報） | COMINT（communications intelligence） | 5-1 |
| | コモンモードインピーダンス | common mode impedance | 1-10 |
| | コモンモード端子電圧 | asymmetrical terminal voltage | 1-3 |
| | コモンモード電圧 | common mode voltage | 1-11 |
| | コモンモード電流 | common mode current | 1-9 |
| | コモンモード変換 | common mode conversion | 1-8 |
| | コンビネーション波形発生器 | Combination wave generator | 4-3 |

| 五十音 | 用語（日本語） | 用語（英語） | 前記用語集の番号 |
|---|---|---|---|
| コ（つづき） | 混変調 | Crossmodulation | 3-8 |
| サ | サイドチャネルアタック | side channel attack | 1-47 |
| | サージ | Surge | 4-17 |
| | サージ保護部品 | SPD（surge protection device） | 3-63 |
| | 酸化亜鉛素子 | Non-linear metal-oxide resistor | 4-13 |
| シ | シギント（信号情報） | SIGINT（signal intelligence） | 5-10 |
| | 指向性エネルギー兵器 | DEW（directed-energy weapon） | 3-10 |
| | 実効選択度 | effective selectivity | 1-17 |
| | 実効放射電力 | ERP（effective radiated power） | 3-24 |
| | 市販品 | COTS（commercial off-the-shelf equipments） | 1-12 |
| | 障害の限度値 | limit of interference | 3-45 |
| | 障害抑圧 | interference suppression | 1-33 |
| | 情報技術装置 ITE（略称） | information technology equipment | 1-29 |
| | 情報セキュリティ管理 | ISMS（information security management system） | 1-36 |
| | 情報通信技術装置 ICT 装置（略称） | information and communications technology equipment | 1-30 |
| | 情報を含有する非意図的電磁波放出 | compromised emanation | 2-2 |
| | 商用周波耐電圧 | Power-frequency withstand voltage | 4-14 |
| | 処理利得 | processing gain | 2-10 |
| | シールドルーム | shielded enclosure/screened room | 1-46 |
| | 信号対雑音比（SN 比） | Signal-to-noise ratio | 3-62 |
| | 信号対妨害比 | Signal-to-disturbance ratio | 3-61 |
| ス | スパイク | spike | 1-48 |
| セ | 脆弱性 | vulnerability | 3-71 |
| | 静電気放電 | ESD（electrostatic discharge） | 3-23, 4-7 |
| | 性能の低下 | Degradation（of performance） | 3-9 |
| | 選択度 | selectivity | 1-45 |
| | せん頭（ピーク）値検波器 | peak detector | 1-39 |

| 五十音 | 用語（日本語） | 用語（英語） | 前記用語集の番号 |
|---|---|---|---|
| ソ | 相互変調 | intermodulation | 3-42 |
| タ | 帯域幅（機器の） | bandwidth（of a device） | 1-5 |
| | 帯域幅（発射または信号の） | bandwidth（of an emission or signal） | 1-6 |
| | 大電力マイクロ波 | HPM（high power microwave） | 3-34 |
| | 立ち上がり時間 | rise time | 1-44 |
| テ | TEM セル | TEM cell | 1-50 |
| | 抵抗性 | Resistance | |
| | ディファレンシャルモード端子電圧 | symmetrical terminal voltage | 1-49 |
| | ディファレンシャルモード電流 | differential mode | 1-15 |
| | 電気的ファストトランジエント／バースト | EFT/B（Electrical fast transient/Burst） | 4-6 |
| | 電子光学支援対策 | EOSM（electro-optical support measures） | 5-6 |
| | 電子光学対策 | EOCM（electro-optical countermeasures） | 5-5 |
| | 電子攻撃 | EA（electronic attack） | 5-2 |
| | 電子支援対策 | ESM（electronic support measure） | 5-9 |
| | 電子戦支援 | ES（electronic support） | 5-8 |
| | 電子対策 | ECM（electronic countermeasures） | 5-3 |
| | 電子防護 | EP（electronic protection） | 5-7 |
| | 電源線イミュニティ | mains immunity | 3-47 |
| | 電源線伝導妨害 | mains-borne disturbance | 3-46 |
| | 電磁環境 | electromagnetic environment | 1-21 |
| | 電磁環境の影響 | $E^3$：electromagnetic environmental effects | 1-16 |
| | 電磁波攻撃兵器 | EM weapon | 3-22 |
| | 電磁雑音 | electromagnetic noise | 1-23 |
| | 電磁遮へい | electromagnetic shielding | 1-25 |
| | 電磁障害、EMI（略語） | electromagnetic interference | 1-22 |
| | 電子戦 | EW（electronic warfare） | 1-27 |
| | 電磁手段的盗聴 | electromagnetic eavesdropping | 2-6 |

| 五十音 | 用語（日本語） | 用語（英語） | 前記用語集の番号 |
|---|---|---|---|
| テ（つづき） | 電磁波攻撃 | － | 3-19 |
| | 電磁爆弾 | e-bomb | 3-16 |
| | 電磁妨害 | electromagnetic disturbance | 1-19 |
| | 電磁両立性、EMC（略語） | electromagnetic compatibility | 1-18 |
| | 伝導的非意図的電磁波放出 | conducted emanation | 2-4 |
| | 伝導妨害 | conducted disturbance | 3-5 |
| | 電流プローブ | current probe | 1-13 |
| | TEMPEST | TEMPEST | 2-12 |
| ナ | 内部イミュニティ | internal immunity | 3-41 |
| ネ | 年間雷雨日数 | IKL（IsoKeraunic Level） | 4-9 |
| ハ | バックドアカップリング | back door coupling | 1-4 |
| | 波頭長 | Front time | 4-8 |
| | 波尾長 | Tail time | 4-19 |
| | バースト（パルス又は振動の） | burst | 3-2, 4-2 |
| | バラン | balun | 1-7 |
| ヒ | 非意図的電磁波放出 | electromagnetic emanation | 2-5 |
| | 非核電磁パルス | N2EMP（non-nuclear EMP） | 3-54 |
| | 避雷器 | Surge arrester | 4-18 |
| フ | フロントドアカップリング | front door coupling | 1-28 |
| ホ | 妨害電圧 | disturbance voltage | 3-15 |
| | 妨害信号 | interfering signal | 1-32 |
| | 妨害電磁界 | disturbance field | 3-11 |
| | 妨害電力 | disturbance power | 3-14 |
| | 妨害の限度値 | limit of disturbance | 3-44 |
| | 方形波 | Square wave | 4-16 |
| | 防護（防護策） | protection | 3-56 |
| | （電磁）放射 | （electromagnetic） radiation | 1-24 |

| 五十音 | 用語（日本語） | 用語（英語） | 前記用語集の番号 |
|---|---|---|---|
| ホ（つづき） | 放射的非意図的電磁波放出 | radiated emanation | 2-11 |
| | 放射妨害 | radiated disturbance | 3-58 |
| | 保護継電装置 | Protection relay unit | 4-15 |
| | 保護比 | protection ratio | 3-57 |
| ム | 無線（周波）妨害 | radio frequency noise | 1-43 |
| ヨ | 抑圧素子 | suppressor; suppression component | 3-64 |
| ラ | ラジエーションハザード | RADHAZ（radiation hazards） | 3-59 |
| | ランダム雑音 | random noise | 3-60 |
| レ | 連続雑音 | continuous noise | 3-7 |
| | 連続妨害 | continuous disturbance | 3-6 |

●ISBN 978-4-904774-29-8

東北大学名誉教授 髙木 相 監修

**設計技術シリーズ**

# EMC原理と技術

## ―製品設計とノイズ／EMCへの知見

本体 3,600 円 + 税



発行／科学情報出版（株）

設計技術シリーズ
IoT時代の電磁波セキュリティ
〜21世紀の社会インフラを電磁波攻撃から守るには〜

2018年4月24日　初版発行

編　集　一般社団法人　電気学会
電気システムセキュリティ特別技術委員会
スマートグリッドにおける
電磁的セキュリティ特別調査専門委員会

発行者　松塚　晃医
発行所　科学情報出版株式会社
〒300-2622　茨城県つくば市要443-14 研究学園
電話　029-877-0022
http://www.it-book.co.jp/

ISBN 978-4-904774-66-3　C2054